本书获高原科学与可持续发展研究院资助

二十四节气
与礼乐文化

THE TWENTY FOUR SOLAR TERMS
AND
THE CULTURE OF
RITUAL AND MUSIC

霍福 著

社会科学文献出版社
SOCIAL SCIENCES ACADEMIC PRESS (CHINA)

刘启尧根据《周礼·冬官·考工记·磬氏》记载制作的玉磬　拍摄：霍福

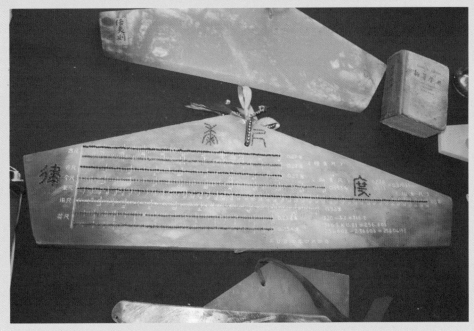

刘启尧根据文献记载累黍制作的黍尺　拍摄：霍福

刘启尧绘制的十二律吕与二十四节气对应图　拍摄：霍福

北京天坛展览馆祭天图　拍摄：霍福

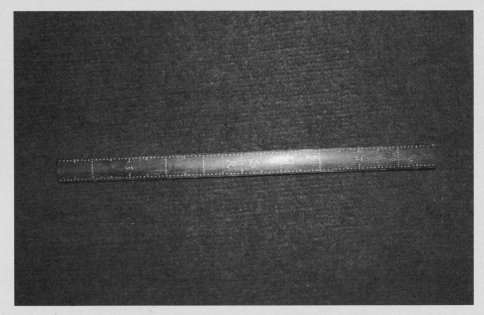

旧时的市尺　　拍摄：霍福

刘启尧在青海平安试验种植的黍标本　　拍摄：霍福

古代的时间刻表　　拍摄：霍福

古代青铜编钟　　拍摄：霍福

目　录

前　言

　　2016 年 11 月，我国申报的"二十四节气——中国人通过观察太阳周年运动而形成的时间知识体系及其实践"项目入选联合国教科文组织人类非物质文化遗产代表作名录，曾在全社会引起强烈反响，激发了一波对传统文化的反思热潮，笔者也热切关注着与此相关的各种文化动向。2017 年 12 月 2 日下午，恩师赵宗福先生在微信上发来"2018 年中国·嘉兴二十四节气全国学术研讨会征文启事"，我以为是要求写文参会，便放下其他事，集中精力查阅资料做功课，草成一文，后来得到《贵州民族大学学报》编辑部陈刚博士幸爱，发表在该报 2018 年第 2 期上。原以为石沉大海的论文又有幸入选了嘉兴征文，这篇论文构成了本书的基本思想。2019 年 9 月，笔者在与社会科学文献出版社编辑沟通拙稿《塔尔寺造型艺术研究》出版情况时，其间聊到二十四节气，激起我的热情。回宁后，在恩师指导下开始查阅资料，整理文稿，年底又被抽调从事其他工作而几乎停笔两个月。2020 年农历新年来临，原计划正月初一单位值班之后，初二开车全家人去四川旅游，不料突发新冠肺炎疫情，外出计划泡汤。整整一个月，除去单位值班，就宅在家里查资料，赶书稿，常至丑时未敢上床。母亲、妻子、女儿操持全家，我唯是事为任，内心祷祝书稿赶结之日疫情霾散天晴，还人民以健康生活。至 2 月 28 日晨，除去前言、后记外，完成了书稿主体部分。

对于节气文化的认识，我觉得应该关注国家传统和民俗生活两个层面，才有可能得到较为完整的理解。进一步说，在钟敬文先生传统文化三层次说中，上层和下层社会中节气的意义和功能完全不同，在上层社会，节气周期性地检验着礼乐文化传统，昭示着统治的合法性；在下层民俗生活中，节气建构着地方文化小传统，表达着"五里不同风，十里不同俗"的民俗文化特点。又因为礼乐文化具有"以上率下"的特点，不少国家礼仪久后都变成了地方性民俗文化事象。特别重要的是，二十四节气还具有很强的纽带性，它在上下层之间建立了一种紧密的文化认同和依存关系。

关于节气的起源，学者们讨论颇多。其中《尚书·舜典》中"岁二月，东巡守，至于岱宗，柴，望秩于山川，肆谨东后。协时月正日，同律度量衡"的记载可能是涉及节气产生的最早文献依据，这也是礼乐文化的总纲，这个总纲形成了一条"礼—节气—乐"文化流，整个文化链条内部存在着严密的逻辑关系。自周代以降，"礼乐治国"模式成为历朝历代的根本遵循，由此，礼和乐成为中国传统社会的两大基石。节气指证着礼乐文化传统。

礼文化博大精深。历史上，礼通过"损益之法"不断重构变迁，从司马迁的"礼三本"，到《汉书》的"四礼"，再到《晋书》以降的"五礼"，其基本依据都为周礼文献。没有文献，礼便无法建构，孔子说："夏礼，吾能言之，杞不足征也；殷礼，吾能言之，宋不足征也。文献不足故也。足，则吾能征之矣。"① 丢了礼的文献，连夏商的后人们都无法遵从他们祖先的礼文化。孔子又说："周监于二代，郁郁乎文哉，吾从周。"因而我们的礼乐文化原点在周代，礼和乐是两条文脉，那些遵循着礼乐传统的政权都被视为正统，纳入正史

---

① 杨伯峻译注《论语译注·八佾篇第三》，上海古籍出版社，1980，第26页。

之中。

乐文化精微深妙。《史记·律书》说："王者制事立法，物度轨则，壹禀于六律，六律为万事根本焉。"[①] 可见乐律在中国社会的各个层面都发挥着根本性的建构作用。古人以黍造律，并将度量衡与黄钟律管相关联，创造出"使得律者可以制度量衡，因度量衡亦可以制律"的"多为之法"，堪称是中国传统文化的"四足定律"。乐律内含着国家治理的"密钥"，传统社会均以度量衡为公平三要素，并依据"多为之法"建立社会公平机制，从而达到了"无为而治"的最高国家治理境界。与此同时，"多为之法"还建立了一套乐文化的自我修复机制，"损益之法"和"多为之法"保证了中国传统文化绵延不绝。

然而，葡萄牙人徐日升和意大利人德里格合编《协均度曲》，以其"所讲声律节度，证以经史所载律吕宫调诸法，分配阴阳二均字谱，赐名曰《律吕正义》。"[②] 至此，西洋乐律替换传统，对正统乐律造成了根本性破坏。笔者认为，改造文化根基将导致严重的社会恶果，抽换文化基因，破坏礼乐传统，撕裂上下层文化的依存关系，即使社会平稳也会造成"四万万同胞一盘散沙"（孙中山语）的局面，为外敌入侵创造条件，甚至险些造成亡国灭种，这一页血泪斑斑的中国近代史为"故败国丧家亡人，必先废其礼"的历史论断做了一个沉痛的注脚。

以上是笔者在整理资料过程中的一些心得，都如实反映在正文

---

① 《史记》卷 25《律书第三》，中华书局 1959 年标点本，第 4 册，第 1239 页。

② 《清史稿》："明年书成，分三编：曰《正律审音》，发明黄钟起数，及纵长、体积、面幂、周径律吕损益之理，管弦律度旋宫之法；曰《和声定乐》，明八音制器之要，详考古今之同异；曰《协均度曲》，取波尔都哈儿国人徐日升及意大里亚国人德里格所讲声律节度，证以经史所载律吕宫调诸法，分配阴阳二均字谱，赐名曰《律吕正义》。"见《清史稿》卷 94《乐志一》，中华书局 1977 年标点本，第 11 册，第 2748 页。

中。本书的内容分为八章，从节气的源起与传播、节气的基本内涵、节气与传统秩序、节气与日常生活、节气与人生礼俗、节气与农耕生产、节气指证及启示等方面探讨了二十四节气文化，每章的结构根据内容设置，内容又取决于材料，由于节气资料较为分散，故而各章结构不完全统一。书中观点，仅为笔者一家之言。

2020 年 3 月 1 日

第一章
节气的源起与传播

　　节气的设定是一项复杂的科学问题，其中还要参照日影、中星等多种天象因素，并且运用了岁差、验气等复杂的专业知识，最后由最高统治者发布。因此节气在本质上反映的是国家意志，在文化上可以以上率下。由于存在岁差，每年的节气时间都有变化，需要不断修正。

第一节　节气源起的探讨

二十四节气的计算比较复杂，据张培瑜等人介绍，[①] 现代二十四节气算法分两个步骤：先按一定时间间距计算出太阳黄经，再根据得到的太阳黄经，利用逆内插公式，求出节气时刻。文章也指出，要计算准确的长时期的节气时刻比较困难，古人用日晷测出的真太阳时，与各地的交节时间会有不同，因此历史上节气的产生有多种说法。

（一）土圭测影

节气产生于土圭测影。有观点认为，甲骨文"臬""甲""｜""∥""士"五个字表示有立竿测影的意思，甲骨文中的"立中"是立表以测影。[②] 王毓红引用黄宣佩《福泉山——新石器时代遗址发掘报告》资料说，在上海青浦区福泉山良渚文化遗址中就发现有祭祀台的积灰坑，"中心有一个略呈圆形的小土台，径约 1 米，高 1.15 米，坑中填满纯净的草灰"，可能是立"中"的台基，文章认为

---

① 张培瑜、黄洪峰：《中历及二十四节气时刻计算》，《广西科学》1994 年第 3 期。

② 温少峰、袁庭栋：《殷墟卜辞研究——科学技术篇》，四川省社会科学院出版社，1983，第 9~14 页。

"中"是一根竖立的大木杆。作者从山西襄汾陶寺遗址发现祭祀区呈圆形阶梯状分布，外围夯土，中间筑台，内外三层，相关资料认为祭祀之所，必有广场，广场之中，必竖"中杆"。① 唐兰先生也认为："盖古者有大事，聚众于旷地，先建中焉，群众望见中而趋附，群众来自四方，则建中之地为中央矣。"②

董作宾先生认为殷人能用土圭之法测得冬至和夏至。③ 沈志忠在《二十四节气形成年代考》一文中引用有关研究成果，④ 认为《尚书·尧典》记载的"日中星鸟，以殷仲春；日永星火，以正仲夏；宵中星虚，以殷仲秋；日短星昴，以正仲冬"中"日中""日永""宵中""日短"相当于春分、夏至、秋分、冬至。该文还引用竺可桢先生的推定，指出这是约公元前 11 世纪（殷周之际）的天象，这是有关节气见著于史书的最早记录。

立杆测影来自原始宗教中的祭天仪式，正是在古人立杆祭天礼的基础上派生出了土圭测影法。古人祭天时所立的神杆，既是祭天神器，也是后世测影工具的原形。祭天是个世界性的话题，根据有关考古学和民族志资料推测，祭天大概有三种形式。第一种是甲骨文记载的"迎日""宾日"，汉代即是如此，早上向太阳作揖迎接，晚上向月亮作别。北魏孝文帝曾讥笑说这像是把太阳当成了家人似的。⑤ 从后世北方草原民族的习俗看，大概是早晨面向太阳跪拜问候，傍晚跪

---

① 王毓红、冯少波：《祭祀中杆与甲骨文数字的来源》，《寻根》2015 年第 3 期。
② 唐兰：《殷墟文字记》，中华书局，1981，第 53~54 页。
③ 考古界对此提法有异议，如常玉芝认为就找不到依据。常玉芝：《殷商历法研究》，吉林文史出版社，1998，第 86 页。
④ 沈志忠：《二十四节气形成年代考》，《东南文化》2001 年第 1 期。参见竺可桢《论以岁差定〈尚书·尧典〉四仲中星之年代》，《科学》第 11 卷 1926 年第 2 期。
⑤ "《礼》天子以春分朝日于东郊，秋分夕月于西郊。汉法，不俟二分于东西郊，常以郊泰畤。且出竹宫东向揖日，其夕西向揖月。魏文讥其烦亵，似家人之事，而以正月朝日于东门之外。"见《隋书》卷 7《礼仪志二》，中华书局 1973 年标点本，第 1 册，第 140~141 页。

送夕阳落山。第二种是祭日于坛。在辽宁东山嘴红山文化遗址中就有圆形祭坛，① 用石块围成一个圆形，中间焚祭，这可能是最早的祭坛样式。后世的祭坛有尺寸规定。② 第三种是立杆祭天。这三种形式发展并不平衡，在不同民族中不存在必然的过渡，如跪拜问候的祭天形式在北方少数民族中曾长期流传，但从形式上来看，立杆祭天的文明程度无疑高于前两个阶段。

圭表测影在后世常用不衰。二十五史记载中讨论历法时往往会提到土圭测影。如北魏延昌四年（515）冬天，王伟等人上奏说："臣等参详，谓宜今年至日，更立表木，明伺晷度，三载之中，足知当否。令是非有归，争者息竞，然后采其长者，更议所从。"③ 《宋书》多处提到"土圭测影"，④ 说明南北朝时期土圭测影法较受重视。明朝定时法有壶漏、指南针、表臬、仪、晷五种，其中表臬（圭表）

---

① 郭大顺、张克举：《辽宁省喀左县东山嘴红山文化建筑群址发掘简报》，《文物》1984 年 11 期。

② "后周以春分朝日于国东门外，为坛，如其郊。……燔燎如圆丘。秋分夕月于国西门外，为坛，于坎中，方四丈，深四尺，燔燎礼如朝日。开皇初，于国东春明门外为坛，如其郊。每以春分朝日。又于国西开远门外为坎，深三丈，广四丈。为坛于坎中，高一尺，广四尺。每以秋分夕月。牲币与周同。"见《隋书》卷 7《礼仪志二》，中华书局 1973 年标点本，第 1 册，第 141 页。

③ 《魏书》卷 170 上《律历志上》，中华书局 1974 年标点本，第 7 册，第 2662 页。

④ 《宋书》："太子率令领国子博士何承天表更改《元嘉历法》，以月蚀检今冬至日在斗十七，以土圭测影，知冬至已差三日。诏使付外检署。以元嘉十一年被敕，使考月蚀，土圭测影，检署由来用伟《景初法》，冬至之日，日在斗二十一度少。""又去十一年起，以土圭测影。其年《景初法》十一月七日冬至，前后阴不见影。到十二年十一月十八日冬至，其十五日影极长。到十三年十一月二十九日冬至，其二十六日影极长。到十四年十一月十一日冬至，其前后并阴不见。到十五年十一月二十一日冬至，十八日影极长。到十六年十一月二日冬至，其十月二十九日影极长。到十七年十一月十三日冬至，其十日影极长。到十八年十一月二十五日冬至，二十一日影极长。到十九年十一月六日冬至，其三日影极长。到二十年十一月十六日冬至，其前后阴不见影。寻校前后，以影极长为冬至，并差三日。以月蚀检日所在，已差四度。土圭测影，冬至又差三日。今之冬至，乃在斗十四间，又如承天所上。"见《宋书》卷 12《律历志中》，中华书局 1974 年标点本，第 1 册，第 263 页。

可以正朝夕和方位，使用方法最为简单，"若表臬者，即《考工》匠人置槷之法，识日出入之影，参诸日中之影，以正方位。今法置小表于地平，午正前后累测日影，以求相等之两长影为东西，因得中间最短之影为正子午，其术简甚"①。直到 20 世纪 70 年代，青海的一些学校操场上还堆有圆形土堆，上面保持圆平面，中心插一根木杆，老师不时叫学生去以步丈量日影，从而掌握上课和下课的时间，用的依然是土圭测影法。

土圭法测量日影最终可以确定出节气日，这在历史上是通行的做法。明代御制观天器上的铭文词为："粤古大圣，体天施治，敬天以心，观天以器……别有直表，其崇八尺，分至气序，考景咸得。"②

元代，在地中立八尺表，测得"冬至长一丈三尺有奇，夏至尺有五寸"③，与《周礼》记载吻合。

古人以表测日的最初目的，可能是用来安排国家祭祀。祭祀是我国古老的国家传统，周代形成了非常完备的天地日月星辰四方山林风雨等祭祀仪式，《礼记》记载："燔柴于泰坛，祭天也；瘗埋于泰折，祭地也。用骍、犊。埋少牢于泰昭，祭时也。相近于坎、坛，祭寒暑也。王宫，祭日也；夜明，祭月也；幽宗，祭星也；雩宗，祭水旱也；四坎、坛，祭四方也。山林、川谷、丘陵能出云，为风雨，见怪物，皆曰神。有天下者祭百神。诸侯在其地则祭之，亡其地则不祭"④。这些祭祀大多安排在固定的时间，这些固定时间有些就成为后世的节气，如冬季祭天祈谷这天便成

① 《明史》卷25《天文志》，中华书局1974年标点本，第2册，第360页。
② 《明史》卷25《天文志》，中华书局1974年标点本，第2册，第358页。
③ 《元史》卷52《历志一》，中华书局1976年标点本，第4册，第1121页。
④ 根据胡平生、陈美兰的注释，泰坛为祭天而设的坛，在都城南郊。泰折为祭地而设的土台，在都城北郊。见胡平生、陈美兰译注《礼记·孝经》，中华书局，2007，第159页。

为后来的冬至日。节气的产生与传统祭祀紧密相关，先有祭礼，后有节气。

（二）《尚书·舜典》与节气起源

节气产生于圭表测影，从文献记载中也可窥见蛛丝马迹。据《尚书·舜典》记载："岁二月，东巡守，至于岱宗，柴，望秩于山川，肆觐东后。协时月正日，同律度量衡。修五礼、五玉、三帛、二生、一死贽，如五器，卒乃复。五月南巡守，至于南岳，如岱礼。八月，西巡守，至于西岳，如初。十有一月，朔巡守，至于北岳，如西礼。归，格于艺祖，用特。五载一巡守，群后四朝。"[①] 其中的"柴"即是祭天，《尔雅·释天》曰："祭天曰燔柴，祭地曰瘗薶，祭山曰庪县，祭川曰浮沉，祭星曰布，祭风曰磔。"[②] 祭天属于礼的一种，即祭天礼，后来归入吉礼。

关于"协时月正日"，历来研究者都将郑玄"协正四时之月数及日名，备有失误"[③] 说法奉为圭臬，其实这个说法本身就藏有深意，大有讨论余地。"协时月"的"时"字，《尔雅·释诂》曰："时，寔，是也。"释文曰："是，此也。"[④]《尔雅》作为我国最早的一部训释词义的书，其解释更接近古代词义。如此说来，"协时月"应当理解为"协是月"或"协此月"，即前指的"岁二月"。

关于"正日"，史书中有两个解释，其一是指正月初一，如《四

① （汉）孔安国传，（唐）孔颖达正义《尚书正义》，廖名春、陈明整理，北京大学出版社，1999，第 59～60 页。
② 胡奇光、方环海：《尔雅译注》，上海古籍出版社，2004，第 244 页。
③ 李民、王健：《尚书译注·舜典》，上海古籍出版社，2004，第 15 页。
④ （晋）郭璞注，（宋）邢昺疏《尔雅注疏·释诂下》，见李学勤主编《十三经注疏·尔雅注疏》，北京大学出版社，1999，第 54 页。

民月令校注》："正月之旦，是谓'正日'，躬率妻孥，洁祀祖祢。"又《白氏六帖事类集》（卷一·元日第三八"进酒"）引"正月一日，是谓正日。"又作"元月一日，是谓正日"①。《宋书》："三年正月，帝崩，齐王即位。是年十二月，尚书卢毓奏：'烈祖明皇帝以今年正日弃离万国，《礼》，忌日不乐，甲乙之谓也。烈祖明皇帝建丑之月弃天下，臣妾之情，于此正日，有甚甲乙。今若以建丑正朝四方，会群臣，设盛乐，不合于礼。'"②其二是指特定之日。祖冲之曾说："按《后汉书》及《乾象》说……《四分志》，立冬中影长一丈，立春中影九尺六寸。寻冬至南极，日晷最长，二气去至，日数既同，则中影应等，而前长后短，顿差四寸，此历景冬至后天之验也。二气中影，日差九分半弱，进退均调，略无盈缩。以率计之，二气各退二日十二刻，则晷影之数，立冬更短，立春更长，并差二寸，二气中影俱长九尺八寸矣。即立冬、立春之正日也。"③《宋史》"测景正加时早晚"条较完整转录《宋书》记载，只将"影"改为"景"，强调说"二气中景俱长九尺八寸矣，即立冬、立春之正日也。"④北宋时，"知吉州，召除户部郎中，迁枢密院检详文字。被命接伴金国贺生辰使。金历九月晦，与《统天历》不合，密接使者以恩意，乃徐告以南北历法异同，合从会庆节正日随班上寿。金使初难之，卒屈服。孝宗喜谓密曰：'使人听命成礼而还，卿之力也。'"⑤《元史》："置天正冬至加时赤道日度，累加象限，满赤道宿次，去之，各得春夏秋正日所在宿度及分秒。"⑥清朝也在"春、秋

① （汉）崔寔：《四民月令校注》，石声汉校注，中华书局，1965，第1~2页。
② 《宋书》卷14《礼志》，中华书局1974年标点本，第2册，第332页。
③ 《宋书》卷13《律历志下》，中华书局1974年标点本，第1册，第312页。
④ 《宋史》卷76《律历志九》，中华书局1977年标点本，第6册，第1762页。
⑤ 《宋史》卷398《丘崈列传》，中华书局1977年标点本，第35册，第12110页。
⑥ 《元史》卷54《历志三》，中华书局1976年标点本，第4册，第1200页。

季月”的“正日”进行马祭。[①] 由此可见，“正日”为特定一天，在史书记载也为常见。

民间“正日”也被称为“正日子”。民俗节庆活动时间多为三天，中间的一天即为正日子。如青海乐都七里店九曲黄河灯会，会期自正月十四日至十六日，正月十五日为正日子，传统上这天的夜戏要演出《黄河阵》，该剧目为正日子固定节目，其他夜晚则不能演出。

舜帝同律度量衡何以要选二月份呢？原来二月份日夜平分，《礼记·月令》说仲春和仲秋“日夜分，则同度量，平权衡，正钧石。”《礼记》仅记载仲春之月或仲秋之月，似乎整个月都可以同律度量衡，其实不然。现在我们知道，一年当中只有春分和秋分这两天才日夜平分，其他时间日夜均不相等。古人对此有清楚认识，明代丘濬（也作邱濬）说：“古先圣王，凡有施为，必须天道。是以春秋二仲之月昼夜各五十刻，于是乎平等，故于此二时审察度量权衡，以验其同异。”[②] 反证之，舜帝在“同律度量衡”之前进行“协时月正日”，在二月和八月中找出的这个“正日”，正是后来的春分日和秋分日。

《礼记》记载可能说明，古人早知道“仲春之月”“仲秋之月”有这么一天是日夜平分，但不知道具体是哪一天，于是要测量验证，从日影长度中找出这一天。《元史》的记载可为此作一注脚：“虽晷景长短所在不同，而其景长为冬至，景短为夏至，则一也。惟是气至时刻考求不易，盖至日气正，则一岁气节从而正矣。刘宋祖冲之尝取

---

① 《清史稿》：“马祭，岁春、秋季月，为所乘马祀圜殿。正日，司俎挂纸帛如常数，陈打糕一盘、醴酒一盏，缚马鬃、尾绿䌷二十对。司香上香，牧长牵十马，色皆白，立甬道下。司祝六献酒，奏乐如仪。所祷之神同月祭，唯祝辞则易为所乘马。‘敬祝者，抚脊以起兮，引鬣以兴兮，嘶风以奋兮，嘘雾以行兮，食草以壮兮，啮艾以腾兮。沟穴其弗逾兮，盗贼其无扰兮。神其贶我，神其佑我。’祷讫，取纳条就香炉薰祷，司俎以授牧长，系之马尾。”见《清史稿》卷67《礼志四》，中华书局1977年标点本，第10册，第2557页。

② 转引自朱载堉《律学新说》，冯文慈点注，人民音乐出版社，1986，第272页。

至前后二十三四日间晷景，折取其中，定为冬至，且以日差比课，推定时刻。"① 因为考求节气实在不容易，祖冲之取了二十三四天的晷景资料，从中求解、协定出了"冬至"正日。舜帝的方法也可能与此相似，在仲春二月若干天的日影中"协时月"，最终找出春分"正日"。因为如此，《尚书》只记"仲春之月""仲秋之月"。实际上，由于岁差等影响，每年的春分节气时间略有变化，故而舜帝要五年一巡守，重新协定节气日，并同律度量衡。《尚书·舜典》中的这段话，也成为立杆测影中产生节气的最早记载，这也为下一步进行"同律度量衡"提供了前提和条件。

从《礼记》记载推测，舜帝时期尚未出现节气名称，但已经形成了一些固定的行事时间。西周时期出现了七个节气名，② 这说明节气是后世不断把先前的经验或成规行事的日子固化后形成的，是对已有的传统行事方式的特别命名。西周形成了七个天文节气，先秦时期形成了二十四节气名称，被记录在《逸周书》中。节气最终被确定命名后，古人便有目的地不断去测算此固定的日子。

传统上，古人先确定出"二分"（春分和秋分）或"二至"（冬至和夏至），再据此推算出其他的节气日。《明史》言："知春分，则秋分及各节气可知，而无疑于雨水矣。"③ 以"二分"日为准，还是以"二至"日为准，历史上曾有过反复研究。魏晋南北朝时，以"二至"为准，"是故天子常以冬夏至日御前殿，合八能之士，陈八音，听乐均，度晷景，候钟律，权土炭，效阴阳。"④ 后来发现，冬至和夏至的主景差距太小，不利于测量，相比较"二分"日影更好

---

① 《元史》卷 52《历志一》，中华书局 1976 年标点本，第 4 册，第 1121～1122 页。
② 刘锡诚先生认为这本书写于周秦时期。请参阅刘锡诚《清明节的天候和物候——清明节的文化意涵之一》，《海峡文化遗产》2009 年创刊号。
③ 《明史》卷 31《历志一》，中华书局 1974 年标点本，第 3 册，第 542 页。
④ 《晋书》卷 16《律历志上》，中华书局 1974 年标点本，第 2 册，第 489 页。

测定，也更好把握，明代复以"二分"为准。《明史》对此做了详细说明："二曰以圭表测冬夏二至，非法之善。盖二至前后，太阳南北之行度甚微，计一丈之表，其一日之影差不过一分三十秒，则一秒得六刻有奇。若测差二三秒，即差几二十刻，安所得准乎？今法独用春、秋二分，盖以此时太阳一日南北行二十四分，一日之景差一寸二分，即测差一二秒，算不满一刻，较二至为最密。"①

至此我们明白，舜帝"协时月正日"实际上有两个步骤：第一步先确定出春分日；第二步推算出其他节气日，最终完成郑玄所谓"协正四时之月数及日名，备有失误"。后世以郑玄注释代替全部，从而忽略了"协时月正日"的第一步工作及其内涵。从《尚书·舜典》中"如岱礼""如初"两个词可以看出，在南岳和北岳，舜帝只有祭天仪式，没有"协时月正日，同律度量衡"这两项内容，也就是没有确定节气。

《舜典》的记载说明舜帝在巡守中做了三件大事：一是行礼，如祭天、望山川、会见诸侯，其中祭天是吉礼，会见诸侯是宾礼；二是确定出春分和秋分节气日；三是再确立乐律标准来校乐。"柴，望秩于山川，肆觐东后"和"同律度量衡"显示出"礼乐治国"的端倪。由于同律度量衡只能在春分或秋分日才能实现，确定这两个节气日只有通过祭天仪式，于是在节气与礼乐之间建立了不可断裂的关系，礼乐派生出了节气，节气在本质上反映的是礼乐文化，并且周期性地检验着礼乐传统。

（三）律管候气法观察节气变化

用律管候气的实验方法确定节气时间，是一种比立杆测影更为科

---

① 《明史》卷31《历志一》，中华书局1974年标点本，第3册，第539页。

学的节气测定方法，它可以直观地测定出节气来临的时间。候气与律管可以相互参证，律管误则不能候气，候气应则说明律管准。晋代时，天子合八能之士用律管应节气，配合前后五天的音乐、景（影）长、权土炭等确定节气，"冬至阳气应则灰除，是故乐均清，景长极，黄钟通，土炭轻而衡仰。夏至阴气应则乐均浊，景短极，蕤宾通，土炭重而衡低。进退于先后五日之中，八能各以候状闻，太史令封上。效则和，否则占"①。历史上还不乏通过观察看出气运行奥妙者，北齐时，"后齐神武霸府田曹参军信都芳，深有巧思，能以管候气，仰观云色。尝与人对语，即指天曰：'孟春之气至矣。'人往验管，而飞灰已应。每月所候，言皆无爽"②。信都芳不但用律管候节气，还能从自然界变化直接观察出立春节气的来临。

东汉时有成套的候气之法，"候气之法，为室三重，户闭，涂衅必周，密布缇缦。室中以木为案，每律各一，内庳外高，从其方位，加律其上，以葭莩灰抑其内端，案历而候之。气至者灰（去）［动］。其为气所动者其灰散，人及风所动者其灰聚。殿中候，用玉律十二。惟二至乃候灵台，用竹律六十。候日如其历"③。《晋书》完整记述了《后汉书》的候气之法，同时还引杨泉的说法，灵台所用竹律"取弘农宜阳县金门山竹为管，河内葭莩为灰"④，并补充了一种埋在地下的候气法，"或云以律著室中，随十二辰埋之，上与地平，以竹莩灰实律中，以罗縠覆律吕，气至吹灰动縠。小动为和；大动，君弱臣强；不动，君严暴之应也"⑤。《宋史》也记载了这种候气法："故尝论之，律者，述气之管也。其候气之法，十有二月，每月为管，置于

---

① 《晋书》卷16《律历志上》，中华书局1974年标点本，第2册，第489～490页。
② 《隋书》卷16《律历志上》，中华书局1973年标点本，第2册，第394页。
③ 《后汉书》卷91《律历上》，中华书局1965年标点本，第11册，第3016页。
④ 《晋书》卷16《律历志上》，中华书局1974年标点本，第2册，第490页。
⑤ 《晋书》卷16《律历志上》，中华书局1974年标点本，第2册，第490页。

地中。气之来至，有浅有深，而管之入地者，有短有长。十二月之气
至，各验其当月之管，气至则灰飞也。其为管之长短，与其气至之浅
深，或不相当则不验。上古之圣人制为十二管，以候十二辰之气，而
十二辰之音亦由之而出焉。"①

律管可以定音，可以候气。但其定音的作用，可能早在公元前
后就已丢失，只剩下候气。《宋书》："汉章帝元和元年（84），待
诏候钟律殷彤上言：'官无晓六十律以准调音者，故待诏严嵩具以
准法教子男宣，愿召宣补学官，主调乐器。'诏曰：'嵩子学审晓
律，别其族，协其声者，审试。不得依托父学，以聋为聪。声微
妙，独非莫知，独是莫晓，以律错吹，能知命十二律不失一，乃为
能传嵩学耳。'试宣十二律，其二中，其四不中，其六不知何律，
宣遂罢。自此律家莫能为准。灵帝熹平六年（177），东观召典律者
太子舍人张光等问准意。光等不知。归阅旧藏，乃得其器，形制如
房书，犹不能定其弦缓急。音不可书以晓人，知之者欲教而无从，
心达者体知而无师，故史官能辨清浊者遂绝。其可以相传者，唯候
气而已。"②

候气一般有三个时间段。"候气，常以平旦、下晡、日出没时处
气，以见知大。占期内有大风雨久阴，则灾不成。故风以散之，阴以
谏之，云以幡之，雨以厌之。"③ 北齐时尚有候气之法，"后齐神武霸
府田曹参军信都芳，深有巧思，能以管候气，……又为轮扇二十四，
埋地中，以测二十四气。每一气感，则一扇自动，他扇并住，与管灰
相应，若符契焉"④。隋文帝"开皇九年（589）平陈后，高祖遣毛爽
及蔡子元、于普明等，以候节气。依古，于三重密屋之内，以木为

---

① 《宋史》卷81《律历志十四》，中华书局1977年标点本，第6册，第1918页。
② 《宋书》卷11《律志序》，中华书局1974年标点本，第1册，第210页。
③ 《隋书》卷21《天文志下》，中华书局1973年标点本，第2册，第592页。
④ 《隋书》卷16《律历志上》，中华书局1973年标点本，第2册，第394页。

案，十有二具。每取律吕之管，随十二辰位，置于案上，而以土埋之，上平于地。中实葭莩之灰，以轻缇素覆律口。每其月气至，与律冥符，则灰飞冲素，散出于外。而气应有早晚，灰飞有多少，或初入月其气即应；或至中下旬间，气始应者；或灰飞出，三五夜而尽；或终一月，才飞少许者。高祖异之，以问牛弘。弘对曰：'灰飞半出为和气，吹灰全出为猛气，吹灰不能出为衰气。和气应者其政平，猛气应者其臣纵，衰气应者其君暴。'高祖驳之曰：'臣纵君暴，其政不平，非月别而有异也。今十二月律，于一岁内，应并不同。安得暴君纵臣，若斯之甚也？'弘不能对"①。《玉泉记》曰："立春之日，取宜阳金门竹为管，河内葭草为灰，以候阳气。"② 明代嘉靖年间，根据太常寺卿张鹗的建议，"诏取山西长子县羊头山黍，大小中三等各五斗，以备候气定律。"③ 张鹗的候气结果不得而知，史官的结论是"张鹗虽因知乐得官，候气终属渺茫，不能准以定律"④，大概律管候气之法这时已经失传了。

到清朝时，候气之法失传较久，虽然也曾候气，并讨论再三，但最终没能恢复古法。康熙时，议政王等议说："康熙三年立春候气，先期起管，汤若望妄奏春气已应参、觜二宿，改调次序，四余删去紫炁。"⑤ 康熙五年（1666）春，杨光先上疏说："今候气法久失传，十二月中气不应。乞许臣延访博学有心计之人，与之制器测候，并饬礼部采宜阳金门山竹管、上党羊头山秬黍、河内葭莩备用"。康熙七年（1668），光先复疏言："'律管尺寸，载在《史记》，而用法失传。令访求能候气者，尚未能致。臣病风痹，未能董理。'下礼部，言光

---

① 《隋书》卷16《律历志上》，中华书局1973年标点本，第2册，第394页。

② 转引自（南宋）陈元靓《岁时广记》卷8，（上海）商务印书馆，1940，第77页。

③ 《明史》卷61《乐志一》，中华书局1974年标点本，第5册，第1516页。

④ 《明史》卷61《乐志一》，中华书局1974年标点本，第5册，第1516页。

⑤ 《清史稿》卷272《汤若望列传》，中华书局1977年标点本，第10021页。

先职监正，不当自诿，仍令访求能候气者。"其后，由于南怀仁推算的历法合于天象，议政王等疏言："候气为古法，推历亦无所用，嗣后并应停止。请将光先夺官，交刑部议罪。"康熙免去杨光先官职，但免其罪。① 之后候气古法再无人问津。

---

① 《清史稿》卷272《汤若望列传》，中华书局1977年标点本，第10023～10024页。

第二节　节气演变与设置

（一）节气的演进

二十四节气制度经历了漫长的历史演变，直到汉武帝时期才基本确定下来，之后节气顺序偶有调换，但《淮南子·天文训》记载的次序一直流传到了今天。

1. 节气的发展成形

不少学者从《尚书》《诗经》等古典文献中梳理二十四节气发展线索，找到不少依据。刘锡诚先生梳理《礼记·月令》发现，其中只记载了立春、雨水、立夏、小暑、立秋、立冬、白露等 7 个节气名。[1]《逸周书·周月解》记载了十二个中气，"春三月中气：雨水、春分、谷雨；夏三月中气：小满、夏至、大暑；秋三月中气：处暑、秋分、霜降；冬三月中气：小雪、冬至、大寒。"[2]《逸周书·时训解》又记载了全部二十四节气名称，同时记载了各节气的物候。[3] 刘

---

[1] 刘锡诚：《清明节的天候和物候——清明节的文化意涵之一》，《海峡文化遗产》2009 年创刊号。

[2] 黄怀信、张懋镕、田旭东：《逸周书汇校集注·周月解》，上海古籍出版社，1995，第 618 页。

[3] 黄怀信、张懋镕、田旭东：《逸周书汇校集注·时训解》，上海古籍出版社，1995，第 623~655 页。

锡诚先生认为,《逸周书》写于周秦或因于周秦,比一般认为最早记载二十四节气的西汉谶纬文献《孝经纬》要早,《孝经纬》中二十四节气排列,特别是清明排序与《淮南子·天文训》相同,二书的成书时间可能是同时代的。①

刘宗迪认为,节气萌芽于西周时期,《夏小正》中"正月启蛰"和《诗经·豳风·七月》中"九月肃霜,十月涤场"的记载,正是后来的立春、霜降两个节气的滥觞。到战国后期,《礼记·月令》中已经有了"四立"(立春、立夏、立秋、立冬)和"四仲"(仲春之月日夜分即春分、仲秋之月日夜分即秋分、仲夏之月日长至即夏至、仲冬之月日短至即冬至)节气,从孟春之月"蛰虫始振",仲春之月"始雨水",孟夏之月"农乃登麦",仲夏之月"小暑至",孟秋之月"白露降",季秋之月"霜始降"等记载中后来深化出了惊蛰、雨水、芒种、小暑、白露、霜降几个节气。②

二十四节气的基本思想是在古人认识自然界的过程中形成的。《礼记·月令》有"始雨水,桃始华""小暑至,螳螂生""是月也,日长至""凉风至,白露降""是月也,霜始降""季冬行秋令,则白露蚤降"等记载,是对天文、地文、人文知识的认识和总结。春秋时期,人们认识到鸟与节气有直接关联,《左传·昭公十七年》:"玄鸟氏,司分者也;伯赵氏,司至者也;青鸟氏,司启者也;丹鸟氏,司闭者也。"③陈旸解读认为,玄鸟(燕子)春分来,秋分去;伯赵(伯劳鸟)夏至鸣,冬至止;青鸟立春、立夏启,丹鸟立秋、立冬闭,这种关系说明当时已经掌握了四立两分两至八个

---

① 刘锡诚:《清明节的天候和物候——清明节的文化意涵之一》,《海峡文化遗产》2009年创刊号。
② 刘宗迪:《二十四节气制度的历史及其现代传承》,《文化遗产》2017年第2期。
③ 杨伯峻编著《春秋左传注》(修订本),中华书局1990年第2版,第1387页。

节气。①

有学人认为，在中国产生二十四节气制度，还与当时东西方同处于"文化轴心"时代、北纬30度神秘文化现象、有利的自然环境、高度发展的天文学以及秦汉时期的郡县制度等有紧密关联。② 韩湘玲等人从《吕氏春秋》和《淮南子》的成书时间推测，认为二十四节气形成于公元前239年到公元前137年之间的秦汉时代。③

2. 节气的顺序改换

节气自成形以来，顺序不断演变，大概到南北朝时期才完全确定下来。《逸周书》所记的二十四节气顺序为：立春、惊蛰、雨水、春分、谷雨、清明、立夏、小满、芒种、夏至、小暑、大暑、立秋、处暑、白露、秋分、寒露、霜降、立冬、小雪、大雪、冬至、小寒、大寒，排序与现在不同。④《淮南子·天文训》中惊蛰与雨水调换了位置，谷雨与清明调换了位置。但王引之认为，《淮南子》本来的顺序应该是惊蛰在雨水前，谷雨在清明前，汉武帝以后才被后人根据当时的节气顺序作了改动。他引《汉书·律历志》记载说："'诹訾中惊蛰，今曰雨水；降娄初雨水，今曰惊蛰；大梁初谷雨，今曰清明；中清明，今曰谷雨。'是汉初惊蛰在雨水前，谷雨在清明前也。"⑤又引资料说："《逸周书·周月篇》：'春三月中气，

---

① 陈旸：《二十四节气》，《文史知识》1987年第11期。
② 徐旺生：《"二十四节气"在中国产生的原因及现实意义》，《中原文化研究》2017年第4期。
③ 韩湘玲等人以《吕氏春秋》成书于公元前239年，《淮南子》成书于公元前137年为据，认为二十四节气形成于公元前239年到公元前137年之间的秦汉时代。见韩湘玲等编著《二十四节气与农业生产》，金盾出版社，2015，第6页。
④ 朱右曾：《逸周书集训校释·时训弟五十二》，王云五主编《万有书库》，（上海）商务印书馆，1937，第87~92页。
⑤ 《汉书》："诹訾，初危十六度，立春。中营室十四度，惊蛰。今曰雨水。""降娄，初奎五度，雨水。今曰惊蛰。""大梁，初胃七度，谷雨。今曰清明。中昂八度，清明。今曰谷雨。"参见《汉书》卷21下《律历志第一下》，中华书局1962年标点本，第4册，第1005页。

惊蛰、春分、清明'，今本作'雨水、春分、谷雨'。《时训篇》'惊蛰、雨水、谷雨、清明'今本雨水在惊蛰前，清明在谷雨前，皆后人所改。"①

唐朝孔颖达正义说，惊蛰和雨水顺序为西汉末年刘歆《三统历》中所改，"云'汉始亦以惊蛰为正月中'者，以汉之时立春为正月节，惊蛰为正月中气，雨水为二月节，春分为二月中气。至前汉之末，以雨水为正月中，惊蛰为二月节，故《律历志》云：'正月立春节，雨水中。二月惊蛰节，春分中。'是前汉之末，刘歆作《三统历》，改惊蛰为二月节。'又'郑以旧历正月启蛰，即惊也，故云'汉始亦以惊蛰为正月中'。但蛰虫正月始惊，二月大惊，故在后移惊蛰为二月节，雨水为正月中，凡二十四气。"②

西汉末年，刘歆《三统历》节气顺序为："正月节立春，雨水中。二月节惊蛰，春分中。三月节谷雨，清明中。四月节立夏，小满中。五月节芒种，夏至中。六月节小暑，大暑中。七月节立秋，处暑中。八月节白露，秋分中。九月节寒露，霜降中。十月节立冬，小雪中。十一月节大雪，冬至中。十二月节小寒，大寒中"。③ 惊蛰和雨水已经改了顺序，但谷雨和清明仍未改动。

到唐朝初年，清明和谷雨顺序已经改定。孔颖达说："按《通卦验》及今历，以清明为三月节，谷雨为三月中，余皆与《律历志》并同。"孔颖达所谓"今历"，大概指的是唐初颁发的《戊寅历》。另据武家璧检索，④《通卦验》书名最早见于《宋书》，据此推断，清明、谷雨两个节气顺序大概到南北朝时期才被改定，有人又对《淮

---

① 何宁：《淮南子集解·天文训》，中华书局，1998，第217~218页。
② （汉）郑玄注，（唐）孔颖达正义《礼记正义·月令第六》，李学勤主编《十三经注疏》，北京大学出版社，1999，第455页。
③ 见（汉）郑玄注，（唐）孔颖达正义《礼记正义·月令第六》，李学勤主编《十三经注疏》，北京大学出版社，1999，第455页。
④ 武家璧：《〈易纬·通卦验〉中的晷影数据》，《周易研究》2007年第3期。

南子》节气顺序进行改写刊行，此后二十四节气顺序以《淮南子》的名义一直流传至今。

《逸周书》记载的中气与今天相同，有一种可能是《逸周书》节气篇成书于东周时期，并以洛阳为参照写成，《淮南子》以西汉长安为参照，所以顺序有改动。魏晋南北朝时期，洛阳成为曹魏、西晋、北魏的都城，大概此时节气又改为东周顺序。

（二）节气的设置

1. 农历节气设置

节气在古代被分为节、中气或气。关于节气设立的原则，《礼记正义》作了详细说明："凡二十四气，气有十五日有余；每气中半分之，为四十八气，气有十五日有余；每气中半分之，为四十八气，气有七日半有余，故郑注《周礼》云'有四十八箭'，是一气易一箭也。凡二十四气，每三分之，七十二气，气间五日有余，故一年有七十二候也"。①

有观点认为，虽然二十四节气产生于黄河中下游地区，但流传广泛的《二十四节气歌》却首先编成于长江中下游。② 《二十四节气歌》："春雨惊春清谷天，夏满芒夏暑相连，秋处露秋寒霜降，冬雪雪冬小大寒。每月两节不变更，最多相差一两天，上半年来六廿一，下半年是八廿三。"每个月分配两个节气，两个节气之间相差 15 天。正常的节气和中气分布如表 1 - 1 所示。

---

① （汉）郑玄注，（唐）孔颖达正义《礼记正义·月令第六》，李学勤主编《十三经注疏》，北京大学出版社，1999，第 532 页。
② 张隽波：《二十四节气歌形成时间及流变路径初探》，《民间文化论坛》2018 年第 1 期。

表 1-1　四季节气和中气分布

四季	月份	节气	中气
春	正月	立春	雨水
	二月	惊蛰	春分
	三月	清明	谷雨
夏	四月	立夏	小满
	五月	芒种	夏至
	六月	小暑	大暑
秋	七月	立秋	处暑
	八月	白露	秋分
	九月	寒露	霜降
冬	十月	立冬	小雪
	十一月	大雪	冬至
	十二月	小寒	大寒

2. 公历节气日期

据刘宇钧研究，西历只有四大节气，并规定 3 月 21 日为春分。在中历中，春分是二月中气，必在二月之内。中历闰月在二、三月时春分就在二月底，闰月在晚秋时，下一年春分就在二月初，春节到来较迟，所以春节在 1 月 21 日至 2 月 20 日之间浮动。[①] 另据美国普渡大学教授朱永棠整理，自 2000 至 2100 年年历中每个节气对应 3 个阳历日，见表 1-2。[②]

表 1-2　2000~2100 年节气对应日期（阳历）

春季	日　　期	夏季	日　　期	秋季	日　　期	冬季	日　　期
立春	2 月 3~5 日	立夏	5 月 5~7 日	立秋	8 月 7~9 日	立冬	11 月 6~8 日
雨水	2 月 18~20 日	小满	5 月 20~22 日	处暑	8 月 22~24 日	小雪	11 月 21~23 日
惊蛰	3 月 5~7 日	芒种	6 月 5~7 日	白露	9 月 7~9 日	大雪	12 月 6~8 日
春分	3 月 20~22 日	夏至	6 月 20~22 日	秋分	9 月 22~24 日	冬至	12 月 21~23 日
清明	4 月 4~6 日	小暑	7 月 6~8 日	寒露	10 月 7~9 日	小寒	1 月 5~7 日
谷雨	4 月 19~21 日	大暑	7 月 22~24 日	霜降	10 月 22~24 日	大寒	1 月 20~21 日

---

① 刘宇钧：《中历、西历和节气》，《河北大学学报》（哲学社会科学版）1993 年第 1 期。
② 见韩湘玲等编著《二十四节气与农业生产》，金盾出版社，2015，第 2~3 页。

（三）其他时节制度

在古代，二十四节气形成的同时，还产生了其他时节制度，一同成为古人认知自然人文的重要成果。由于官方维护二十四节气，其他时节制度逐渐消失或成为某些领域内的参照标准。

1. 三十时节制度

战国时期，还出现了一套三十时节制度，后世没有流传开来。《管子·幼官第八》记载了三十节气：

> 春（8个）：地气发，小卯，天气下，义气至，清明，始卯，中卯，下卯。
>
> 夏（7个）：小郢，绝气下，中郢，中绝，大暑至，中暑，小暑终。
>
> 秋（8个）：期风至，小卯，白露下，复理，始节，始卯，中卯，下卯。
>
> 冬（7个）：始寒，小榆，中寒，中榆，寒至，大寒之阴，大寒终。①

---

① 参见（唐）房玄龄注《管子》，上海古籍出版社1989年版（二十种影印本之一），第28～29页。关于《管子》记录的三十节气，刘宗迪认为夏天的"小郢""大暑"、秋天的"始节"分别为"小郢至""大暑至""始节赋事"，李零认为应为"小郢""大暑至""始前"。据笔者查阅上海古籍出版社唐房玄龄注《管子》影印本，书中断句显示这三个节气应为"小郢""大暑""始节"。刘宗迪列为冬天之"大寒"，书中断句应为"大寒之阴"。但该书29页断句为"十二寒，至静。"李零和刘宗迪均解为"十二，寒至，静"。影印本中秋天"小卯""始卯""中卯""下卯"，李零分别写作"小酉""始酉""中酉""正酉"。此记。

表 1-3　三十时节与二十四节气

四时	顺序	三十时节	四时	顺序	二十四节气
春	1	地气发（正月）	春	1	立春（正月）
	2	小卯（正月）		2	雨水（正月）
	3	天气下（正、二月）		3	惊蛰（二月）
	4	义气至（二月）			
	5	清明（二月）		4	春分（二月）
	6	始卯（三月）		5	清明（三月）
	7	中卯（三月）			
	8	下卯（三、四月）		6	谷雨（三月）
夏	9	小郢（四月）	夏	7	立夏（四月）
	10	绝气下（四月）		8	小满（四月）
	11	中郢（五月）		9	芒种（五月）
	12	中绝（五月）			
	13	大暑至（五、六月）		10	夏至（五月）
	14	中暑（六月）		11	大暑（六月）
	15	小暑终（六月）		12	小暑（六月）

---

① 《洛川县志》，民国三十三年泰华印刷厂铅印本。见丁世良、赵放主编《中国地方
志民俗资料汇编·西北卷》，书目文献出版社，1989，第136页。

续表

四时	顺序	三十时节	四时	顺序	二十四节气
秋	16	期风至（七月）	秋	13	立秋（七月）
	17	小酉（七月）		14	处暑（七月）
	18	白露下（七、八月）			
	19	复理（八月）		15	白露（八月）
	20	始前（八月）		16	秋分（八月）
	21	始酉（九月）		17	寒露（九月）
	22	中酉（九月）			
	23	下酉（九、十月）		18	霜降（九月）
冬	24	始寒（十月）	冬	19	立冬（十月）
	25	小榆（十月）		20	小雪（十月）
	26	中寒（十一月）		21	大雪（十一月）
	27	中榆（十一月）			
	28	寒至（十一、十二月）		22	冬至（十一月）
	29	大寒之阴（十二月）		23	小寒（十二月）
	30	大寒终（十二月）		24	大寒（十二月）

资料来源：李零：《〈管子〉三十时节与二十四节气——再谈〈玄宫〉和〈玄宫图〉》，《管子学刊》1988年第2期。

2. 六季历

六季历记载于《黄帝内经·素问》。据秦广忱研究，① 六季历以大寒为岁首，将一年平分为风、暑、火、湿、燥、寒六个阶段，即六季，因为它占有二十四节气中的全部中气，秦广忱将之称为"十二中气历"。这是一套完全不同于一年四季和二十四节气之外的农业季节历，一年为365.25天，每季为365.25/6天，一天又分为100刻。第一季称为初六，以后称为六二、六三、六四。秦广忱认为六季历符合黄河中下游常年的天气特点，其中雨季始于大暑的提法与黄河流域全年降雨曲线相一致。六季历至今仍在中医等少数领域使用，但没有成为官方制度。

① 秦广忱：《中国古代一项特殊的农业季度问题——论〈素问〉的农业季节历》，《自然科学史研究》1985年第4期。

第三节　二十四节气影长

节气的设置中，太阳的影长是最为重要的参照要素。太阳影长与节气之间存在着直接的对应关系，史书对此有翔实的记载。如表 1－4 所示。

表 1－4　《周髀算经》八节二十四气影长

节气名	晷影长	节气名	晷影长	节气名	晷影长
冬至	一丈三尺五寸	小寒	一丈二尺五寸小分五	大寒	一尺五寸一分小分四
立春	丈五寸二分小分三	雨水	九尺五寸二分小分二	启蛰	八尺五寸四分小分一
春分	七尺五寸五分	清明	六尺五寸五分小分五	谷雨	五尺五寸六分小分四
立夏	四尺五寸七分小分三	小满	三尺五寸八分小分二	芒种	二尺五寸九分小分一
夏至	一尺六寸	小暑	二尺五寸九分小分一	大暑	三尺五寸八分小分二
立秋	四尺五寸七分小分三	处暑	五尺五寸六分小分四	白露	六尺五寸五分小分五
秋分	七尺五寸五分	寒露	八尺五寸四分小分一	霜降	九尺五寸三分小分二
立冬	丈五寸二分小分三	小雪	丈一尺五寸一分小分四	大雪	丈二尺五寸小分五

注：上述影长没有说明测影具体地点。

资料来源：《周髀算经》卷下（汲古阁影宋抄本），天禄琳琅丛书之一，中华民国二十年故宫博物院影印。

《宋书》记载了南北朝时的节气影长，[①]《辽史》与《宋书》相比，仅"谷雨"的影长有差，为"二尺二寸六分"，其他节气影长完

---

① 《宋书》卷 13《律历志下》，中华书局 1974 年标点本，第 1 册，第 299～301 页。

全相同。① 元代曾在京师（北京）立长表，测得"冬至之景七丈九尺八寸有奇，在八尺表则一丈五尺九寸六分；夏至之景一丈一尺七寸有奇，在八尺表则二尺三寸四分。"② 明代时"北京立四丈表，冬至日午正，测得景长七丈九尺八寸五分……北京立四丈表，夏至日午正，测得景长一丈一尺七寸一分。"③ 明代的冬至和夏至午正日影长度已经有明显差距，说明岁差影响下节气时刻也与元代出现了误差。《明史》对此作了说明："古今中星不同，由于岁差。而岁差之说，中西复异。中法谓节气差而西，西法谓恒星差而东，然其归一也。"

---

① 《辽史》卷42《历象志上》，中华书局1974年标点本，第2册，第529~531页。

② 《元史》卷52《历志一》，中华书局1976年标点本，第4册，第1121页。

③ 《明史》卷32《历志二》，中华书局1974年标点本，第3册，第548页。

第四节　节气与星宿关系

节气设置中还参照了七星、二十八星宿中的中星，这些星与节气之间存在着直接的对应关系。通过这种对应关系，可以确定出节气时间。

（一）节气与七星

参照七星的位置，可以推算出二十四节气。《岁时广记》引《孝经纬》记载这种位置关系：

> 大雪后，玉衡指子冬至，指癸小寒，指丑大寒，指艮立春，指寅雨水，指甲惊蛰，指卯春分，指乙清明，指辰谷雨，指丙立夏，指巳小满，指巽芒种，指午夏至，指丁小暑，指未大暑，指坤立秋，指戌处暑，指庚白露，指酉秋分，指辛寒露，指戌霜降，指乾立冬，指亥小雪，指壬大雪。①

---

① （南宋）陈元靓：《岁时广记》，见王云五主编《丛书集成初编》，（上海）商务印书馆，1949，第15页。

（二）节气与中星

分布在四空的二十八星宿在运转过程中，每个月都会有一颗星出现在中天南方位置，称为中星，这颗中星与节气相关。古人"正四时"要选取四个节气时间，并与中星进行参校。西汉时"辰星正四时"，春分日效验中星奎、娄，夏至日效验中星东井、舆鬼，秋分日效验中星角、亢，冬至日效验中星斗、牵牛。①

关于中星，《礼记集解》释曰："中者，星之见于南方午位者也。日道虽有发敛，而正南之位，东西去日出入之度必皆当其中，故星之见于此者谓之中星。"② 又说"王者敬授人时，必测日月星辰之运，而尤以测日行为主。测中星者，亦所以测日也。"③ 又引陈氏大猷曰："中星者，所以正四时日行之所在。古玉衡之器，以玉为管，横设之，以二端对南北极。自南北面望之，则北极正对管之北端；自北南面望之，则昏时某星正值管之南端。在南正午之地，故谓之中星。盖大阳所在，星辉隐伏，不知所行在何处，惟从中星推之。昼考诸日景，夜考诸中星，则七政之运行皆可得而推矣。"④

节气与中星的位置之间存在着特殊的对应关系，古人很早便有所认知。《尚书·尧典》所载"历象日月星辰"中的"星"，孔颖达释

① 《淮南子》："辰星正四时，常以二月春分效奎、娄，以五月夏至效东井、舆鬼，以八月秋分效角、亢，以十一月冬至效斗、牵牛。"见刘安等编著、高诱注《淮南子·天文训》，上海古籍出版社，1989，第 28~29 页。

② （清）孙希旦：《礼记集解·月令第六之一》，沈啸寰、王星贤点校，中华书局，1989，第 400 页。

③ （清）孙希旦：《礼记集解·月令第六之一》，沈啸寰、王星贤点校，中华书局，1989，第 401 页。

④ （清）孙希旦：《礼记集解·月令第六之一》，沈啸寰、王星贤点校，中华书局，1989，第 401 页。

为"四方中星"。① 据《礼记》记载,与季节有关的中星有参、尾、弧、建星、牵牛、翼、婺女、亢、危、火、奎、毕、觜觿、虚、柳、七星、东壁、轸、娄、氐等20个。孙希旦《礼记集解》对部分中星作了诠释,笔者整理如下:

（孟春）参者,西方白虎之第七星;尾者,东方苍龙之第六星也。

（仲春）弧,建星,《月令》中星皆举二十八宿,此举弧、建,独在二十八宿外者。

（季春）七星,南方朱鸟之第四宿;牵牛,北方玄武之第二宿。

（孟夏）翼者,南方朱鸟之第六宿;婺女者,北方玄武之第三宿也。

（仲夏）亢者,东方苍龙之第二宿;危者,北方玄武之第五宿也。

（季夏）火,大火,心星,东方苍龙之第五宿也。奎,西方白虎之第一宿。

（孟秋）建星。毕者,西方白虎之第五宿。

（仲秋）牵牛。觜觿,西方白虎之第六宿也。

（季秋）虚者,北方玄武之第四宿也。柳者,南方朱鸟之第三宿。

（孟冬）尾宿,析木之次也。七星

（仲冬）东壁（未解）,轸（未解）

（季冬）娄者,西方白虎之第二宿;氐者,东方苍龙之第三宿。②

---

① （汉）孔安国传,（唐）孔颖达正义《尚书正义·尧典第一》,上海古籍出版社,2007,第38页。

② 参见（清）孙希旦《礼记集解·月令第六之一》,沈啸寰、王星贤点校,中华书局,1989,第401~499页。

汉代以来，节气与中星的位置关系史书多有记载，如《汉书》，见表1-5。

表1-5 《汉书》中记载的节气与中星的关系

十二星次	初度	节气	中度	节气	终度
星纪	初斗十二度	大雪	中牵牛初	冬至	终于婺女七度
玄枵	初婺女八度	小寒	中危初	大寒	终于危十五度
诹訾	初危十六度	立春	中营室十四度	惊蛰	终于奎四度
降娄	初奎五度	雨水	中娄四度	春分	终于胃六度
大梁	初胃七度	谷雨	中昴八度	清明	终于毕十一度
实沈	初毕十二度	立夏	中井初	小满	终于井十五度
鹑首	初井十六度	芒种	中井三十一度	夏至	终于柳八度
鹑火	初柳九度	小暑	中张三度	大暑	终于张十七度
鹑尾	初张十八度	立秋	中翼十五度	处暑	终于轸十一度
寿星	初轸十二度	白露	中角十度	秋分	终于氐四度
大火	初氐五度	寒露	中房五度	霜降	终于尾九度
析木	初尾十度	立冬	中箕七度	小雪	终于斗十一度

资料来源：《汉书》卷21《律历志下》，中华书局1964年标点本，第4册，第1005~1006页。

此外，《宋书》记载了二十四节气与昏中星度和明中星度的位置关系。① 《辽史》记载了二十四节气、漏刻与中星的位置关系。② 《金史》记载了二十四节气与中星的位置关系。③ 《明史》记载了明崇祯元年（1628），李天经、汤若望等人推算节气日京师（北京）昏旦时刻节气与中星的位置关系。④ 《清史稿》记载了清乾隆九年（1744），北京节气与中星的位置关系。⑤

---

① 《宋书》卷13《律历志下》，中华书局1974年标点本，第1册，第299~301页。
② 《辽史》卷42《历象志上》，中华书局1974年标点本，第2册，第529~531页。
③ 《金史》卷21《历志上》，中华书局1975年标点本，第2册，第459~460页
④ 《明史》卷25《天文志一》，中华书局1974年标点本，第2册，第365~366页。
⑤ 《清史稿》卷28《天文志三》，中华书局1977年标点本，第5册，第1053~1055页。

　　由于节气与中星之间存在的这种特殊位置关系，古人通过中星位置也可以推算出节气时刻。《宋史》引何承天的话说："《尧典》：'日永星火，以正仲夏；宵中星虚，以正仲秋。'"[1]《宸垣识略》说："京师北极高三十九度五十五分。夏至昼，冬至夜，五十九刻五分。冬至昼，夏至夜，三十六刻十分。节气时刻，依中星推算。"[2]《清史稿》记载"求节气时刻"法也利用了中星位置等要素。[3]

---

[1] 《宋史》卷 74《律历志七》，中华书局 1977 年标点本，第 6 册，第 1689 页。

[2] （清）吴长元辑《宸垣识略》，北京古籍出版社，1982，第 1 页。

[3] 《清史稿》卷 48《时宪四》，中华书局 1977 年标点本，第 7 册，第 1724 页。

第五节　岁差、验气与谕节气

（一）岁差现象

岁差现象是在太阳和月亮的引力作用下，地球地轴在黄道轴周围作圆锥形运动并向西慢慢移动中造成一定的时间差。早在晋代时，天文学家虞喜便发现这一现象，并命名为岁差。[①] 唐代史官发现每年的节气中晷都有小的变化，"自开元治历，史官每岁较节气中晷，因检加时小余，虽大数有常，然亦与时推移，每岁不等"。[②]《宋史》引虞喜的说法："尧时冬至日短星昴，今二千七百余年，乃东壁中，则知每岁渐差之所至。"[③] 北宋沈括说："开元《大衍历法》最为精密，历代用其朔法。至熙宁中考之，历已后天五十余刻，而前世历官皆不能知。"[④] 由于岁差现象，自唐代开元（713～741）至北宋熙宁（1068～1077）的三百多年间，官方确定的初一比实际日期已经推迟了一天零五十余刻，而遵循僧一行《大衍历法》的官员们却没有察觉到这一天象变化。同样受到岁差影响，每年的节气时间点也并不固

---

① 王力：《中国古代的历法》，《文献》1980 年第 1 期。
② 《新唐书》卷 27 下《历志三下》，中华书局 1975 年标点本，第 2 册，第 626 页。
③ 《宋史》卷 74《律历志七》，中华书局 1977 年标点本，第 6 册，第 1689 页。
④ 见《梦溪笔谈》卷 7 "《奉元历》改移闰朔"条，张富祥译注，中华书局，2009，第 95 页。

定。据明代礼部尚书范谦所言，求岁差方法有三：一是考月令之中星，二是测二至之日景，三是验交食之分秒。[1] 明代通过所谓"步发敛法"，得出节气的岁差为一秒七十五忽。[2] 现代人认识到，由于岁差，每年春分点向西移行约五十秒。[3]

（二）验气之法

圭表测影时，日影常常虚而淡，分辨起来较为困难，于是古人想出一些办法来解决这个问题，称为验气之法。《元史》对验气之法作了记载：

> 旧法择地平衍，设水准绳墨，植表其中，以度其中晷。然表短促，尺寸之下所为分秒太、半、少之数，未易分别。表长，则分寸稍长，所不便者，景虚而淡，难得实景。前人欲就虚景之中考求真实，或设望筒，或置小表，或以木为规，皆取表端日光下彻圭面。今以铜为表，高三十六尺，端挟以二龙，举一横梁，下至圭面，共四十尺，是为八尺之表五。圭表刻为尺寸，旧寸一，今申而为五，厘毫差易分。别创为景符，以取实景。其制以铜叶，博二寸，长加博之二，中穿一窍，若针芥然，以方匡为跌，一端设为机轴，令可开阖，楷其一端，使其势斜倚，北高南下，往来迁就于虚景之中，窍达日光，仅如米许，隐然见横梁于其

① 《明史》："礼部尚书范谦奏：'岁差之法，自虞喜以来，代有差法之议，竟无画一之规。所以求之者，大约有三：考月令之中星，测二至之日景，验交食之分秒。考以衡管，测以臬表，验以漏刻，斯亦侥得之矣。'"见《明史》卷31《历志》，中华书局1974年标点本，第3册，第527页。

② 《明史》卷31《历志》，中华书局1974年标点本，第3册，第521页。

③ 王力：《中国古代的历法》，《文献》1980年第1期，第91～104页。

中。旧法以表端测晷，所得者日体上边之景，今以横梁取之，实得中景，不容有毫末之差。①

（三）谕节气法

明代有两种谕节气之法：一为平节气，一为定节气。平节气是以实际天数来划分节气，将一年365天平分为二十四等分，约十五日有奇为一节气；定节气是将周天三百六十度平分为二十四等分，每十五度为一节气。②《明史》载："四曰平节气，非天上真节气。盖旧法气策，乃岁周二十四分之一。然太阳之行，有盈有缩，不得平分。如以平数定春秋分，则春分后天二日，秋分先天二日矣。"③《明史》以"节气图"为例，进一步讨论了"平节气"与"定节气"两法的差异。

确定节气后还要推算物候，史书中将确定初候日称为定气，首先确定的是冬至、夏至后的一气之数，《隋书》详细记载了"求候日"和"求定气"的算法。④据崔振华等人研究，平气（即平节气）是将一个回归年长度均分为二十四等分，如以《颛顼历》为例，从立

---

① 《元史》卷52《历志一》，中华书局1976年标点本，第4册，第1121页。
② 《明史》卷31《历志一》，中华书局1974年标点本，第3册，第541~542页。
③ 《明史》卷31《历志一》，中华书局1974年标点本，第3册，第539页。
④ 《隋书》："求定气：其每日所入先后数即为气余，其所历日皆以先加之，以后减之，随算其日，通准其余，满一恒气，即为二至后一气之数。以加二（气），如法用别其日而命之。又算其次，每相加命，各得其定气日及余也。亦以其先后已通者，先减后加其恒气，即次气定日及余。亦因别其日，命以甲子，各得所求。……求候日：定气即初候日也。三除恒气，各为平候日。余亦以所入先后数为气余，所历之日皆以先加后减，随计其日，通准其余，每满其平，以加气日而命之，即得次候日。亦算其次，每相加命，又得末候及次气日。"见《隋书》卷18《律历志下》，中华书局1973年标点本，第2册，第467，468页。

春开始，每过 15 又 7/32 天交一个节气，也称为"恒气"。实际上，太阳运行有快有慢，在冬至前后只需十四日多就运行一节气，夏至前后需要十六日才能运行一节气，平气与太阳的实际运行不符。古人早就注意到这个问题，后来由隋代天文学家刘焯创立了定气法，即以冬至为起点，将黄道一周天均分为二十四等分，太阳实际运行到一个分点，就为一个节气。但这一方法在很长的时间里被束之高阁，直到清初的《时宪历》中才得注历，并沿用到今天。①

---

① 崔振华等：《中国古代历法》，新华出版社，1993，第 15 ~ 16 页。

第六节　节气的传播

随着中央政权不断进行的"敬授民时"，二十四节气连同历法一起，深深融入中国人生产生活的方方面面，成为各地建立新的生产生活秩序的基本依据，建构并维系着各地的民俗传统。与此同时，二十四节气还传播到越南、日本、朝鲜等邻国，也深深影响着当地人的生产和生活。

（一）国内传播

春秋时期奠定了二十四节气的基本框架。周代分西周和东周，都城分别在陕西镐京和河南洛阳，这里是黄河文化的中心区域，这点已经得到考古证明，因而节气产生于黄河流域。除了统治中心在此区域之外，黍的种植也能说明这一问题，据《中国农业通史》记载，中国新石器时代遗址中出土的黍和粟表明，其种植集中在中国北方，"西起新疆和硕县，自西至东，经甘肃、青海、陕西、山西、河北、河南、山东，遍及黄河流域，而以甘肃、陕西、河南3省为最密集，年代也以这一中心地带为最早，一般距今6000年左右，最早8000年左右。"① 史书记载，秬黍是同律度量衡的工具，黄河流域黍的种植

---

① 游修龄主编《中国农业通史·原始社会卷》，中国农业出版社，2008，第163页。

最为密集，为舜帝"协时月正日"（确定春分、秋分日）及"同律度量衡"提供了条件，因而节气产生于黄河流域之另一证。

节气自产生以来，均由国家最高统治者掌握并发布，又随着中央政权的"敬授民时"制度不断传播。查阅历代疆域，可以大致了解节气的传播范围。以顾颉刚先生对《尚书·舜典》成书于战国时期的推测①及书中舜帝巡守的范围而言，处于萌芽期的节气知识的影响范围在泰山—衡山—华山—恒山以内，这大概是战国以前节气的实际影响范围。从《逸周书》记载看，周秦时期的节气主要流传在中原地区，且不稳定，直到汉武帝时期才最终确定下来。汉武帝颁布《太初历》是一个重要的节点，此前自由传播或"敬授民时"的传播方式被正规的官方历法所取代，节气在当时的全国进行了首次传播。隋唐时期疆域广大，特别是出现了大唐盛世局面，节气也被修正传播到长江以南。南宋建都临安的一百多年间，发布节气历法，在南方形成了深厚的节气文化。南宋以前的节气传播路线主要是从北向南，元明时期，青海形成了六个主体民族，其中汉民族主要从事农耕生产，这为历法和节气制度更进一步向边疆传播提供了条件。从明朝疆域范围来说，节气传播到青海日月山以东的河湟地区，这一时期节气的主要传播路线是从东到西。清朝大一统后，二十四节气制度进一步向边疆传播开来。

查阅历代政权建都情况，可以大致确定出节气的传播策源地。自

---

① 顾颉刚将今文《尚书》28 篇分为三组，第一组《盘庚》《大诰》《康诰》《酒诰》《梓材》《召诰》《洛诰》《多士》《多方》《吕刑》《文候之命》《费誓》《秦誓》等 13 篇 "都可信为真"；第二组《甘誓》《汤誓》《高宗肜日》《西伯戡黎》《微子》《牧誓》《金縢》《无逸》《君奭》《立政》《顾命》12 篇（实列 11 篇，可能遗漏了《洪范》）为东周时期作品；第三组《尧典》《皋陶谟》《禹贡》为战国至秦汉时期的伪作，并断定《尧典》为秦汉时。见顾颉刚编著《古史辨·讨论古史答刘胡二先生》，上海书店，《民国丛书》第 1 册，1927 年 3 月出版，第 201 ~ 204 页。

西汉以降，从执政百年左右的政权看，其都城大多建在黄河流域，如表 1-6 所示。

表 1-6 古代百年左右政权都城所在地

朝代名	统治时间起止	主要都城	备注
西汉	前 206~8 年，共 214 年	长安（今陕西西安西北）	不含新 15 年
东汉	25~220 年，共 196 年	洛阳（今河南洛阳东）	
东晋	317~420 年，共 104 年	建康（今江苏南京）	
南朝	420~589 年，共 170 年	建康（今江苏南京）	
北魏	386~534 年，共 149 年	平城（今山西大同） 洛阳（今河南洛阳）	
唐	618~907 年，共 290 年	西京长安（陕西西安） 东都洛阳（河南洛阳）	含武周 21 年
北宋	960~1127 年，共 168 年	东京（今河南开封）	
南宋	1127~1279 年，共 153 年	临安（今浙江杭州）	
辽	947~1211 年，共 178 年	上京临潢府（今内蒙古巴林左旗）； 中京大定府（今内蒙古宁城西南）	不含契丹 41 年
金	1115~1234 年，共 120 年	中都大兴府（今北京城西南）和南京开封府（今河南开封）	
元	1271~1368 年，共 98 年	大都（今北京）	不含蒙古 66 年
明	1368~1644 年，共 277 年	北京	不含南明 17 年
清	1644~1911 年，共 268 年	北京	

资料来源：参见万国鼎编《中国历史纪年表》，中华书局，1978，第 82~84 页。

上述 13 个百年左右政权都城中，有 11 个在北方，故而历史上二十四节气的文化策源地在黄河流域。随着统治疆域的扩大和人口迁移，特别是史学上所谓"衣冠南渡"，节气逐渐向全国传播开来。东晋政权在建康（今江苏南京）建都，南宋政权在临安（今浙江杭州）建都，都有大量黄河流域人口南迁，南方社会经济得到发展。唐宋以来，南方人口密度逐渐大于北方，文化异常兴盛。

从历代疆域和都城两个要素分析，节气在汉、东晋、唐、南宋、元、明、清时都不同程度地向南方扩散传播，就全国接受节气情况来说，汉、唐、元、明和清的影响可能是最大的。

（二）国外传播

节气在国外的传播与国家疆域和自然气候形态关系颇大。节气由国家统治者发布，在国内传播不受国家疆域限制，因而更为通畅。历史上有些周边国家或地区被纳入中央管辖，汉武帝元鼎六年（前111），越南被纳入中央版图，之后的上千年间中央政权一直对越南行使有效管辖，越南史学家称为"北属时代"。也就是说，在这漫长的千年时间里，节气在越南的传播属于国内传播，因而也更具传播优势，以至于越南人也承认"如此说来，当时我们的人也同中国人相差无几"①。宋元明清时期，中国历法通过买卖等方式流入藩属国越南。据《越南通史》载，元统二年（1334），元朝吏部尚书贴住、礼部郎中智熙善二人出使安南（今越南），将《授时历》赐予陈宪宗陈旺，此后安南历朝使用中国历法。② 另据越南《大南实录》第二纪《仁祖实录》云："明命三年（1822）冬十一月，以翰林院检讨阮名砷为钦天监监副，砷尝陈历法，请遵大清星历造七政经纬历，以考验五星行度凌犯，详录其实于史书，传之来世。再考协纪辨方书旧式制造春牛，颁行天下，以明农候早晚，且复古人出土牛送寒气善法。"③

二十四节气在国内传播的同时，还传播到邻国日本。据毕雪飞研究，二十四节气随历法于钦明天皇十四年（552）一同传入日本，并于推古天皇十年（602）开始学习，在持统天皇四年（690）开始使用《元嘉历》与《仪凤历》（即《麟德历》），④ 这两部历书分别为南北朝时期天文学家何承天和唐朝的李淳风创立。

① 〔越南〕陈重金：《越南通史》，戴可来译，商务印书馆，1992，第51页。
② 郭振铎、张笑梅主编《越南通史》，中国人民大学出版社，2001，第359页。
③ 转录自韩琦《中越历史上天文学与数学的交流》，《中国科技史料》1991年第3期。
④ 毕雪飞：《二十四节气在日本的传播与实践应用》，《文化遗产》2017年第2期。

毕雪飞对照日本平成 28 年（2016）历法，表明二十四节气名称和时间没有变更，只是加入了 11 个杂节。兹转引毕雪飞对日本略本历和中国宣明历物候名称对比表，以作参证（见表 1-7）。

表 1-7　日本略本历和中国宣明历物候名称对比

二十四节气	候	日本略本历名称	中国宣明历名称
立春	初候	东风解冻	东风解冻
	次候	黄莺睍睆	蛰虫始振
	末候	鱼上冰	鱼上冰
雨水	初候	土脉润起	獭祭鱼
	次候	霞始靆	鸿雁来
	末候	草木萌动	草木萌动
惊蛰	初候	蛰虫启户	桃始华
	次候	桃始笑	仓庚鸣
	末候	菜虫化蝶	鹰化为鸠
春分	初候	雀始巢	玄鸟至
	次候	樱始开	雷乃发声
	末候	雷乃发声	始雷
清明	初候	玄鸟至	桐始华
	次候	鸿雁北	田鼠化为鴽
	末候	虹始见	虹始见
谷雨	初候	葭始生	萍始生
	次候	霜止出苗	鸣鸠扶其羽
	末候	牡丹华	戴胜降于桑
立夏	初候	蛙始鸣	蝼蝈鸣
	次候	蚯蚓出	蚯蚓出
	末候	竹笋生	王瓜生
小满	初候	蚕起食桑	苦菜秀
	次候	红花荣	靡草死
	末候	麦秋至	小暑至
芒种	初候	螳螂生	螳螂生
	次候	腐草为萤	鵙始鸣
	末候	梅子黄	反舌无声

续表

二十四节气	候	日本略本历名称	中国宣明历名称
夏至	初候	乃东枯	鹿角解
	次候	菖蒲华	蜩始鸣
	末候	半夏生	半夏生
小暑	初候	温风至	温风至
	次候	莲始开	蟋蟀居壁
	末候	鹰乃学习	鹰乃学习
大暑	初候	桐始结花	腐草为萤
	次候	土润溽暑	土润溽暑
	末候	大雨时行	大雨时行
立秋	初候	凉风至	凉风至
	次候	寒蝉鸣	白露降
	末候	蒙雾升降	寒蝉鸣
处暑	初候	棉柎开	鹰乃祭鸟
	次候	天地始肃	天地始肃
	末候	禾乃登	禾乃登
白露	初候	草露白	鸿雁来
	次候	鹡鸰鸣	玄鸟归
	末候	玄鸟去	群鸟养羞
秋分	初候	雷乃收声	雷乃收声
	次候	蛰虫坏户	蛰虫坏户
	末候	水始涸	水始涸
寒露	初候	鸿雁来	鸿雁来宾
	次候	菊花开	雀入大水为蛤
	末候	蟋蟀在户	菊有黄华
霜降	初候	霜始降	豺乃祭兽
	次候	霎时施	草木黄落
	末候	枫蔦黄	蛰虫咸俯
立冬	初候	山茶始开	水始冰
	次候	地始冻	地始冻
	末候	金盏香	野鸡入水为蜃
小雪	初候	虹藏不见	虹藏不见
	次候	朔风扩叶	天气上升地气下降
	末候	橘始黄	闭塞而成冬

续表

二十四节气	候	日本略本历名称	中国宣明历名称
大雪	初候	闭塞成冬	鹖鴠不鸣
	次候	熊蛰穴	虎始交
	末候	鳜鱼群	荔挺出
冬至	初候	乃东生	蚯蚓结
	次候	麋角解	麋角解
	末候	雪下出麦	水泉动
小寒	初候	芹乃荣	雁北乡
	次候	水泉动	鹊始巢
	末候	雉始雊	野鸡始雊
大寒	初候	款冬华	鸡始乳
	次候	水泽腹坚	鸷鸟厉疾
	末候	鸡始乳	水泽腹坚

注：原表中"惊蛰"为"启蛰"。

资料来源：毕雪飞：《二十四节气在日本的传播与实践应用》，《文化遗产》2017年第2期。

另据方兰依据《日本书纪》等史料研究，公元604年日本正式推行中国历法，其中包含了完整的二十四节气，此后一直使用了上千年。[①] 此外，二十四节气还传入朝鲜，古代朝鲜各个王朝都按照二十四节气安排农业生产。据李银姬等人研究，中国元代《授时历》是朝鲜于1444年编成《七政算内篇》的成书基础。[②]

---

① 方兰：《从日本历学看日本的二十四节气文化流变》，《河南教育学院学报》（哲学社会科学版）2018年第6期。

② 〔韩国〕李银姬、韩永浩：《郭守敬的〈授时历〉和朝鲜的〈七政算内篇〉》，《中国科技史杂志》2010年第4期。

第二章
节气的基本内涵

　　节气是古人认识天地人知识的结晶。在设定节气的同时，古人还总结设定了另一套物候知识，两套文本相互参证，共同演绎着节气内涵。自汉武帝《太初历》以后，节气与历法融合为一体，有无中气成为历法置闰的重要依据。随着节气的传播，节气的地方性特点逐渐显现出来，史书记载中也形成了不同的物候表述。

第一节　何谓节？何谓气？

（一）何谓节？

节和气最早是两个词。《说文解字》曰："节，竹约也。"就是竹子的节。古人认识到"日行一度，十五日为一节，以生二十四时之变"。[1] 节有明确的时间长度，一节为15天。春秋时期，还有一说法是"履端于始，谓节也"[2]。杨伯峻《春秋左传注》云："履端于始，始指冬至，谓步历以冬至为始也。"[3] 节在这里是一个时间点。又《梁书》引《乐记》云："'大乐与天地同和，大礼与天地同节；和故百物不失，节故祀天祭地。'百物不失者，天生之，地养之，故知地亦有祈报，是则一年三郊天，三祭地。"[4] 可见最早的节主要是用来进行国家祭祀的时间点，具有固定不可变的特征。

---

① 何宁：《淮南子集释·天文训》，中华书局，1998，第213~214页。
② 《太平御览》："'《月令》曰：正月之节，日在虚。'立春为正月之节，谨按《春秋传》曰：履端于始，谓节也。举正于中，谓气也。"见（宋）李昉《太平御览》卷18《时序部三·春上》，夏剑钦校点，河北教育出版社，1994，第161页。
③ 杨伯峻编著《春秋左传注·文公元年》（修订本），中华书局版1990年第2版，第510页。
④ 《梁书》卷40《许懋列传》，中华书局1973年标点本，第2册，第577页。

（二）何谓气？

《黄帝内经》中黄帝问："愿闻何谓气？"老师岐伯回答道："五日谓之候，三候谓之气。"气是一种动态、演变、运动的过程，形成一个气也是15天。又一说法是"举正于中，谓气也。"杨伯峻否定晋代杜预注"举中气以正月"的观点，认为是"以冬至为始，以闰余为终，故举正朔之月为中"。① 古人又有天气、地气和人气之分，认为天气下降，而地气上升。《黄帝内经素问·阴阳应象大论》曰："清阳为天，浊阴为地。地气上为云，天气下为雨，雨出地气，云出天气。"《礼记》云："是月（正月）也，天气下降，地气上腾，天地和同，草木萌动。"《礼记正义》疏曰："然则天气下降，地气上腾，五月至十月也。地气下降，天气上腾，十一月至四月也。"② 这里的气主要指的是一种变化规律。我们可以在日常生活中观察并感受到天气的变化。古代"人气"的概念与今天不同，古代医学上的人气指人体的正气或阳气。东汉时立秋、立冬有迎气仪式，也有迎秋、迎冬仪式，"立秋之日，夜漏未尽五刻，京都百官皆衣白，施皂领缘中衣，迎气于白郊。礼毕，皆衣绛，至立冬"③，"立冬之日，夜漏未尽五刻，京都百官皆衣皂，迎气于黑郊。礼毕，皆衣绛，至冬至绝事"④，"立秋之日，迎秋于西郊，祭白帝蓐收。车旗服饰皆白。……立冬之日，迎冬于北郊，祭黑帝玄冥。车旗服饰皆黑"⑤，说明当时

① 杨伯峻编著《春秋左传注·文公元年》（修订本），中华书局版1990年第2版，第510~511页。
② （汉）郑玄注，（唐）孔颖达正义《礼记正义·月令第六》，李学勤主编《十三经注疏》，北京大学出版社，2000，第543页。
③ 《后汉书》卷90《礼仪志中》，中华书局1965年标点本，第11册，第3123页。
④ 《后汉书》卷90《礼仪志中》，中华书局1965年标点本，第11册，第3125页。
⑤ 《后汉书》卷90《祭祀志中》，中华书局1965年标点本，第11册，第3182页。

节和气还存在区别。由于节和气的变化节奏一致，均为 15 天（三候），形成了节中有气，气中有节的现象，汉代以后便合二为一，称为节气，简称为节或气。

（三）节气的两套顺序

历史上，节气的记载形成了两套顺序，分别以《逸周书》代表的冬至起头和以《礼记·月令》为代表的孟春起头。以冬至起头的有《周髀算经》《淮南子·天文训》《魏书》等，记载次序为"冬—春—夏—秋—冬"，如《魏书》所载顺序：

冬至、小寒、大寒、立春、雨水、惊蛰、春分、清明、谷雨、立夏、小满、芒种、夏至、小暑、大暑、立秋、处暑、白露、秋分、寒露、霜降、立冬、小雪、大雪。[1]

以立春起头包括孟春之月起头和立春（正月）起头，记载次序为"春—夏—秋—冬"，《吕氏春秋》《元史》《七十二候集解》《清史稿》等都遵循这个顺序，如《元史》所载顺序：

立春、雨水、惊蛰、春分、清明、谷雨、立夏、小满、芒种、夏至、小暑、大暑、立秋、处暑、白露、秋分、寒露、霜降、立冬、小雪、大雪、冬至、小寒、大寒。[2]

---

[1] 参见《魏书》卷 107 上《律历志上》，中华书局 1974 年标点本，第 7 册，第 2666 页。

[2] 参见《元史》卷 54《历志三》，中华书局 1976 年标点本，第 4 册，第 1194 ~ 1197 页。

节气形成两套次序，原因大概是原始宗教和农耕生产两条路径影响而造成的。先秦以前重要的国家祭祀时间后来都成为特定的节气日。我们知道，最早形成的八节气都安排了重要的国家祭祀仪式，在天地日月岳镇海渎等国家祭祀中，冬至祭天是古代宗教中最为重要的国家祭祀活动，除《周礼》《礼记》外，自《史记》至《清史稿》的二十五部正史中，凡列《礼志》或《礼乐志》，必谈祭天，并将冬至祭天列为大祀第一等第一位。《逸周书》可能受此影响，从冬至起头记载节气。这种影响在民间仍有遗存，青海民间认为，一个人年龄的增加不是从农历大年初一或阳历 1 月 1 日开始的，而是在冬至这天增加一岁。《礼记·月令》则眼界向下，着眼于农耕生产，由于农业耕种离不开节气指导，排列节气时便以农作物春生夏长秋收冬藏的次序安排，这也是观察自然界气的运行规律所形成的一个结果。

第二节　节气名内涵

节气内涵的解读古来较多，下引《礼记正义》，元代吴澄《月令七十二候集解》，冯秀藻、欧阳海《廿四节气》等，略作集释。

立春　《礼记集解》曰："立春，正月之朔气也。"①《月令七十二候集解》曰："立春，正月节。立，建始也，五行之气，往者过，来者续。于此而春木之气始至，故谓之立也，立夏秋冬同。"《尔雅·释天》曰："春为发生。""春为苍天。""春为青阳。"冯秀藻解释说，按照我国古代天文学上划分季节的方法，把"四立"作为四季的开始，立是开始的意思，立春是春天的开始，一直到立夏都为春天。上述解释中，《月令七十二候集解》以气的运行为准，冯秀藻则以时间为准。

雨水　《礼记正义》曰："谓之雨水者，言雪散为雨水也。"《月令七十二候集解》曰："天一生水，春始属木，然生木者，必水也，故立春后继之雨水。"冯秀藻解读说："雨水，表示少雨雪的冬季已过，降雨（主要不是降雪了）开始，雨量开始逐渐增加了。"

惊蛰　《夏小正》曰："〔传〕正月，启蛰。言始发蛰也。"②《礼

---

① （清）孙希旦：《礼记集解·月令第六之一》，沈啸寰、王星贤点校，中华书局，1989，第413页。

② 顾凤藻辑《夏小正经传集解及其他四种》卷1，王云五主编《丛书集成初编》，商务印书馆，1936年12月初版，第2页。

记正义》曰："谓之惊蛰者，蛰虫惊而走出。"冯秀藻解读说："惊蛰，蛰是藏的意思，生物钻到土里冬眠叫入蛰。它们在第二年回春后再钻出土来活动，古时认为是被雷声震醒的，所以叫惊蛰。从惊蛰日开始，可以听到雷声，蛰伏地下冬眠的昆虫和小动物被雷声震醒，出土活动。"

春分 《月令七十二候集解》曰："春分二月中，分者半也。此当九十日之半，故谓之分。秋同义。夏冬不言分者，盖天地闲二气而已。方氏曰：阳生于子，终于午，至卯而中分，故春为阳中，而仲月之节为春分。正阴阳适中，故昼夜无长短云。此当九十日之半，故谓之分。秋同义。"《春秋繁露》也说："阳在正东，阴在正西，谓之春分。春分者，阴阳相半也，故昼夜均而寒暑平。……秋分者，阴阳相半也，故昼夜均而寒暑平。"① 冯秀藻解读说："春分表示昼夜平分。这两天昼夜相等，平分了一天，古时称为日夜分。这个节气又正处在立春与立夏的中间，把春季一分两半，因此也有据此来解释春分的。"

清明 《礼记正义》曰："谓之清明者，谓物生清净明洁。"《月令七十二候集解》曰："按《国语》曰，时有八风，历独指清明风，为叁月节。此风属巽故也。万物齐乎巽，物至此时皆以洁齐而清明矣。"冯秀藻解读说："清明，天气晴朗、温暖，草木开始现青。嫩芽初生，小叶翠绿，清洁明净的风光代替了草木枯黄、满目萧条的寒冬景象。"

谷雨 《礼记正义》曰："谓之谷雨者，言雨以生百谷。"《月令七十二候集解》曰："自雨水后，土膏脉动，今又雨其谷于水也。雨读作去声，如雨我公田之雨。盖谷以此时播种，自上而下也。故

---

① （汉）董仲舒撰，（清）凌曙注《春秋繁露·阴阳出入上下第五十》，中华书局，1975，第421页。

《说文》云雨本去声，今风雨之雨在上声，雨下之雨在去声也。"冯秀藻解读说："谷雨，降雨明显增加。这时期雨水对谷类作物的生长发育很有作用。越冬作物需要雨水以利返青拔节；春播作物也需要雨水才能播种出苗。古代解释即所谓雨生百谷。"

立夏 《礼记集解》曰："立夏者，四月之朔气也。"[①]《月令七十二候集解》曰："立字解见春。夏，假也，物至此时皆假大也。"《尔雅·释天》曰："夏为长赢。""夏为昊天。""夏为朱明。"冯秀藻认为，古代天文学上立夏到立秋是夏天。

小满 《礼记正义》曰："谓之小满者，言物长于此，小得盈满。"《月令七十二候集解》曰："小满者，物至于此小得盈满。"冯秀藻解读说："小满，麦类等夏熟作物籽粒已开始饱满，但还没有成熟，所以称作小满。"

芒种 《礼记正义》曰："谓之芒种者，言有芒之谷，可稼种。"《月令七十二候集解》曰："谓有芒之种谷可稼种矣。"冯秀藻解读说："芒种，芒指一些有芒的作物，种是种子的意思。芒种表明小麦、大麦等有芒作物的种子已经成熟，可以收割。而这时晚谷黍、稷等夏播作物也正是播种最忙的季节，所以芒种又称为"忙种"，"春争日，夏争时"，这个夏就是指这个节气的农忙。"

夏至 《月令七十二候集解》曰："《韵会》曰：夏，假也，至，极也，万物于此皆假大而至极也。"冯秀藻解释说，夏至表示炎热的夏天快要到来。一般说来，我国各地最热的月份是7月，夏至是6月22日。夏至表示最热的夏天快要到了，所以称作夏至。韩湘玲解读说："古时民间把夏至后的15天分成三时，即头时3天，中时5天，尾时7天。农家把三时雨称为'甘霖'。"[②]

---

① （清）孙希旦：《礼记集解·月令第六之一》，沈啸寰、王星贤点校，中华书局，1989，第442页。

② 韩湘玲等编著《二十四节气与农业生产》，金盾出版社，2015，第22页。

小暑、大暑 《礼记正义》曰："谓之小暑大暑者，就极热之中，分为小大，月初为小，月半为大。"《月令七十二候集解》曰："《说文》曰：暑，热也。就热之中分为大小，月初为小，月中为大，今则热气犹小也。"冯秀藻解读说："小暑、大暑：暑是炎热的意思，是一年中最热的季节。小暑是气候开始炎热，但还没有到最热的时候，因此称小暑。大暑是一年中最热的时候，因而称为大暑。"韩湘玲还补充说这时我国大部分地区"同时进入汛期"，有"大暑小暑，灌死老鼠"之说。① 我国 50 毫米等雨量线从长江流域移到黄河流域以北，从黑龙江的呼玛、漠河之间蜿蜒向西南行，经海拉尔、锡林浩特、榆林、武都往西折向青海。②

立秋 《礼记集解》曰："立秋，七月之朔气也。"③《尔雅·释天》曰："秋为收成。""秋为旻天。""秋为白藏。"《月令七十二候集解》曰："立字解见春。秋，揫也，物于此而揫敛也。"冯秀藻认为，古代天文学上这天是立秋的开始，一直到立冬都是秋天。

处暑 《礼记正义》曰："谓之处暑者，谓暑既将退伏而潜处。"《月令七十二候集解》曰："处，止也，暑气至此而止矣。"冯秀藻解读说："处暑，处是终止、躲藏的意思。处暑表示炎热的夏天即将过去，快要'躲藏'起来了。"

白露 《礼记正义》曰："谓之白露者，阴气渐重，露浓色白。"《月令七十二候集解》曰："秋属金，金色白，阴气渐重露凝而白也。"冯秀藻解读说："白露：处暑后气温降低很快，虽不很低，但夜间温度已达到成露的条件，因此，露水凝结得较多、较重，呈现白露。"

---

① 韩湘玲等编著《二十四节气与农业生产》，金盾出版社，2015，第 12 页。
② 见韩湘玲等编著《二十四节气与农业生产》，金盾出版社，2015，第 23~24 页。
③ （清）孙希旦：《礼记集解·月令第六之三》，沈啸寰、王星贤点校，中华书局，1989，第 468 页。

　　秋分　《月令七十二候集解》曰："解见春分。"冯秀藻解读说："秋分表示昼夜平分。这两天昼夜相等，平分了一天，古时称为日夜分。"这个节气又正处在立秋与立冬的中间，把秋季一分两半，因此也有据此来解释秋分的。

　　寒露　《礼记正义》曰："谓之寒露者，言露气寒，将欲凝结。"《月令七十二候集解》曰："露，气寒冷将凝结也。"冯秀藻解读说："寒露，气温更低，露水更多，也更凉，有成冻露的可能，故称寒露。"韩湘玲解读说："寒露，天气一天天变凉，天气越凉，露水凝结越多，这时，秋收的作物进入了最后的成熟期。"①

　　霜降　《月令七十二候集解》曰："气肃而凝露结为霜矣。《周语》曰：驷见而陨霜。"冯秀藻解读说："霜降，气候已渐渐寒冷，开始有白霜出现了。"韩湘玲解读说："霜降，气温下降，开始结霜，作物可能遭受低温的危害。这时节正是棉花、甘薯等大秋作物收获的农忙季节。"②

　　立冬　《尔雅·释天》曰："冬为安宁。""冬为上天。""冬为玄英。"《礼记集解》曰："立冬，十月之朔气也。"③《月令七十二候集解》曰："立字解见前。冬，终也，万物收藏也。"冯秀藻解读说："古代天文学上这天是冬天的开始，一直到立春都为冬天。"

　　小雪、大雪　《礼记正义》曰："谓之小雪大雪者，以霜雨凝结而雪，十月犹小，十一月转大。"《月令七十二候集解》曰："雨下而为寒气所薄故凝而为雪，小者未盛之辞……大者，盛也。至此而雪盛矣。"冯秀藻解读说："小雪、大雪：入冬以后，天气冷了，开始下雪。小雪时，开始下雪，但还不多不大。大雪时，雪下得大起来，地

---

　　① 韩湘玲等编著《二十四节气与农业生产》，金盾出版社，2015，第13页。
　　② 韩湘玲等编著《二十四节气与农业生产》，金盾出版社，2015，第13页。
　　③（清）孙希旦：《礼记集解·月令第六之三》，沈啸寰、王星贤点校，中华书局，1989，第487页。

面可有积雪了。"

冬至 《月令七十二候集解》曰:"终藏之气至此而极也。"冯秀藻解读说:"冬至表示寒冷的冬天快要到来。"我国各地最冷的月份是1月,冬至是12月23日,表示最冷的冬天快要到了,所以称作冬至。

小寒、大寒 《礼记正义》曰:"谓之小寒大寒者,十二月极寒之时,相对为大小,月初寒为小,月半寒为大。"[1]《月令七十二候集解》曰:"月初寒尚小,故云,月半则大矣。"冯秀藻解读说:"小寒、大寒,寒是寒冷的意思,是一年中最冷的季节。小寒是气候开始寒冷,但还没有到最冷的时候,因此称为小寒。大寒是一年中最冷的时候,因而称之为大寒。这两个节气对小暑、大暑来说的,相隔正好半年,符合我国的实际情况。"

---

① (汉)郑玄注,(唐)孔颖达正义《礼记正义·月令第六》,李学勤主编《十三经注疏》,北京大学出版社,2000,第532页。

第三节　节气对应的物候

物候是古人认识自然和社会的一种方式，通过各种物候变化与节气的对应，也使节气成为认识自然、协调人与自然关系的有效途径。

（一）《礼记·月令》物候

张闻玉认为，《礼记·月令》记载的天象源于《夏小正》，《礼记·月令》成书时二十四节气尚未形成，该书所记的星象据《夏小正》的丑正，与四分历实测的天象不合。他据此认为《礼记·月令》产生的时代必在战国之前，并纠正历代因袭之误，列出了《月令总图》天象与物候应当的一个正确顺序。[①]

日本学者能田忠亮认为，《夏小正》的大部分天象属于公元前2000年前后，参中及织女方位属于公元前600年左右。据对夏文化的河南龙山文化晚期，二里头文化的第一、二期与东下冯文化的"碳－14"测定，其年代在公元前2360年至公元前1600年，夏小正星象的大部分记事与此年代相合，潘鼐由此断定《夏小正》虽成书在东周后期，但其记载的天象是夏代的。[②]《夏小正》是一部十月太

---

① 见张闻玉《〈夏小正〉之天文观》，《贵州大学学报》1993年第4期。
② 潘鼐：《中国恒星观测史》，学林出版社，1989，第6~7页。

阳历，① 过渡到后来的十二月经历了漫长的过程。

笔者整理了一份《礼记·月令》物候：

孟春之月，东风解冻。蛰虫始振。鱼上冰。獭祭鱼。鸿雁来。天气下降，地气上腾。天地和同，草木萌动。

仲春之月，始雨水。桃始华。仓庚鸣。鹰化为鸠。玄鸟至。雷乃发声。始电。蛰虫咸动。启户始出。

季春之月，桐始华。田鼠化为鴽。虹始见。萍始生。生气方盛，阳气发泄。句者毕出，萌者尽达。鸣鸠拂其羽。戴胜降于桑。

孟夏之月，蝼蝈鸣。蚯蚓出。王瓜生。苦菜秀。农乃登麦。靡草死。麦秋至。

仲夏之月，小暑至。螳螂生。鵙始鸣。反舌无声。农乃登黍。鹿角解。蝉始鸣。半夏生。木堇荣。

季夏之月，温风始至。蟋蟀居壁。鹰乃学习。腐草为萤。树木方盛，水潦盛昌。土润溽暑。大雨时行。

孟秋之月，凉风至。白露降。寒蝉鸣。鹰乃祭鸟。用始行戮。农乃登谷（稷）。天子尝新。

仲秋之月，盲风至。鸿雁来。玄鸟归。群鸟养羞。雷始收声。蛰虫坏户。杀气浸盛。阳气日衰。水始涸。

季秋之月，鸿雁来宾。爵入大水为蛤。鞠有黄华。豺乃祭兽戮禽。霜始降。草木黄落。蛰虫咸俯在内。皆墐其户。

孟冬之月，水始冰。地始冻。雉入大水为蜃。虹藏不见。天气上腾。地气下降。天地不通，闭塞而成冬。

仲冬之月，冰益壮。地始坼。鹖旦（鸣）不鸣。虎始交。

---

① 陈久金：《论〈夏小正〉是十月太阳历》，《自然科学史研究》1982 年第 4 期。

芸始生。荔挺出。蚯蚓结。麋角解。水泉动。

季冬之月，雁北乡。鹊始巢。雉雊。鸡乳。征鸟厉疾。冰方盛。水泽腹坚。命取冰，冰以入。

《吕氏春秋》记载的物候与《礼记·月令》对比，仅作了个别字词的改动，说明《吕氏春秋》的物候完全照搬了《礼记·月令》。

（二）《逸周书》[①]《魏书》《元史》物候对比

从表2-1分析，《魏书》物候不同于《逸周书》和《元史》，物候顺序推迟，有些物候推迟达5天甚至20天（1候至4候），出现了诸如"天地始肃""暴风至""杀气浸盛""阳气始衰"等新物候，这些是接近北方草原或山地气候的特点。从"始雨水""蛰虫咸动""木槿荣""杀气浸盛""阳气始衰""冰益壮""地始坼""芸始生"等与《逸周书》《元史》不同的物候看，《魏书》所载物候应该参考了《礼记》。

表2-1　物候对比

节气	《逸周书·时训解》	《魏书》	《元史》
立春	东风解冻；蛰虫始振；鱼上冰	鸡始乳；东风解冻；蛰虫始振（推后1候）	东风解冻；蛰虫始振；鱼陟负冰
雨水	獭祭鱼；鸿雁来；草木萌动	鱼上负冰；獭祭鱼；鸿雁来	獭祭鱼；候雁北；草木萌动
惊蛰	桃始华；仓庚鸣；鹰化为鸠	始雨水；桃始华；仓庚鸣	桃始华；仓庚鸣；鹰化为鸠
春分	玄鸟至；雷乃发声；始电	鹰化为鸠；玄鸟至；雷始发声	玄鸟至；雷乃发声；始电
清明	桐始华；田鼠化为鴽；虹始见	电乃见；蛰虫咸动；蛰虫启户	桐始华；田鼠化为鴽；虹始见

---

① 黄怀信等：《逸周书汇校集注·时训解》，上海古籍出版社，2007，第583~613页。

节气	《逸周书·时训解》	《魏书》	《元史》
谷雨	萍始生;鸣鸠拂其羽;戴胜降于桑	桐始花;田鼠化为駕;虹始见(推后3候)	萍始生;鸣鸠拂其羽;戴胜降于桑
立夏	蝼蝈鸣;蚯蚓出;王瓜生	萍始生;戴胜降桑;蝼蝈鸣(推后2候)	蝼蝈鸣;蚯蚓出;王瓜生
小满	苦菜秀;靡草死;小暑至	蚯蚓出;王瓜生;苦菜秀	苦菜秀;靡草死;麦秋至
芒种	螳螂生;鵙始鸣;反舌无声	靡草死;小暑至;螳螂生	螳螂生;鵙始鸣;反舌无声
夏至	鹿角解;蜩始鸣;半夏生	鵙始鸣;反舌无声;鹿角解	鹿角解;蜩始鸣;半夏生
小暑	温风至;蟋蟀居壁;鹰乃学习	蝉始鸣;半夏生;木槿荣	温风至;蟋蟀居壁;鹰始挚
大暑	腐草化为萤;土润溽暑;大雨时行	温风至;蟋蟀居壁;鹰乃学习(推后3候)	腐草为萤;土润溽暑;大雨时行
立秋	凉风至;白露降;寒蝉鸣	腐草化为萤;土润溽暑;凉风至(提前2候)	凉风至;白露降;寒蝉鸣
处暑	鹰乃祭鸟;天地始肃;禾乃登	白露降;寒蝉鸣;鹰祭鸟(提前2候)	鹰乃祭鸟;天地始肃;禾乃登
白露	鸿雁来;玄鸟归;群鸟养羞	天地始肃;暴风至;鸿雁来(推后2候)	鸿雁来;玄鸟归;群鸟养羞
秋分	雷始收声;蛰虫培户;水始涸	玄鸟归;群鸟养羞;雷始收声(推后3候)	雷始收声;蛰虫坏户;水始涸
寒露	鸿雁来宾;爵入大水化为蛤;菊有黄华	蛰虫附户;杀气浸盛;阳气日衰	鸿雁来宾;雀入大水为蛤;菊有黄华
霜降	豺乃祭兽;草木黄落;蛰虫咸俯	水始涸;鸿雁来宾;雀入大水化为蛤(后4候)	豺乃祭兽;草木黄落;蛰虫咸俯
立冬	水始冰;地始冻;雉入大水为蜃	菊有黄华(推后4候);豺祭兽;水始冰(推后2候)	水始冰;地始冻;雉入大水为蜃
小雪	虹藏不见;天气上腾,地气下降;闭塞而成冬	地始冻;雉入大水化为蜃;虹藏不见	虹藏不见;天气上腾,地气下降;闭塞而成冬
大雪	鹖鸟不鸣;虎始交;荔挺生	冰益壮;地始坼;鹖旦鸣	鹖鴠不鸣;虎始交;荔挺出
冬至	蚯蚓结;麋角解;水泉动	虎始交;芸始生;荔挺生	蚯蚓结;麋角解;水泉动
小寒	雁北向;鹊始巢;雉始雏	蚯蚓结;麋角解;水泉动(推后3候)	雁北乡;鹊始巢;雉雏
大寒	鸡始乳;鸷鸟厉;水泽腹坚	雁北向;鹊始巢;雉始雊	鸡乳;征鸟厉疾;水泽腹坚

《逸周书》《元史》所记除小满中的"小暑到"和"麦秋至"有
差异外，其他节气物候相近，而《魏书》所记节气物候与两书不同，
对比这些朝代曾作为都城或都城附近的城市西安、平城（今大同）、
洛阳、北京四地，可以看出这些物候差异的一般端倪（见表2-2）。

表2-2　西安、平城、洛阳、北京四地基本参数

项目	西安	洛阳	平城（今大同）	北京
从纬度看	北纬33~34度附近	北纬33~34度附近	北纬40度附近	北纬40度附近
从气候看	暖温带半湿润大陆性季风气候	温带季风气候	温带大陆性季风气候区	北温带半湿润大陆性季风气候
从地形看	渭河平原	华北平原过渡带	山地丘陵平川	华北平原
从海拔看	400~700米	600~2000米	1000~1500米	平均43.5米，山地一般1000~1500米
从河流看	渭河边	洛河边	桑干河边	永定河边

从表2-2分析，纬度、气候和地形会直接影响当地的物候，
《逸周书》记载的可能是西安、洛阳一线的物候。再结合《逸周书》
《元史》，《魏书》中没有"大雨时行"物候，综合推测，《魏书》记
载的可能是以平城（今大同）为中心的物候现象。

《清史稿》所记物候与《逸周书》《元史》基本一致，根据分
析，《元史》《清史稿》的物候应该分别抄录自《逸周书》和《礼
记·月令》，与作为都城的北京没有直接关联，也没有《魏书》那样
观察当地物候的特点，大约仅仅是对历史资料的编辑转录。

（三）《魏书》记载的两个物候版本

《魏书·律历志》记载了两套完全相同的节气和相似的物候名
称，两套物候（以下简称前、后）仅个别字句有异。同一部史书记

载两套相同的节气及相近的物候，在二十五史中仅此一例。笔者查阅《魏书》，以北魏都城推算，两套物候均应以平城（今大同）为准参考所得，其中一套为崔浩所编。北魏道武帝拓跋珪于398年迁都平城，孝文帝拓跋宏在494年迁都洛阳，平城作为北魏都城共96年。崔浩是北魏名臣和功臣，后于真君十一年（450）六月因"国书"案被诛杀。此前，崔浩在真君年间的上表中说自己专心学习历法达39年，以至忘寝与食，甚至在梦中与鬼争议，研究不可谓不深。《魏书》载："浩又上《五寅元历》，表曰：'……汉高祖以来，世人妄造历术者有十余家，皆不得天道之正，大误四千，小误甚多，不可言尽。臣愍其如此。今遭陛下太平之世，除伪从真，宜改误历，以从天道。是以臣前奏造历，今始成讫。谨以奏呈。'"① 不幸这部积39年完成的《五寅元历》没有来得及施行，就因崔浩被诛而遭搁置，《魏书》载："真君中，司徒崔浩为《五寅元历》，未及施行，浩诛，遂寝"②。敦煌写本残历《北魏太平真君十一年、十二年残历》记录了这两年二十四节气的具体时日，真君十一年（450）是闰七月，这年六月崔浩被诛杀。刘操南整理出残历的二十四节气，并推断此时北魏仍用景初历。③

至于《魏书·律历志》记载的另一套物候，与前一套字词微异，笔者推测应为李彪所写。李彪与崔浩是同时期人，从《魏书》记载看，李彪也深谙节气物候，因为"自成帝以来至于太和，崔浩、高允著述《国书》，编年序录，为《春秋》之体，遗落时事，三无一存。彪与秘书令高祐始奏从迁固之体，创为纪传表志之目焉。"④ 他曾给高祖（拓跋珪）上表七条，其中第四条说到刑狱事时联系了一

---

① 《魏书》卷35《崔浩列传》，中华书局1974标点本，第3册，第825~826页。
② 《魏书》卷107上《律历志三上》，中华书局1974年标点本，第7册，第2659页。
③ 刘操南：《北魏太平真君十一年、十二年残历读记》，《敦煌研究》1992年第1期。
④ 《魏书》卷62《李彪列传》，中华书局1974年标点本，第4册，第1381页。

些物候。他热衷于修史，[①] 请求以"白衣"身份参与著述《魏书》。[②]

实际上，太武帝拓跋焘诛杀崔浩不久即表示后悔，[③] 可能出于这个原因，李彪著述国史时采录了崔浩《五寅元历》，以表示对皇帝情绪的关照和对崔浩个人历史功绩的承认。李彪以"白衣"身份著史，可能同时将自己整理的物候也编写进了资料本，但由于"彪在秘书岁余，史业竟未及就，然区分书体，皆彪之功。"[④] 没有来得及完成《魏书》，就在 58 岁时卒于洛阳，这两份节气和物候可能都留在了前朝史料中。

当北齐人魏收编修《魏书》时，因为他经历了北魏、东魏、北齐三朝，见证了旧国家的分裂和新国家的建立，对崔浩在北魏统一中所做出的历史功绩，以及李彪以"白衣"身份撰修国史的文人气节都有深刻理解。在他出生时，崔浩被诛不过 50 余年，李彪过世仅 6 年，可能出于对二人的敬重，他将李彪草稿中的两套节气和物候都收进了《魏书》。

---

①　《魏书》卷 62《李彪列传》，中华书局 1974 年标点本，第 4 册，第 1397 页。

②　《魏书》卷 67《崔光列传》，中华书局 1974 年标点本，第 4 册，第 1488 页。

③　（宋）司马光编著，（元）胡三省音注《资治通鉴》卷 125《宋纪七》，中华书局 1956 年标点本，第 3944 页。

④　《魏书》卷 62《李彪列传》，中华书局 1974 年标点本，第 4 册，第 1398 页。

第四节　节气与历法置闰

　　二十四节气被分配在农历十二个月，每月一般有两个节气日，古人将第一个节气称为节，第二个节气称为中气。节有十二个：立春、惊蛰、清明、立夏、芒种、小暑、立秋、白露、寒露、立冬、大雪和小寒；中气也有十二个：雨水、春分、谷雨、小满、夏至、大暑、处暑、秋分、霜降、小雪、冬至和大寒。如果出现一个月仅有节气而没有中气，就成为前一个月的闰月，无中气之月称为上个月的"闰某月"，不再增加月份序数。

　　古人置闰可以推算而得。《魏书》记载了两种"推闰术"：一种是"以闰余减章岁，余以岁中十二乘之，满章闰二百七得一，月余半法以上亦得一月，数起天正十一月，算外，即闰月。闰月有进退，以无中气定之"；另一种是"以岁中乘闰余，如章闰得一，盈章中六千七百四十四，数起冬至，算外，中气终闰月也。盈中气在朔若二日，即前月闰"。[①] 现在世界通行的格里高利历法，置闰的法则是公元纪年被 4 整除的年为闰年，规定逢百之年只有被 400 除尽才置闰，闰年均为 2 月份增加一天。这种历法每隔 3323 年会相差一日。[②] 以 2020 年为例，不是逢百之年，2020 又可以被 4 除尽，是为闰年。又农历四月的下月没有中气，故置为闰四月（见表 2－3）。

---

① 《魏书》卷 107 下《律历志下》，中华书局 1974 年标点本，第 7 册，第 2703 页。

② 刘乃和：《中国历史上的纪年（下）》，《文献》1984 年第 1 期。

表 2 - 3　2020 年 2 月至 2021 年 1 月节气、中气及其对应时间

月份	节气或中气	节气名称	农历节气日期	公历节气日期
正月（小）	节气	立春	一月十一日	2020 年 2 月 4 日
	中气	雨水	一月二十六日	2020 年 2 月 19 日
二月（大）	节气	惊蛰	二月十二日	2020 年 3 月 5 日
	中气	春分	二月二十七日	2020 年 3 月 20 日
三月（大）	节气	清明	三月十二日	2020 年 4 月 4 日
	中气	谷雨	三月二十七日	2020 年 4 月 19 日
四月（大）	节气	立夏	四月十三日	2020 年 5 月 5 日
	中气	小满	二十八日	2020 年 5 月 20 日
四月（小）闰四月	节气	芒种	闰四月十四日	2020 年 6 月 5 日
	中气			
五月（大）	节气	夏至	五月初一日	2020 年 6 月 21 日
	中气	小暑	五月十六日	2020 年 7 月 6 日
六月（小）	节气	大暑	六月初二日	2020 年 7 月 22 日
	中气	立秋	六月十八日	2020 年 8 月 7 日
七月（小）	节气	处暑	七月初四日	2020 年 8 月 22 日
	中气	白露	七月二十日	2020 年 9 月 7 日
八月（大）	节气	秋分	八月初六	2020 年 9 月 22 日
	中气	寒露	八月二十二日	2020 年 10 月 8 日
九月（小）	节气	霜降	九月初七日	2020 年 10 月 23 日
	中气	立冬	九月初二十二日	2020 年 11 月 7 日
十月（大）	节气	小雪	十月初八	2020 年 11 月 22 日
	中气	大雪	十月二十三日	2020 年 12 月 7 日
十一月（小）	节气	冬至	十一月初七	2020 年 12 月 21 日
	中气	小寒	十一月二十二日	2021 年 1 月 5 日
十二月（大）	节气	大寒	十二月初八日	2021 年 1 月 20 日

东汉许慎《说文解字》云："闰，余分之月，五岁再闰也。告朔之礼，天子居宗庙，闰月居门中，从王在门中。周礼曰，闰月王居门中终月也。"此处的"五岁再闰"就是五个回归年中要设置两个闰年。据张闻玉研究，"三年一闰，五年再闰"是较为古老的方法，他认为："中国最早的历法——殷历，即《历术甲子篇》的无中气置闰

与今天农历的无中气置闰大不相同。殷历用平朔平气，春夏秋冬一年十二月均可置闰。从清代时宪历起用定气注历，至今未变。闰月多在夏至前后几个月，冬至前后（秋分到次年春分之间）则无闰月。这是因为春分到秋分间太阳视运动要经一百八十六天，而从秋分到春分间却只需要一百七十九天。日子短，则节气间相距的日子就短，所以不宜设置闰月。"① 刘宇钧也认为："二十四节气日数总和等于岁实，所以一节一气之和常大于朔望月的日数，于是取不含中气的月作为前一月的闰月。这是以太阴月补偿太阳年的置闰方法，大约十九年中有七闰。"②

---

① 张闻玉：《古代历法的置闰》，《学术研究》1985 年第 6 期。

② 刘宇钧：《中历、西历和节气》，《河北大学学报》（哲学社会科学版）1993 年第 1 期。

第五节　天文、地文与人文

古人将天地人分为三套知识，唐代张怀瓘《文字论》说："日月星辰，天之文也；五岳四渎，地之文也；城阙朝仪，人之文也"①。分析正史记载中的节气内涵和国家祭祀，二十四节气也包括天文、地文和人文三套知识体系。

（一）天文节气

立春、春分、立夏、夏至、立秋、秋分、立冬、冬至为天文节气，这八个节气是以太阳为参照物，关照的是天。天文节气是以太阳的变化为参照进行的周期性文化诠释，古人还用于治国理政，所谓"天文者，所以察星辰之变，而参于政者也"②。不同于地文和人文节气，天文节气与原始宗教密不可分，每一个节气都安排了特定的国家祭祀仪式。分至启闭八个节气以太阳为主要参照物，是在立杆测影和候气的基础上产生的。

祈报是另一项重要的国家祭祀活动。八个天文节气都有特定的祭

---

① （唐）张怀瓘：《文字论》，见上海书画出版社、华东师范大学古籍整理研究室编《历代书法论文选》，上海书画出版社，1979，第208页。
② 《隋书》卷32《经籍志三》，中华书局1973年标点本，第4册，第1021页。

祀内容，通过迎气、迎春、迎夏、迎秋、迎冬、朝日夕月，祀风云雷雨师、圆丘、方泽、五岳四渎、立秋祀灵星、祀寿星、祀五帝等祭祀仪式，在这些节点上发生与天地的沟通，完成祈谷、祈报、祈寿、祈平安等多种诉求，从而达到天人合一的胜境。

（二）地文节气

雨水、惊蛰、谷雨、白露、寒露、霜降、小雪、大雪等八个地文节气的设定似乎与国家宗教没有直接关系，分析节气的字面意义，这些节气主要以山川大地为参照物，是通过观察自然界的水变化，掌握雨露霜雪的转换周期和规律，并参照三候为节的时间规律等比分划分并设定的。相对于天文节气，地文节气的命名比较简单直白，反映了人们观察并掌握了自然界水的变化规律，如下雨落地成水，之后出现雷雨并使虫子闻雷声而惊醒，在此过程中，雨水促进了农作物的生长，之后天气变冷而出现了露水，进一步变冷降下霜来，紧接着便下起雪来，起初下得是小雪，后来越变越大，成为大雪。这个过程循环一个周期之后，随着天气变化，又进入到雨露霜雪周而复始的轮回之中。水的这种变化过程直接影响着农业生产进程和人们的生活安排。

地文节气中只有惊蛰和霜降安排有国家祭祀，这两次祭祀也是关系自然界生物的两个重要节点，惊蛰表示重生，而霜降表示死亡，这是关乎"生死存亡"的两个节气。惊蛰节气除了"祭旗纛"外，明代时府州县还要在城西南筑坛祭祀风云雷雨师。霜降节气除了"祭旗纛"外，明代还有祭祀山川。旗纛为军队的象征，军队的主要职责便是保卫山川疆土。风师雨师、山林川泽在隋唐时都属于小祀，宋以后风师雨师被升为中祀，明代将"祭旗纛"也列为中祀，到清代时各省祭祀的风雷山川被列为群祀。这些祭祀都围绕着大地山川而展开，形成了特殊的国家祭祀传统。

（三）人文节气

分析清明、小满、芒种、小暑、大暑、处暑、小寒、大寒等八个人文节气名称，发现其中反映的是人们念祖、劳动和自身的冷热感知，是观察自我，以人自身为参照而设置的节气。人文节气中只有清明安排有国家祭祀，大暑节气有读五时令的规定，其他都没有大的活动。因为读五时令（立春、立夏、大暑、立秋、立冬）不属于祭祀，所以人文节气只有清明祭祖一项国家祭祀。

二十四节气中八个天文节气形成最早，也最为系统，地文节气和人文节气直到秦汉时期才最终确定下来，形成了一套包含着天人合一思想的知识体系。国家通过系统掌握三套知识的变化规律，规划了原始宗教信仰、精神宣泄、物质生产和社会生活各个层面的秩序。

第六节　现代节气

根据徐天中的研究,[①] 现代节气存在很多问题，兹摘录如下：

1. 一年中平均日数与太阳年不相等。

2. 一年各季的长短不一，有 90 天的、91 天的、92 天的，每半年的日数也不相同。

3. 各月的日数不一致，有四种，28 日、29 日、30 日、31 日。

4. 历年的 24 节气都不相同，因此在管理和推算上诸多不便。

因此他建议，除第一个问题外，其他的内容应修改如下：

1. 从原有的各季的三种天数（90 天、91 天、92 天）改为 91 天和 92 天，全年仍为回归年 365 天。

2. 从原有的各月的四种天数（28 天、29 天、30 天、31 天）改为 30 天和 31 天两种。一年 12 月中，除 1 月为平衡月份外，所有单月为大月，31 天，双月为小月，30 天。1 月平年为 30

---

① 徐天中：《建议修改国际现行的公历历法》，《社会科学战线》1994 年第 5 期。

天，闰年为 31 天。

3. 按太阳度数的接受点确定二十四节气，见表 2 - 4。

表 2 - 4　按太阳度数的接受点确定的二十四节气

1 月		2 月		3 月		4 月	
5 日 小寒	20 日 大寒	4 日 立春	19 日 雨水	5 日 惊蛰	20 日 春分	5 日 清明	20 日 谷雨
5 月		6 月		7 月		8 月	
5 日 立夏	21 日 小满	6 日 芒种	21 日 夏至	7 日 小暑	23 日 大暑	7 日 立秋	22 日 处暑
9 月		10 月		11 月		12 月	
7 日 白露	23 日 秋分	7 日 寒露	22 日 霜降	7 日 立冬	22 日 小雪	6 日 大雪	21 日 冬至

第七节　节气的特征

作为一种文化现象，节气的特征非常明显。这些特征反映在节气的起源与发展、形式和内容、内涵和外延、时间和空间、上下层关系等方方面面，更表现在节气文化的全部历史之中。

（一）神圣性

神圣性是节气文化最本质的特征。神圣性在本质上代表的是无限性，借助于各种介质，普通人也可以实现神圣和无限的转化。在现实生活中，人的生命、生活、疾病、种植、狩猎等处处受限于自身能力，受限于自然。面对现实生活和无法左右的环境，许多问题是个体甚至群体都无力解决的，凸显出人类的有限性。在有限性与无限性之间，横亘着一道天然鸿沟，这道鸿沟在现实生活中不可逾越。人类无时无刻不在祈盼着、追求着超越鸿沟，放飞梦想，实现无限自由。节气诞生于古代的祭天文化，它本质上就具有神圣性。通过祭祀，与天"沟通"，现实中的帝王也成功地进入了这个无限世界，使其成为神圣性的代表。因为只有他能与无限世界"交往"，并给民众提供正确的节气，使普通人也可据此与天地"沟通"，得到果实，延续生命。因此节气从源头上确立了帝王的神圣性和无限性，为了巩固这种神圣性，在周代传承下来的礼乐文化中，国家吉礼大都安排在节气日进行，体现着"大乐与天地同和，大礼与天地同节"的礼乐文化精神，不断地昭示着帝王的神圣法统。

节气的神圣性表现为各种祭祀礼仪，主要涉及神圣建筑和器物、礼制制度、仪轨、音乐、符号等内容。

祭祀文化自周代被纳入礼乐文化体系之后，影响中国社会数千年，迨至清朝时仍然作为国家的根本制度被维护。明清以来，遗留了许多祭祀建筑，仅在北京，祭祀建筑就有天坛、地坛、朝日坛、夕月坛、先农坛、观耕坛等，这些建筑脱离于现实生活，又直接关乎着每个人的生活。节气在这里得到验证，对话神圣，又指导生活。

地文节气和人文节气中较少安排国家吉礼，这些节气日也相应缺乏神圣性。节气仪式中有一些特殊符号，如弓矢弓韣、祝板、玉帛牲牢等，其中弓矢、弓韣是祭祀高禖专有符号。① 唐宋以降，多用祝板。明代祝板的尺寸、规格、书写名称都有详细规定："凡神位，天地、祖宗曰'神版'，余曰'神牌'。圜丘神版长二尺五寸，广五寸，厚一寸，趺高五寸，以栗木为之。正位题曰昊天上帝，配位题曰某祖某皇帝，并黄质金字。从祀风云雷雨位版，赤质金字"。② 祝板材质也有规定，"南北郊祝板长一尺一分，广八寸，厚二分，用楸梓木。宗庙，长一尺二寸，广九寸，厚一分，用梓木，以楮纸冒之。群神帝王先师，俱有祝，文多不载"。③ 又"其祭祀杂议诸仪，凡版位，皇帝位，方一尺二寸，厚三寸，红质金字。皇太子位，方九寸，厚二寸，红质青字。陪祀官位，并白质黑字"。④ 祭祀祭品中，明朝规定玉有三等："上帝，苍璧；皇地祇，黄琮；太社、太稷，两圭有邸；

---

① 《礼记·月令》："乃礼天子所御，带以弓韣，授以弓矢，于高禖之前。"见（清）孙希旦《礼记集解》，沈啸寰、王星贤点校，中华书局，1989，第425页。
② 《明史》卷47《礼志一》，中华书局1974年标点本，第5册，第1231页。
③ 《明史》卷47《礼志一》，中华书局1974年标点本，第5册，第1237页。
④ 《明史》卷47《礼志一》，中华书局1974年标点本，第5册，第1238页。

朝日、夕月，圭璧五寸。"帛分五等，名称为"郊祀制帛""礼神制帛""奉先制帛""展亲制帛""报功制帛"。① 牲牢分三等，对颜色也有特殊规定："圜丘，苍犊；方丘，黄犊；配位，各纯犊"②。祭器有登、笾、豆、簠、簋、爵、太尊、著尊、牺尊、山罍等，③ 仪轨有斋戒、④ 初献、亚献、终献等，这些符号所构成的神圣典礼使人们产生敬畏和崇拜，从而形成感召力。

（二）权威性

节气的权威性建立在古老而没有中断的传统基础之上，根基深厚。节气经数千年历史的反复修正并加以确认，在各个朝代都属于最高级别的知识认知。⑤ 节气的权威性还体现在历史不同时期统治者对其的高度认同，历代朝廷都以国家力量维护着节气，亵渎历法节气，可能会引来杀身之祸。清康熙五年（1666），就有数位大臣因此而丢了性命。⑥

节气的权威性来自上层。天道无常，岁差有变，节气须不断修正。历史上，节气由最高统治者组织制定并发布，周代形成了"敬授民时"传统，《礼记·月令》记载的圆丘、方泽、朝日、夕月、迎气、迎春等基本节气符号，成为后世正统统治者建构礼乐文化的根本遵循。孔子说："其或继周者，虽百世，可知也。"后世继承周代的，

---

① 《明史》卷47《礼志一》，中华书局1974年标点本，第5册，第1235页。

② 《明史》卷47《礼志一》，中华书局1974年标点本，第5册，第1236页。

③ 《明史》卷47《礼志一》，中华书局1974年标点本，第5册，第1237页。

④ 《明史》卷47《礼志一》，中华书局1974年标点本，第5册，第1239页。

⑤ 詹福瑞：《论经典的权威性》，《文艺研究》2015年第3期。

⑥ 清康熙五年（1666），历科李祖白、春官正宋可成、秋官正宋发、冬官正朱光显、中官正刘有泰等大臣因汤若望案被斩。见《清史稿》卷272《汤若望列传》，中华书局1977年标点本，第33册，第10021～10022页。

除了基本的礼乐制度而外，另一个文化标识便是发布历法节气。在传统社会中，节气指证着国家"以上率下"的治理经验，见证着社会治理功效。虽然自民国改元便废除农历，但民间至今依然重视黄历、重视万年历，可见节气的权威性及其对社会生活的统领功能至今不可替代。

节气的权威性还来自它高效的社会治理能力，得到上下层社会的一致认同。在上层社会，节气可谓是正统国家的信用标识，通过在特定节气日安排国家祭礼，节气有效指证并周期性地检验着礼乐传统，成为礼乐文化的权威符号。在民俗生活中，节气直接指导着农事生产，据此反复验证其正确性，并周期性地昭示其权威性。

节气是传统文化的经典之一，迄今仍然是认识自然变化规律、认知民俗生活和社会变迁的基本路径之一。二十四节气包含着太阳、月亮、二十八宿等运行规律的天文知识，自然界物候变化及地方的地文知识，农业社会农耕劳作和生活安排的基本依据等人文知识。这些都是古人智慧的结晶，在传统社会发挥了重要作用。节气也因经典而更权威。

（三）参照性

节气的参照性取决于中国的基本国情，上层发布的节气，只是以国都为圆心的很小范围内较为适应的节气与物候。实际上，全国的自然地理和气候条件极不平衡，北方南方、平原丘陵、高原河川、干旱季风，都同时影响着传统农业，各地的农耕时间、作物选择、养护收获都形成了极大的差异，因此节气只能提供一个参照系，而无法做到整合，做到整齐划一。

节气的参照性还表现在与现实经验的非直接关系中。国家发布的仅仅是一个时间表，一种逻辑和可能性，它超越了世俗的利益和需求。这从节气内涵的明显分层中可见一斑，天文节气由于其神圣属性，必然由官方统一组织，在全国都有统一的仪式安排，形成了一整套话语体系。如立春迎春会，不管是春暖花开的中原大地，还是寒气逼人的青海高原，各地都在同一天迎土牛、击土牛。地文节气和人文节气内涵差异明显，由于这些节气的内涵贯穿着浓厚的地方性知识，国家发布的节气仅仅提供了自然规律变化的一种可能性，它开放并允许各地参照，形成符合当地实际的农耕生产经验和不同的农耕时间表。人文节气内涵也具有很强的参照性，在文化中心区鲜花怒放时，高原上还是一片萧瑟景象。中原清明时插杨柳，而在青海河湟地区，改为端午插杨柳。山西月令说"小暑当日回"，[①] 青海民间则流传着"冬至当日回"。尽管地方性特征表现不同，但这些物候的总结，仍然是依据国家发布的节气建立起来的，节气为依据当地物候气象等自然条件而建立完整的生活知识体系、建构民俗文化圈提供了重要的参照和依据。

参照性也具有指导性。节气本质上承载着礼乐文化，根据费孝通先生的"差序格局"理论，[②] 当节气传播开来，使用节气的区域内也会由近及远留下礼乐文化的烙印。旧时，立春日各地迎春会上的土牛制作差异较大，北方很多地方以土塑牛，甚至对塑牛的土也有特殊要求，这是由于材料易得所致。而在东北、甘肃等地则改用纸做土牛，除了气候和材质的原因外，清王朝中后期丢失乐律传统，造成礼乐文化对民间影响淡化，可能是另一重要原因。清明日，北方带新菜上坟，青海湟中等地还是一片临近早春的气息，树叶尚未展开，蔬菜没有种植，人们选择在野外行祭，少有上坟者，是为"野祭"遗留。所谓"礼失求诸野"，正反映了节气的这种参照性

---

① 胡朴安：《中华全国风俗志》上编，河北人民出版社，1986，第32页。
② 费孝通：《乡土中国·差序格局》，北京出版社，2005。

和传播规律。在节气的总体指导下，大多数农耕文化区都被纳入到礼乐传统范畴，节气在提供参照的同时，从国都由近及远留下了礼乐文化的深深印记。

（四）纽带性

节气具有强大的纽带功能，特别在国家礼乐之间、天地人知识之间、上下层关系之间都发挥着至关重要的纽带关系。

节气是连接礼和乐的关键纽带。《尚书·舜典》云："岁二月，东巡守，至于岱宗，柴，望秩于山川，肆觐东后。协时月正日，同律度量衡。"这段记载可称为礼乐文化的总纲，其中包括了礼、节气和乐三项内容，三者之间存在着严密的内在逻辑性，以此建立了一个单向文化流。在这个文化链条上，如果完不成"协时月正日"，即确认出节气正日，便无法进行下一步"同律度量衡"。在社会治理方面，"同律度量衡"直接关系着建立一套社会公平机制，据此可以实现"无为而治"的最高社会治理境界。因此节气在礼和乐之间相互指证，在其间发挥着至关重要的纽带作用。

节气是一条知识的纽带。节气最早产生于黄河流域，这里可称为黍文化区，后来传播到南方稻文化区，逐渐传至全国大部分地区，也因此使不同地区建起了交流的桥梁。在此过程中，节气深深影响着各地的价值观念、伦理道德和风俗习惯，建立了当地的天文知识、地文知识和人文知识，形成当地人们的生产和生活秩序，引导并树立国家认同意识。

节气是联系国家传统与民俗文化的纽带。对上而言，节气承载着礼乐传统，帝王们通过节气日的祭祀仪式，周期性地与天地"交流"，以此昭示着统治的合法性和文化的正统性，并在礼乐传统中找到文化的归属感。文化归属感还表现在由共同的祖先意识形成的

"大一统"观念中。杜贵晨认为黄帝是中国"大一统"的始祖，[1] 北魏鲜卑族认为他们也是黄帝后裔，是黄帝二十五个儿子中最小的儿子昌意之后，因受封在大鲜卑山而得名，[2] 因此多次祭祀黄帝以示正统。如神瑞二年（415）六月"壬申，幸涿鹿，登峤山，观温泉，使以太牢祠黄帝、唐尧庙"。[3] 泰常七年（422）秋九月"辛酉，幸峤山，遣使者祠黄帝、唐尧庙"。[4] 神䴥元年（428）秋八月，"以大牢祭黄帝、尧、舜庙"。[5] 传说故事在民间最容易被接受，因为它能够启迪思想，开启民智，引发人们的无限联想，历来受到民众的喜爱。节气来历的故事使黄帝形象广为人知，深刻影响着中国人的思想意识和世界观，使中华民族逐渐形成了同一祖源观念，这是正史或正规教育所无法达到的效果。"大一统"观念通过载入史册而不断得到强调，成为政权合法性的一个标识。这在上层统治者中产生了巨大影响，为"大一统"国家的建立奠定了思想基础。对下而言，国家通过"敬授民时"和发布节气历法，将上层的神圣文化不断传导给下层，不少国家礼仪后来演化成了地方性知识。普通民众在这些地方性传统的模塑下，通过节气活动及其相关传说，也在文化上找到了归属感。

（五）传承性

节气的传承性体现在文化传承、语境传承、神圣性传承、"大一统"观念传承等方面。

---

① 杜贵晨：《黄帝形象对中国"大一统"历史的贡献》，《文史哲》2019 年第 3 期。

② 《魏书》卷 1《序纪》，中华书局 1974 年标点本，第 1 册，第 1 页。

③ 《北史》卷 1《魏本纪第一》，中华书局 1974 年标点本，第 1 册，第 30 页。

④ 《北史》卷 1《魏本纪第一》，中华书局 1974 年标点本，第 1 册，第 34 页。

⑤ 《北史》卷 2《魏本纪第二》，中华书局 1974 年标点本，第 1 册，第 44 页。

节气传承文化。对上层而言，节气传承礼乐文化；对民间而言，节气传承地方性知识。节气包含着上层和民间形成的天文、地文和人文三套知识体系，并通过国家教育、民俗模塑和周期性的记忆唤醒，完成时间上的传承和内容上的延续。在上层，节气传承着礼乐文化模式，见证着传统礼乐的建构方法，特别是"损益之法"和"多为之法"。"损益之法"可以制礼，孔子说："殷因于夏礼，所损益，可知也；周因于殷礼，所损益，可知也。……其或继周者，虽百世，亦可知也。"① 损益之法保持礼的主干不能动摇，只对局部，特别是"仪"（典礼）部分进行建构，还可以附带增加一些其他内容。"多为之法"可以作乐，同时确立律度量衡标准，建立社会公平机制。这两大根本方法所得结果，可以在节气日进行检验，节气的传承性正是在周期性的指证和不断的记忆唤醒中得以完成的。

节气传承神圣性。节气由于其神圣，数千年来，上层和民间在节气日安排祭祀仪式，由此形成了特殊的节气文化，并通过仪式和信仰维护着节气的神圣属性。民间还形成了若干节气禁忌，如某些节气日不能洗衣、挑粪、在田间行走等，同样在维护着节气的神圣性。节气传承的神圣性还体现在民间的集体节会中，不少民间的"会"将节气日规定为正日，如旧时的"迎春"会，立春日即是正日子。

节气传承"大一统"观念。传统社会以农业立本，农本社会是"大一统"思想形成的基础。由于农业生产离不开节气的指导，民间便祈望着官方发布正确的节气和历法，无形中在上下层之间建立了一种文化上的契约关系，这种隐性的契约关系建立在需求关系中。维护正统即是维护自身利益，因而广大民众从思想上自觉维护着国家的"大一统"，《道德经》所谓"民好静"，便是这种契约精神的具体体现。这一思想在节气的周期性提示中不断得到强调和传承。

---

① 杨伯峻译注《论语译注》，中华书局，1980，第 21 ~ 22 页。

节气传承高语境文化。语境对文化理解十分重要，爱德华·霍尔将东方同质社会纳入高语境文化社会，以区别于西方的低语境文化社会。他认为高语境文化中人们的口头信息只包含着极少的信息，而传播的语境则包含了背景、联系以及传播者的基本价值观等较多信息。① 实质上，东方的高语境是一种礼乐文化语境。历史上，由于民族变迁和融合，传统文化语境也在不断演化重构，后世又通过不断的制礼作乐，对传统语境加以修复，并在特定节气日进行验证推广，最终又得到全社会的承认和维护。礼乐文化语境的不断修复和接续传承是中国历史的一大特征，从而保证了传统文化数千年来没有中断。

民国以来，改用西方历法，节气的神圣性及其承载的传统文化内涵不断消亡，但其权威性、纽带性、传承性作用至今无法替代，仍然在延续。

---

① 〔美〕史蒂文·瓦戈：《社会变迁》，王晓黎等译，北京大学出版社，2007，第191页。

第三章
节气与传统秩序

社会秩序也是一种传统的表现形式。美国社会学家希尔斯认为，传统是一种文化力量，也会对社会行为产生规范作用和道德感召力。[①] 在传统社会中，统治者和被统治者的生活形态差异很大，因而在国家传统和民俗生活中传统所发挥的意义不完全相同，构成了不同的秩序内涵。

---

① 〔美〕E. 希尔斯：《论传统》，傅铿、吕乐译，上海人民出版社，1991。

第一节　我国传统中的文化结构

（一）传统概念释义

《明史》云："三代之法，父死子继，兄终弟及，自夏历汉二千年，未有立从子为皇子者也。汉成帝以私意立定陶王（爵位名），始坏三代传统之礼。"又曰："夫得三代传统之义，远出汉、唐继嗣之私者，莫若《祖训》。今《祖训》曰'朝廷无皇子，必兄终弟及'。则嗣位者实继统，非继嗣也。伯自宜称皇伯考，父自宜称皇考，兄自宜称皇兄。"① 由此可知，在我国古代"传"有继承、接续的意思；"统"指法统、正统。传统讲的是国君继承人的产生问题，更是一种成规做法。

将"传统"作为一门学问进行研究的是美国社会学家希尔斯，他专心研究传统达 25 年并形成《论传统》一书。傅铿在译序中对"传统"作了一段概括："传统是围绕人类的不同活动领域而形成的代代相传的行事方式，是一种对社会行为具有规范作用和道德感召力的文化力量，同时也是人类在历史长河中的创造性想象的沉淀。因而一个社会不可能完全破除其传统，一切从头

---

① 《明史》卷197《席书列传》，中华书局1974年标点本，第17册，第5203～5204页。

开始或完全代之以新的传统，而只能在旧传统的基础上对其进行创造性的改造。"① 进一步说，传统是一种文化力量，那些传承了三代以上的建筑、纪念碑、景观、雕塑、绘画、书籍、工具、史诗，以及独特的行为模式（如农业播种、牧业搬窝子等）、关于行为模式的观念和信仰等都会形成传统，传统首先是一个社会的文化遗产。

（二）文化存在分层

何中华认为，如果将马克思"人的本质力量的对象化"哲学命题对应到文化上，从一般意义上可以理解为文化就是人化。② 早在1982 年，钟敬文先生在杭州大学中文系的讲话中就提出了"文化分层"说，他将中华民族的传统文化分为三个干流，即上层文化、中层文化和下层文化。上层文化是封建地主阶级所创造和享有的文化，中层文化是市民文化（主要是商业市民所有的文化），下层文化是广大农民和其他劳动人民所创造和传承的文化，中、下层文化就是民俗文化。③ 这里的上层文化在传统社会中实际上是国家传统（正统文化）。所以，传统文化就形成了两大分支：国家传统（正统文化）和民俗文化。

① 傅铿：《传统、克里斯玛和理性化》，见〔美〕E. 希尔斯《论传统》，傅铿、吕乐译，上海人民出版社，1991，第 2 页。
② 何中华：《马克思的思想建构：哲学与文化》，《光明日报》2016 年 4 月 27 日第14 版。
③ 钟敬文：《民俗文化学发凡》，《北京师范大学学报》（社会科学版）1992 年第 5期。

（三）两类社会传统

根据文化分层理论，传统也就有了国家传统和民俗文化之分。国家传统可称为国家正统或国家大传统。其中自《周礼》以来对礼乐文化的传承脉络清晰，有一定的规律可循，历史上朝代兴衰和社会治乱更替不断，但礼乐传统始终没有中断，即便是北魏鲜卑等少数民族政权也不例外，因此礼乐传统也成为正统政权的标志之一，中华文化数千年来没有中断的正是礼乐传统。分析二十五史体例可以看出，从《史记》到《清史稿》，礼乐文化传承始终，这是传统的国家秩序。

民俗文化即地方性知识、民间文化或小传统。文化的上下仅以文化服务的群体对象而言，文化本身没有高下、优劣之分。

（四）传统文化结构

1. 国家传统结构

二十五史反映的是正统文化，是对正统国家的历史记载。经检索，正史中本纪、世家、载记等都有变化，但礼和乐传承始终。分析二十五史体例便会看出一些端倪，见表 3 – 1。

表 3 – 1 二十五史中的礼乐体例

二十五史	礼乐体例	二十五史	礼乐体例
《史记》	《礼书》《乐书》《律书》	《晋书》	《律历志》《礼志》《乐志》
《汉书》	《律历志》《礼乐志》	《宋书》	《礼志》《乐志》
《后汉书》	《律历志》《礼仪志》	《南齐书》	《礼志》《乐志》
《三国志》	无	《梁书》	无

续表

二十五史	礼乐体例	二十五史	礼乐体例
《陈书》	无	《新唐书》	《礼乐志》
《魏书》	《律历志》《礼志》《乐志》	《旧五代史》	《礼志》《乐志》
《北齐书》	无	《新五代史》	无
《周书》	无	《宋史》	《律历志》《礼志》《乐志》
《南史》	无	《辽史》	《礼志》《乐志》
《北史》	无	《金史》	《礼志》《乐志》
《隋书》	《礼仪志》《音乐志》《律历志》	《元史》	《礼乐志》
		《明史》	《礼志》《乐志》
《旧唐书》	《礼仪志》《音乐志》	《清史稿》	《礼志》《乐志》

　　如表3-1，二十五史中有17部正史列有关于礼乐的体例设计，另有8部正史仅为人物传记，这说明我们的国家传统是礼乐文化。礼乐不可分割，乐可以助成礼，《周礼·大司乐》云："凡乐，圜钟为宫，黄钟为角，大蔟为徵，姑洗为羽，雷鼓雷鼗，孤竹之管，云和之琴瑟，《云门》之舞，冬至日，于地上之圜丘奏之，若乐六变，则天神皆降，可得而礼矣"①。在古代的风、雅、颂三音中，作为国家传统的是雅乐，雅乐和颂乐的乐律相同，乐器可以互通共用。北魏人也说："孔子曰：'周道四达，礼乐交通。'《传》曰：'鲁有禘乐，宾祭用之。'然则天地宗庙同乐之明证也。"② 鲁国雅乐与祭祀乐共用，北魏人也认为祭祀天地和宗庙祭祀可以通用雅乐。风作为民间音乐，没有纳入礼乐文化之中。

　　礼源自夏代。孔子说："殷因于夏礼，所损益，可知也；周因于殷礼，所损益，可知也。……其或继周者，虽百世，可知也。"③ 孔

---

① （清）孙诒让：《周礼正义·春官·大司乐》，王文锦、陈玉霞点校，中华书局，1987，第1757页。
② 《魏书》卷109《乐志》，中华书局1974年标点本，第8册，第2841页。
③ 杨伯峻译注《论语译注》，上海古籍出版社，1980，第21～22页。

子认为周礼最为完备，他说："周监于二代，郁郁乎文哉！吾从周。"① 因此周代是礼文化的源点所在。礼之所以只能追溯到周代，是因为夏朝、商朝的文献不足。孔子说："夏礼，吾能言之，杞不足征也；殷礼，吾能言之，宋不足征也。文献不足故也。足，则吾能征之矣。"② 周礼形成了《周礼》《礼记》等文献，足以据此进行礼的重建，后世的礼文化都是在前代礼的基础上通过损益之法建构起来的。损益之法即保持礼的主干不能改变，只进行局部的增删，特别是对仪的部分进行修改或重建。在二十五史记载中，后世但凡重构礼文化时，往往就要回溯到周代，依据周礼，特别是《礼记》进行重构。

由此，可以得出一个结论：中国的国家传统（正统文化）是礼乐文化，它具有"一点两线"的结构，即以周代为原点，礼和乐是两条文脉。那些遵循了礼乐传统的政权都被称为正统社会，纳入正史之中。所以正统与统治者的民族属性无关，不管统治者姓刘姓李姓赵，也不管是鲜卑、契丹、女真等，只要传承了正统的礼乐文化，民众便会认同其合法性。如辽从开封得到的雅乐乐谱、宫悬和乐架，构成了国家雅乐。③ 金也将传统雅乐用于皇帝加尊封号等仪式，还对礼乐进行了详细整理。④

---

① 杨伯峻译注《论语译注》，上海古籍出版社，1980，第28页。
② 杨伯峻译注《论语译注》，上海古籍出版社，1980，第26页。
③ 《辽史》："大同元年，太宗自汴将还，得晋太常乐谱、宫悬、乐架，委所司先赴中京。"见《辽史》卷54《乐志》，中华书局1974年标点本，第2册，第883页。
④ 《金史》："初，太宗取汴，得宋之仪章钟磬乐簴，挈之以归。皇统元年，熙宗加尊号，始就用宋乐，有司以钟磬刻'晟'字者犯太宗讳，皆以黄纸封之。"见《金史》卷39《乐志上》，中华书局1975年标点本，第3册，第882页。

在故宫太和殿前丹陛（月台）东侧设有日晷，西侧设有嘉量①，它们不仅象征着皇权，也反映了一种国家治理模式，即"协时月正日，同律度量衡"，前者确定节气时间，进行国家祭祀，代表的是礼，对下可以建构社会秩序，指导农事生产；后者用以确定乐律，代表乐，合起来就是"礼乐治国"。自周代"礼崩乐坏"之后，历代礼的内容不断演变重构，而乐律理论则亘古不变。

2. 民俗文化结构

钟敬文先生指出，民俗文化具有相对稳定性与变革性。② 民俗事象没有普遍性，"五里不同风，十里不同俗"是民俗文化的最大特点，故而称为地方性知识。由于这种地方性特征，使得民俗文化内容驳杂而善变，各地极不统一，文化事象上的相承性不如国家传统那么严格有序，并且根据功能不同，通过相互借鉴，文化事象或滋生或消亡，总体上不能用一个固定的模式去分析。如《东京梦华录》记载的北宋民俗活动，现在已很难见到。民俗传统也会形成一种地方性秩序，从而在一定区域内影响当地社会的生产和生活。

---

① 嘉量，我国古代的标准量具，全套量器从大到小依次为斛（hú，同"胡"音）、斗、升、合（gé，同"革"音）、龠（yuè，同"月"音）五个容量单位，含有统一度量衡的意义，象征着国家统一和强盛。有二龠为合，十合为升，十升为斗，十斗为斛的古制。故宫存有3只"嘉量"，分别置放在北京故宫午门、太和殿、乾清宫。太和殿月台上陈设日晷、嘉量各一，这两件陈设象征皇帝在时间上和空间上都是公正无私的，对天下百姓都是坦诚、平等的。
② 钟敬文：《民俗文化学发凡》，《北京师范大学学报》（社会科学版）1992年第5期。

第二节　节气检验着礼文化秩序

（一）指证国家吉礼

吉礼为"五礼"之一，是古代最重要的国家礼制之一。"五礼"为吉礼、嘉礼、宾礼、军礼、凶礼，《周礼》曾有"五礼"之言，未明确分类。自《晋书》提出"五礼"以来，后世正史相袭沿用，直至《清史稿》。吉礼在本质上规范着国家的文化秩序。

国家祭祀是最主要的吉礼。周代将国家祭祀分为大祀、中祀和小祀，后世基本上遵循了《周礼》的分法，仅在内容上有些增减变化。略举如下（见表3-2）。

表3-2　古代国家祭祀对照

朝代	大祀	中祀	小祀（群祀）	备注
周代	天地	四望	山川	《南齐书·礼志上》
后周	昊天上帝、五方上帝、日月、皇地祇、神州社稷、宗庙等	星辰、五祀、四望等	司中、司命、风师、雨师及诸星、诸山川	《隋书·礼仪志》
唐	昊天上帝、五方帝、皇地祇、神州及宗庙	社稷、日月星辰、先代帝王、岳镇海渎、帝社、先蚕、释奠	司中、司命、风伯、雨师、诸星、山林川泽之属	《大唐开元礼》《旧唐书·礼仪志》

续表

朝代	大祀	中祀	小祀(群祀)	备注
唐	天、地、宗庙、五帝及追尊之帝、后	社、稷、日、月、星、辰、岳、镇、海、渎、帝社、先蚕、七祀、文宣、武成王及古帝王、赠太子	司中、司命、司人、司禄、风伯、雨师、灵星、山林、川泽、司寒、马祖、先牧、马社、马步，州县之社稷、释奠	《新唐书·礼乐志》
宋	祈谷、雩祀、明堂、昊天上帝，感生帝，五方帝，朝日、夕月，东西太一，百神，皇地祇，神州地祇，太庙、后庙，太社、太稷，九宫贵神	五龙，风师、先农，先蚕，雨师，文宣王、武成王	马祖，先牧，马社，马步，中雷，灵星，寿星，司中、司命、司人、司禄，司寒	《宋史·礼志》
金	天、地、五方帝、日、月、神州、天皇大帝、北极十位			《金史·礼志》
明	圜丘、方泽、宗庙、社稷、朝日、夕月、先农	太岁、星辰、风云雷雨、岳镇、海渎、山川、历代帝王、先师、旗纛、司中、司命、司民、司禄、寿星(后改先农、朝日、夕月为中祀)	诸神	《明史·礼志》
清	圜丘、方泽、祈谷、太庙、社稷(乾隆时，改常雩为大祀;光绪末，改先师孔子为大祀)	天神、地祇、太岁、朝日、夕月、历代帝王、先师、先农(乾隆时，先蚕为中祀;咸丰时，改关圣、文昌为中祀)	先医等庙、贤良、昭忠等祠为群祀	《清史稿·礼志》

早在周代时，祭祀时间基本已被固定，如冬至祭天、夏至祭地、春分朝日、秋分夕月，以及山川岳渎等。周代以降，重大的国家祭祀在时间上沿袭周礼原则，多安排在立春、春分、立夏、夏至、立秋、

秋分、立冬、冬至等 8 个天文节气日进行，即"大礼与天地同节"①。其他祭祀参照天文节气设定，分别在这些节气日的前后某日进行。例如，唐代每年的 22 次祭祀中，祈谷、朝日、夕月、祭地祇、祀五帝等仪式分别安排在冬至、春分、秋分、夏至、立春、立夏、立秋、立冬等节气日进行，② 可见节气在国家传统中具有重要的指标性意义。再看看宋代、明代、清代对大祀、中祀、小祀的时间规定，《礼记》规定的基本原则并没有发生改变，见表 3 – 3。

表 3 – 3　宋、明、清祭祀内容对照

朝代	祭祀内容			备注
	大祀	中祀	小祀（群祀）	
宋	大祀三十：正月上辛祈谷，孟夏雩祀，季秋大享明堂，冬至圜丘祭昊天上帝，正月上辛又祀感生帝，四立及土王日祀五方帝，春分朝日，秋分夕月，东西太一，腊日大蜡祭百神，夏至祭皇地祇，孟冬祭神州地祇，四孟、季冬荐享太庙、后庙，春秋二仲及腊日祭太社、太稷，二仲九宫贵神	中祀九：仲春祭五龙，立春后丑日祀风师、亥日享先农，季春巳日享先蚕，立夏后申日祀雨师，春秋二仲上丁释奠文宣王、上戊释奠武成王	小祀九：仲春祀马祖，仲夏享先牧，仲秋祭马社，仲冬祭马步，季夏土王日祀中霤，立秋后辰日祀灵星，秋分享寿星，立冬后亥日祠司中、司命、司人、司禄，孟冬祭司寒	《宋史·礼志一》

① "大乐与天地同和，大礼与天地同节。和故百物不失，节故祀天祭地。"见《礼记》，胡平生、陈美兰译注，中华书局，2007，第 141 页。
② 唐代每年的 22 次祭祀时间安排为："凡岁之常祀二十有二：冬至、正月上辛，祈谷；孟夏，雩祀昊天上帝于圆丘；季秋，大享于明堂；腊，蜡百神于南郊；春分，朝日于东郊；秋分，夕月于西郊；夏至，祭地祇于方丘；孟冬，祭神州、地祇于北郊；仲春、仲秋上戊，祭于太社；立春、立夏、季夏之土王、立秋、立冬，祀五帝于四郊；孟春、孟夏、孟秋、孟冬、腊，享于太庙；孟春吉亥，享先农，遂以耕籍。"见《新唐书》卷 11《礼乐志》，中华书局 1975 年标点本，第 2 册，第 310 页。

朝代	祭祀内容			备注
	大祀	中祀	小祀(群祀)	
明	大祀十有三:正月上辛祈谷、孟夏大雩、季秋大享、冬至圜丘皆祭昊天上帝,夏至方丘祭皇地祇,春分朝日于东郊,秋分夕月于西郊,四孟季冬享太庙,仲春仲秋上戊祭太社太稷	中祀二十有五:仲春仲秋上戊之明日祭帝社帝稷,仲秋祭太岁、风云雷雨、四季月将及岳镇、海渎、山川、城隍,霜降日祭旗纛于教场,仲秋祭城南旗纛庙,仲秋祭先农,仲秋祭天神地祇于山川坛,仲春仲秋祭历代帝王庙,春秋仲月上丁祭先师孔子	小祀八:孟春祭司户,孟夏祭司灶,季夏祭中霤,孟秋祭司门,孟冬祭司井,仲春祭司马之神,清明、十月朔祭泰厉,又于每月朔望祭火雷之神。至京师十庙、南京十五庙,各以岁时遣官致祭。其非常祀而间行之者,若新天子耕耤而享先农,视学而行释奠之类。嘉靖时,皇后享先蚕,祀高禖,皆因时特举者也	《明史·礼志》
清	大祀十有三:正月上辛祈谷,孟夏常雩,冬至圜丘,皆祭昊天上帝;夏至方泽祭皇地祇;四孟享太庙,岁暮祫祭;春、秋二仲,上戊,祭社稷;上丁祭先师	中祀十有二:春分朝日,秋分夕月,孟春、岁除前一日祭太岁、月将,春仲祭先农,季祭先蚕,春、秋仲月祭历代帝王、关圣、文昌	群祀五十有三:季夏祭火神,秋仲祭都城隍,季祭碾神。春冬仲月祭先医,春、秋仲月祭黑龙、白龙二潭暨各龙神,玉泉山、昆明湖河神庙、惠济祠,暨贤良、昭忠、双忠、奖忠、褒忠、显忠、表忠、旌勇、睿忠亲王、定南武壮王、二恪僖、弘毅文襄勤襄诸公等祠。其北极佑圣真君、东岳都城隍,万寿节祭之。亦有因时特举者,视学释奠先师,献功释奠太学,御经筵祗告传心殿	《清史稿·礼志》

节气周期性地检验着吉礼的时间和内容,见证着祭祀等级,对仪式中的服饰也有特别的规定。辽时,"大祀,皇帝服金文金冠,白绫袍,红带,悬鱼,三山红垂(红带至红垂按《礼志·祭山仪》作绛带、绛垂),饰犀玉刀错,络缝乌靴。小祀,皇帝硬帽,红克丝龟文

袍。皇后戴红帕，服络缝红袍，悬玉佩，双同心帕，络缝乌靴"①。
服饰的规定也成为一种文化秩序的表征。

要体现节气在国家吉礼中的重要作用，古代祭祀遗址可作为文献的
补充。北京遗留下来的古代祭祀建筑就有圆丘、地坛、祈年殿、皇地祇、
朝日坛、夕月坛、先农坛、社稷坛、先蚕坛、观耕台等，足见古代国家
吉礼内容繁多，传统深厚。在二十五史记载中，统治者们不断地重构礼
乐文化，并在正统社会中通过节气周期性地检验着礼乐文化传统。

（二）书云物望云气

古人在立春、春分、立夏、夏至、立秋、秋分、立冬、冬至八个
天文节气观察云物并书写备查。《左传·僖公五年》载："五年春王正
月辛亥朔，日南至。公既视朔，遂登观台以望，而书，礼也。凡分、
至、启、闭，必书云物，为备故也。"所谓云物，古代有两个含义：一
个是《左传》旧注中"云，五云也；物，风、气、日、月、星、辰
也"；另一个是郑众、郑玄所指的云色。②《岁时广记》"观云色"条
云："《周礼》保章氏以五云之物辨吉凶。注云：郑司农以二至二分，
观云五色，青为虫，白为丧，赤为兵荒，黑为水，黄为丰。"③

古人一般将云气分为瑞气和妖气两种。晋代人将"瑞气"分为
三类："一曰庆云。若烟非烟，若云非云，郁郁纷纷，萧索轮囷，是
谓庆云，亦曰景云。此喜气也，太平之应。二曰归邪。如星非星，如
云非云。或曰，星有两赤彗上向，有盖，下连星。见，必有归国者。

---

① 《辽史》卷56《仪卫志二》，中华书局1974年标点本，第2册，第906页。
② 杨伯峻编著《春秋左传注·僖公五年》（修订本），中华书局1990年第2版，第
303页。
③ （南宋）陈元靓编《岁时广记》卷38，（上海）商务印书馆，1939年12月，第
412页。

三曰昌光，赤，如龙状；圣人起，帝受终，则见。"又将"妖气"分为两类："一曰虹蜺，日旁气也。斗之乱精。主惑心，主内淫，主臣谋君，天子诎，后妃颛，妻不一。二曰彗云，如狗，赤色，长尾；为乱君，为兵丧。"① 这些认识实际上是隋唐时期的观念，因为《晋书》为唐代房玄龄等人所撰，同时期的唐人魏征撰《隋书》时，将这些内容又录入书中。② 宋代人也沿袭着这些观点："云气：《周礼》保章氏'以五云之物辨吉凶，水旱降丰荒之祲象。'故鲁僖公日南至登观台以望，汉明帝升灵台以望元气，吹时律，观物变。盖古者分至启闭必书，云物为备故也。迨乎后世，其法浸备。瑞气则有庆云、昌光之属，妖气则有虹蜺、彗云之类，以候天子之符应，验岁事之丰凶，明贤者之出处，占战阵之胜负焉。"③

　　清人孙诒让对《周礼》"保章氏掌天星，以志星辰日月之变动，以观天下之迁，辨其吉凶"之语汇集了数种解读，如疏引贾疏云："上冯相氏掌日月星辰不变依常度者，此官掌日月星辰变动，与常不同，以见吉凶之事。"又引《星备》说法："立春，岁星王七十二日，其色有白光，角芒，土王三月十八日，其色黄而大，休则圆，废则内虚。立夏，荧惑王七十二日，色赤角芒，土王六月十八日，其色黄而大。立秋，大白王七十二日，光芒无角，土王九月十八日，其色黄而大。立冬，辰星王七十二日，其色白芒角，土王十二月十八日，其色黄而大。星当王相，不芒角，其邦大弱，强国取地，大弱失国亡土也。"又引《史记·天官书》云："五星色白圜，为丧旱；赤圜则中不平，为兵；青圜为忧水；黑圜为疾，多死；黄圜则吉。赤角犯我城，黄角地之争，白角哭泣之声，青角有兵忧，黑角则水。"④ 对

---

① 《晋书》卷12《天文志中》，中华书局1974年标点本，第2册，第329~330页。
② 《隋书》卷20《天文志中》，中华书局1973年标点本，第2册，第576页。
③ 《宋史》卷52《天文志五》，中华书局1977年标点本，第4册，第1080~1081页。
④ （清）孙诒让：《周礼正义·春官·保障氏》，王文锦、陈玉霞点校，中华书局，1987，第2114~2115页。

于"以五云之物辨吉凶，水旱降丰荒之祲象。"孙诒让引郑司农云："以二至二分观云色，青为虫，白为丧，赤为兵荒，黑为水，黄为丰。故《春秋传》曰'凡分、至、启、闭，必书云物，为备故也。'故曰凡此五物，以诏救政。"疏"'以五云之物辨吉凶，水旱降丰荒之祲象'者，占云气也。辨吉凶，与观妖祥义同"。再有"云'视日旁云气之色'者，《史记·天官书》云：'王朔所候，决于日旁。日旁云气，人主象。皆如其形以占'"。① 可见，古代的书云物主要是在天文节气中观察太阳的云气变化，通过种种征兆，预测水旱丰荒等年景和战争胜负。

古人通过望云气预判军事胜负的记载也颇为翔实。司马迁说："两军相当，日晕；晕等，力钧；厚长大，有胜；薄短小，无胜。重抱大破无。抱为和，背（为）不和，为分离相去。直为自立，立侯王；破军若曰杀将。负且戴，有喜。围在中，中胜；在外，外胜。青外赤中，以和相去；赤外青中，以恶相去。气晕先至而后去，居军胜。先至先去，前利后病；后至后去，前病后利；后至先去，前后皆病，居军不胜。见而去，其发疾，虽胜无功。见半日以上，功大。白虹屈短，上下兑，有者下大流血。日晕制胜，近期三十日，远期六十日。"② 又说"凡望云气，仰而望之，三四百里；平望，在桑榆上，千余（里）二千里；登高而望之，下属地者三千里。云气有兽居上者，胜"③。晋代人也认为候气与军事相关，"凡候气之法，气初出时，若云非云，若雾非雾，仿佛若可见。初出森森然，在桑榆上，高五六尺者，是千五百里外。平视则千里，举目望即五百里；仰瞻中天，即百里内。平望，桑榆间二千里；登高而望，下属地者，三千里。敌在东，日出候之；在南，日中候之；在西，日入候之；在北，夜半候之。军上气，高胜

① （清）孙诒让：《周礼正义·春官·保障氏》，王文锦、陈玉霞点校，中华书局，1987，第2124页。
② 《史记》卷27《天官书第五》，中华书局1959年标点本，第4册，第1331页。
③ 《史记》卷27《天官书第五》，中华书局1959年标点本，第4册，第1336页。

下，厚胜薄，实胜虚，长胜短，泽胜枯。气见以知大，占期内有大风雨，久阴，则灾不成"。①《隋书》则直接记录了大量以望气断胜负的方法，如"又曰，军在外，月晕师上，其将战必胜。月晕黄色，将军益秩禄，得位。月晕有两珥，白虹贯之，天下大战。月晕而珥，兵从珥攻击者利。月晕有蜺云，乘之以战，从蜺所往者大胜。月晕，虹蜺直指晕至月者，破军杀将"。②该书还将白虹列为不利因素，说："凡白虹者，百殃之本，众乱所基。雾者，众邪之气，阴来冒阳"。③

"书云物"与周代的"十辉法"可能存在联系。"十辉法"是周代以前著名的国家预测活动，由巫祝通过观察十种天象变化"以观妖祥"，预测年景和人事。④《晋书》对"十辉法"作了一个基本的解释，⑤后世史书多转录之，如《隋书》⑥等。"十辉法"在唐代时散见于笔记小说中，如《酉阳杂俎》："乃圣人定璇玑之式，立巫祝

---

① 《晋书》卷12《天文志中》，中华书局1974年标点本，第2册，第336页。
② 《隋书》卷21《天文志下》，中华书局1973年标点本，第2册，第584页。
③ 《隋书》卷21《天文志下》，中华书局1973年标点本，第2册，第590页。
④ 《周礼·眡祲》有云："眡祲掌十辉之法，以观妖祥，辨吉凶。一曰祲，二曰象，三曰镌，四曰监，五曰闇，六曰瞢，七曰弥，八曰叙，九曰隮，十曰想。"《周礼正义》注引"郑司农云：'祲，阴阳气相侵也。象者，如赤鸟也。镌，谓日旁气四面反乡，如辉状也。监，云气临日也。闇，日月食也。瞢，日月瞢瞢无光也。弥者，白虹弥天也。叙者，云有次序如山在日上也。隮者，升气也。想者，辉光也。'玄谓镌读如'童子佩镌'之镌，谓日旁气刺日也。监，冠珥也。弥，气贯日也。隮，虹也。《诗》云'朝隮于西'。想，杂气有似可想形也。"见（清）孙诒让撰，王文锦、陈玉霞点校，《周礼正义》，中华书局，1987，第1980页。
⑤ 《晋书》释"十辉法"云："《周礼》，眡祲氏掌十辉之法，以观妖祥，辨吉凶。一曰祲，谓阴阳五色之气，浸淫相侵。或曰，抱珥背璚之属，如虹而短是也。二曰象，谓云气成形，象如赤乌，夹日以飞之类是也。三曰镌，日旁气，刺日，形如童子所佩之镌。四曰监，谓云气临在日上也。五曰闇，谓日月蚀，或曰脱光也。六曰瞢，谓瞢瞢不光明也。七曰弥，谓白虹弥天而贯日也。八曰序，谓气若山而在日上。或曰，冠珥背璚，重叠次序，在于日旁也。九曰隮，谓晕气也。或曰，虹也，《诗》所谓"朝隮于西"者也。十曰想，谓气五色有形想也，青饥，赤兵，白丧，黑忧，黄熟。或曰，想，思也，赤气为人狩之形，可思而知其吉凶。"《晋书》卷12《天文志中》，中华书局1974年标点本，第2册，第330页。
⑥ 《隋书》卷21《天文志下》，中华书局1973年标点本，第2册，第579～580页。

之官，考乎十辉之祥，正乎九黎之乱"。[1]"十辉法"还出现在宋代正史中，[2] 宋以后便鲜见于文献，曾经的一种礼文化逐渐消失在历史长河中，或者演化成为一些民间的地方性知识了。

（三）节气与读时令

古代在立春、立夏、大暑、立秋、立冬日有读五时令的传统。《礼记》载："先立春前三日，大史谒之天子曰：'某日立春，盛德在木。'天子乃齐。"[3]《晋书》记载了汉朝的读时令仪式："汉仪，太史每岁上其年历，先立春、立夏、大暑、立秋、立冬常读五时令，皇帝所服，各随五时之色。帝升御坐，尚书令以下就席位，尚书三公郎以令置案上，奉以入，就席伏读讫，赐酒一卮。"[4] 魏明帝景初元年（237），经过讨论，取消了大暑读令制度，史书说："斯则魏氏不读大暑令也"[5]。宋代时，"太史每岁上其年历。先立春立夏大暑立秋立冬，常读五时令。皇帝所服，各随五时之色。帝升御坐，尚书令以下就席位，尚书三公郎以令著录案上，奉以入，就席伏读讫，赐酒一卮。官有其注。傅咸曰：'立秋一日，白路光于紫庭，白旗陈于玉阶。'然则其日旗、路皆白也。"[6]

---

① （唐）段成式撰，方南生点校，《酉阳杂俎·诺皋记上》，中华书局，1981，第 127 页。

② 《宋史》载："《周礼》眡祲掌十辉之法；一曰祲，阴阳五色之气，浸淫相侵；二曰象，云气成形象；三曰镌，日旁气刺日；四曰监，云气临日上；五曰闇，谓蚀及日光脱；六曰瞢，不光明；七曰弥，白虹贯日；八曰序，谓气若山而在日上，及冠珥背璚重叠次序在于日旁；九曰隮，谓晕及虹也；十曰想，五色有形想。"见《宋史》卷 52《天文志五》，中华书局 1977 年标点本，第 4 册，第 1068 页。

③ （汉）郑玄注，（唐）孔颖达正义《礼记正义·月令第六》，李学勤主编《十三经注疏》，北京大学出版社，2000，第 535 页。立夏、立秋、大暑和立冬等四个节令中也有这种报告制度。

④ 《晋书》卷 19《礼志》，中华书局 1974 年标点本，第 3 册，第 587～588 页。

⑤ 《晋书》卷 19《礼志》，中华书局 1974 年标点本，第 3 册，第 588 页。

⑥ 《宋书》卷 15《礼志二》，中华书局 1974 年标点本，第 2 册，第 384 页。

第三节　历史上的宫悬雅乐传统

国家传统中礼乐文化犹如硬币的两面，不可分割，制礼的同时，往往也要修复雅乐。

（一）宫悬代表礼制和等级制

雅乐可称为交响乐，在古代也称为宫悬、乐悬。《后汉书》《晋书》《魏书》《北史》《旧唐书》《新唐书》《宋史》《辽史》《金史》《元史》《明史》《清史稿》都记载了宫悬雅乐。如《魏书》载："古礼，天子宫悬，诸侯轩悬，大夫判悬，士特悬。"[①]　《旧唐书》载："周天子宫县，诸侯轩县，大夫曲县，士特县。故孔子之堂，闻金石之音；魏绛之家，有钟磬之声。秦、汉之际，斯礼无闻。"[②]　《新唐书》载："乐县之制。宫县四面，天子用之。"[③] 辽在正月初一举行朝贺时用宫悬雅乐。[④]

对于雅乐的使用范围，以及礼乐的配合，金代作了特别规定："雅乐。凡大祀、中祀、天子受册宝、御楼肆赦、受外国使贺则用

---

① 《魏书》卷109《乐志》，中华书局1974年标点本，第8册，第2840页。
② 《旧唐书》载卷29《音乐志二》，中华书局1975年标点本，第4册，第1079～1080页。
③ 《新唐书》卷21《礼乐志十一》，中华书局1975年标点本，第2册，第462页。
④ 《辽史》卷54《乐志》，中华书局1974年标点本，第2册，第882页。

之。初，太宗取汴，得宋之仪章钟磬乐簴，挈之以归。皇统元年，熙宗加尊号，始就用宋乐，有司以钟磬刻'晟'字者犯太宗讳，皆以黄纸封之。大定十四年，太常始议'历代之乐各自为名，今郊庙社稷所用宋乐器犯庙讳，宜皆刮去，更为制名'。于是，命礼部、学士院、太常寺撰名，乃取大乐与天地同和之义，名之曰'太和'。文、武二舞。皇统年间，定文舞曰《仁丰道洽之舞》，武舞曰《功成治定之舞》。《贞元仪》又改文舞曰《保大定功之舞》，武舞曰《万国来同之舞》。大定十一年又有《四海会同之舞》，于是一代之制始备。"① 以方丘仪为例，仪式与雅乐配合紧密："礼直官引初献诣盥洗位，乐作《肃宁之曲》。至位，北向立，乐止。搢笏，盥手，帨手，执笏，诣坛，乐作《肃宁之曲》。凡初献升降，皆作《肃宁之曲》。升自卯阶，至坛，乐止。诣皇地祇神座前，北向立，乐作《静宁之曲》。搢笏，跪。太祝加玉于币，西向跪以授初献。初献受玉币奠讫，执笏，俯伏，兴，再拜，讫，乐止。次诣配位神座前，东向立，乐作《亿宁之曲》，奠币如上仪，乐止。降自卯陛，乐作，复位，乐止"②。

（二）历史上宫悬多佚失残缺

北魏之前的雅乐历史，《魏书》做了一个总的梳理和概括，记载较为翔实，兹转引如下：

> 三代之衰，邪音间起，则有烂漫靡靡之乐兴焉。周之衰也，诸侯力争，浇伪萌生，淫愿滋甚，竞其邪，忘其正，广其器，蔑其礼，或奏之而心疾，或撞之不令。晋平公闻清角而颠陨，魏文

---

① 《金史》卷39《乐志上》，中华书局1975年标点本，第3册，第882页。
② 《金史》卷29《礼志二》，中华书局1975年标点本，第3册，第717～718页。

侯听古雅而眠睡，郑、宋、齐、卫，流宫不反，于是正乐亏矣。……乐之崩矣，秦始灭学，经亡义绝，莫探其真。人重协俗，世贵顺耳，则雅声古器几将沦绝。汉兴，制氏但识其铿锵鼓舞，不传其义，而于郊庙朝廷，皆协律新变，杂以赵、代、秦、楚之曲，故王禹、宋晔上书切谏，丙强、景武显著当时，通儒达士所共叹息矣。后汉东平王苍总议乐事，颇有增加，大抵循前而已。及黄巾、董卓以后，天下丧乱，诸乐亡缺。魏武既获杜夔，令其考会古乐，而柴玉、左延年终以新声宠爱。晋世荀勖典乐，与郭夏宋识之徒共加研集，谓为合古，而阮咸讥之。……永嘉已下，海内分崩，伶官乐器，皆为刘聪、石勒所获，慕容俊平冉闵，遂克之。王猛平邺，入于关右。苻坚既败，长安纷扰，慕容永之东也，礼乐器用多归长子，及垂平永，并入中山。自始祖内和魏晋，二代更致音伎；穆帝为代王，愍帝又进以乐物；金石之器虽有未周，而弦管具矣。逮太祖定中山，获其乐县，既初拨乱，未遑创改，因时所行而用之。世历分崩，颇有遗失。天兴元年冬，诏尚书吏部郎邓渊定律吕，协音乐。……正月上日，飨群臣，宣布政教，备列宫悬正乐，兼奏燕、赵、秦、吴之音，五方殊俗之曲。①

虽然雅乐乐器名称固定不变，但在历史上有时乐器名与实际发音不相符合。北朝"永安末，乐器残缺，庄帝命孚监仪注。孚上表曰：'……臣至太乐署，问太乐令张乾龟等，云承前以来，置宫悬四箱，枸虡六架，东北架编黄钟之磬十四。虽器名黄钟，而声实夷则，考之音制，不甚谐韵。姑洗悬于东北，太蔟编于西北，蕤宾列于西南，并皆器象差位，调律不和。又有仪钟十四，虡悬架首，初不叩击，今便

① 《魏书》卷109《乐志》，中华书局1974年标点本，第8册，第2826~2828页。

删废，以从正则。臣今据《周礼·凫氏》修广之规，《磬氏》倨句之法，吹律求声，叩钟求音，损除繁杂，讨论实录。依十二月为十二宫，各准辰次，当位悬设。月声既备，随用击奏。则会还相为宫之义，又得律吕相生之体。今量钟磬之数，各以十二架为定。'奏可。于时搢绅之士，咸往观听，靡不咨嗟叹服而反。太傅、录尚书长孙承业妙解声律，特复称善。"①

（三）宫悬数量史上多有争论

钟磬一悬有十四枚、十六枚、十九枚等说法。北魏永熙二年（533）春，尚书长孙稚、太常卿祖莹上表说："服子慎《注》云：'黄钟之均，黄钟为宫，太蔟为商，沽洗为角，林钟为徵，南吕为羽，应钟为变宫，蕤宾为变徵。一悬十九钟，十二悬二百二十八钟，八十四律。'即如此义，乃可寻究。今案《周礼》小胥之职，乐悬之法，郑注云：'钟磬编县之，二八十六枚。'汉成帝时，犍为郡于水滨得古磬十六枚献呈，汉以为瑞，复依《礼图》编悬十六。去正始中，徐州薛城送玉磬十六枚，亦是一悬之器。检太乐所用钟、磬，各一悬十四，不知何据"②。又说："臣等谨依高祖所制尺，《周官》《考工记》凫氏为钟鼓之分、磬氏为磬倨句之法，《礼运》五声十二律还相为宫之义，以律吕为之剂量，奏请制度，经纪营造。依魏晋所用四厢宫悬，钟、磬各十六悬，埙、篪、筝、筑声韵区别。"③ 又说"普泰元年，前侍中臣孚及臣莹等奏求造十二悬，六悬裁讫，续复营造，寻蒙旨判。今六悬既成，臣等思钟磬各四，鈌镈相从，十六格宫悬已足，今请更营二悬，通前为八，宫悬两具矣。一具备于太极，一

① 《北史》卷16《太武五王列传》，中华书局1974年标点本，第2册，第614页。
② 《魏书》卷109《乐志》，中华书局1974年标点本，第8册，第2838页。
③ 《魏书》卷109《乐志》，中华书局1974年标点本，第8册，第2839页。

具列于显阳。"① 从长孙稚、祖莹的大段叙述中，可以看出北魏以前的宫悬数量的变化情况。南北朝时期，刘宋和北齐都有宫悬，"初宋、齐代，祀天地，祭宗庙，准汉祠太一后土，尽用宫悬。……又晋及宋、齐，悬钟磬大准相似，皆十六架。……于是除去衡钟，设十二镈钟，各依辰位，而应其律。每一镈钟，则设编钟磬各一虡，合三十六架"②。唐朝恢复了雅乐古制，"古制，雅乐宫县之下，编钟四架，十六口。近代用二十四口，正声十二，倍声十二，各有律吕，凡二十四声。登歌一架，亦二十四钟。雅乐沦灭，至是复全"。③

将宫悬编钟磬簨虡合编，称为架，北齐曾规定二十架，南梁规定二十架。《隋书》："齐神武霸迹肇创，迁都于邺，犹曰人臣，故咸遵魏典。及文宣初禅，尚未改旧章。宫悬各设十二镈钟于其辰位，四面并设编钟磬各一簨虡，合二十架。设建鼓于四隅。郊庙朝会同用之。"④ 又"建德二年十月甲辰，六代乐成，奏于崇信殿。群臣咸观。其宫悬，依梁三十六架。朝会则皇帝出入，奏《皇夏》。皇太子出入，奏《肆夏》。王公出入，奏《骜夏》。五等诸侯正日献玉帛，奏《纳夏》。宴族人，奏《族夏》。大会至尊执爵，奏登歌十八曲。食举，奏《深夏》，舞六代《大夏》《大护》《大武》《正德》《武德》《山云》之舞。于是正定雅音，为郊庙乐。创造钟律，颇得其宜。宣帝嗣位，郊庙皆循用之，无所改作。"⑤

隋朝有二十架、二十六架不等，唐代规定为三十六架，《旧唐书》曰："凡天子宫悬钟磬，凡三十六虡。"并有注："镈钟十二，编钟二二，编磬十二，共为三十六架。东方西方，磬虡起北，钟虡

① 《魏书》卷 109《乐志》，中华书局 1974 年标点本，第 8 册，第 2840 页。
② 《隋书》卷 13《音乐志上》，中华书局 1973 年标点本，第 2 册，第 290～291 页。
③ 《旧唐书》卷 29《音乐志二》，中华书局 1975 年标点本，第 4 册，第 1083 页。
④ 《隋书》卷 14《音乐志中》，中华书局 1973 年标点本，第 2 册，第 313 页。
⑤ 《隋书》卷 14《音乐志中》，中华书局 1973 年标点本，第 2 册，第 332～333 页。

次之。南方北方，磬虡起西，钟虡次之。镈钟在编钟之间，各依辰位。四隅建鼓，左枳右敔。又设巢、竽、笛、管、篪、埙、系于编钟之下。"①

金朝也规定三十六之数，"宫县乐三十六虡：编钟十二虡，编磬十二虡，大钟、镈钟、特磬各四虡。建鼓、应鼓、鞞鼓各四，路鼓二，路鼗二，晋鼓一，巢笙、竽笙各十，箫十，籥十，篪十，笛十，埙八，一弦琴三，三弦、五弦、七弦、九弦琴各六，瑟十二，柷一，敔一，麾一。"②

元朝也为三十六虡。"宫县乐器既成，大乐署郭敏开坐名数以上：编钟、磬三十有六虡，树鼓四，（建鞞、应同一座。）晋鼓一，路鼓二，鼗鼓二，相鼓二，雅鼓二，柷一，敔一，笙二十有七，（巢和竽。）埙八，篪、箫、籥、笛各十，琴二十有七，瑟十有四，单铎、双铎、铙、镯、钲、麾、旌、纛各二，补铸编钟百九十有二，灵璧石磬如其数。"③

（四）乐架位置及其演奏规制

关于宫悬造型及摆放位置，张濬向唐昭宗上奏说："臣伏惟《仪礼》宫悬之制，陈镈钟二十架，当十二辰之位。甲、丙、庚、壬，各设编钟一架；乙、丁、辛、癸，各设编磬一架，合为二十架。树建鼓于四隅，当乾、坤、艮、巽之位，以象二十四气。宗庙、殿庭、郊丘、社稷，皆用此制，无闻异同。周、汉、魏、晋、宋、齐六朝，并只用二十架。隋氏平陈，检梁故事，乃设三十六架。"④

① 《旧唐书》卷44《职官志三》，中华书局1975年标点本，第6册，第1874～1875页。
② 《金史》卷39《乐志上》，中华书局1975年标点本，第3册，第887页。
③ 《元史》卷68《礼乐志二》，中华书局1976年标点本，第6册，第1695页。
④ 《旧唐书》卷29《音乐志二》，中华书局1975年标点本，第4册，第1083页。

《旧唐书》对乐悬造型及数量作了详细记载：

> 乐县，横曰簨，竖曰虡。饰簨以飞龙，饰趺以飞廉，钟虡以
> 挚兽，磬虡以挚鸟，上列树羽，旁垂流苏，周制也。县以崇牙，
> 殷制也。饰以博山，后世所加也。宫县每架金博山五，轩县三。
> 鼓，承以花趺，覆以华盖，上集翔鹭。隋氏二十架，先置建鼓于
> 四隅，镈钟方面各三，依其辰位，杂列编钟、磬各四架于其间。
> 二十六架，则编钟十二架，磬亦如之。轩县九架，镈钟三架，在
> 辰丑申地，编钟、磬皆三架。设路鼓二于县内戌巳地之北。设柷
> 敔于四隅，舞人立于其中。镯于、铙、铎、抚拍、舂牍，列于舞
> 人间。唐礼，天子朝庙用三十六架。高宗成蓬莱宫，充庭七十二
> 架。武后迁都，乃省之。皇后庙及郊祭并二十架，同舞八佾。先
> 圣庙及皇太子庙并九架，舞六佾。县间设柷敔各一，柷于左，敔
> 于右。镯于、抚拍、顿相、铙、铎，次列于路鼓南。舞人列于县
> 北。登歌二架，登于堂上两楹之前。编钟在东，编磬在西。登歌
> 工人坐堂上，竹人立堂下，所谓"琴瑟在堂，竽笙在庭"也。
> 殿庭加设鼓吹于四隅。[1]

《新唐书》详细记载了乐悬的方位和用途：

> 乐县之制，宫县四面，天子用之。若祭祀，则前祀二日，太
> 乐令设县于坛南内壝之外，北向。东方、西方，磬虡起北，钟虡
> 次之。南方、北方，磬虡起西，钟虡次之。镈钟十有二，在十二
> 辰之位。树雷鼓于北县之内、道之左右，植建鼓于四隅。置柷、
> 敔于县内，柷在右，敔在左。设歌钟、歌磬于坛上，南方北向。

---

① 《旧唐书》卷29《音乐志二》，中华书局1975年标点本，第4册，第1080～1081页。

磬虡在西，钟虡在东。琴、瑟、筝、筑皆一，当磬虡之次，匏、竹在下。凡天神之类，皆以雷鼓；地祇之类，皆以灵鼓；人鬼之类，皆以路鼓。其设于庭，则在南，而登歌者在堂。若朝会，则加钟磬十二虡，设鼓吹十二案于建鼓之外。案设羽葆鼓一，大鼓一，金錞一，歌、箫、笳皆二。登歌，钟、磬各一虡，节鼓一，歌者四人，琴、瑟、筝、筑皆一，在堂上；笙、和、箫、篪、埙皆一，在堂下。若皇后享先蚕，则设十二大磬，以当辰位，而无路鼓。轩县三面，皇太子用之。若释奠于文宣王、武成王，亦用之。其制，去宫县之南面。判县二面，唐之旧礼，祭风伯、雨师、五岳、四渎用之。其制，去轩县之北面。皆植建鼓于东北、西北二隅。特县，去判县之西面，或陈于阶间，有其制而无所用。①

北宋仁宗时，对宫悬制度进行了一次载入史册的讨论：

　　（皇祐）四年十一月，详定所言："'搏拊、琴、瑟以咏'，则堂上之乐，以象朝廷之治；'下管、鼗鼓'，'合止柷、敔'，'笙、镛以间'，则堂下之乐，以象万物之治。后世有司失其传，歌者在堂，兼设钟磬；宫架在庭，兼设琴瑟；堂下匏竹，置之于床：并非其序。请亲祠宗庙及有司摄事，歌者在堂，不设钟磬；宫架在庭，不设琴瑟；堂下匏竹，不置于床。其郊坛上下之乐，亦以此为正，而有司摄事如之。"又言："以《小胥》宫县推之，则天子钟、磬、镈十二虡为宫县，明矣。故或以为配十二辰，或以为配十二次，则虡无过十二。先王之制废，学者不能考其数。隋、唐以来，有谓宫县当二十虡，甚者又以为三十六虡。方唐之

---

①　《新唐书》卷21《礼乐志十一》，中华书局1975年标点本，第2册，第462~463页。

盛日，有司摄事，乐并用宫县。至德后，太常声音之工散亡，凡郊庙有登歌而无宫县，后世因仍不改。请郊庙有司摄事，改用宫架十二虡。"太常以谓用宫架十二虡，则律吕均声不足，不能成均。请如礼：宫架四面如辰位，设镈钟十二虡，而甲、丙、庚、壬设钟，乙、丁、辛、癸设磬，位各一虡。四隅植建鼓，以象二十四气。宗庙、郊丘如之。①

辽时，对宫悬位置也有特别规定，如在皇帝受册礼仪中，在殿庭设置宫悬，"皇帝受册仪：前期一日，尚舍奉御设幄于正殿北墉下，南面设御坐；奉礼郎设官僚、客使幕次于东西朝堂；太乐令设宫悬于殿庭，举麾位在殿第二重西阶上，东向"②。

（五）清中后期雅乐出现衰落

宫悬雅乐在清乾隆时还时兴一时，后世逐渐没落，成为摆设，最终被西洋乐所代替。史载："（乾隆）二十六年，江西抚臣奏得古钟十一，图以进，上示廷臣，定为镈钟，命依钟律尺度，铸造十二律镈钟，备中和特悬。既成，帝自制铭，允禄等又请造特磬十二虡，与镈钟配，凿和阗玉为之。……宣、文之世，垂衣而治，宫悬徒为具文，虽有增创，无关宏典。德宗光绪末年，仿欧罗巴、美利坚诸邦制军乐，又升先师大祀，增佾舞之数，及更定国歌，制作屡载不定，以讫于逊国，多未施行。"③

① 《宋史》卷128《乐志三》，中华书局1977年标点本，第9册，第2986～2987页。
② 《辽史》卷52《礼志五》，中华书局1974年标点本，第2册，第857页。
③ 《清史稿》卷94《乐志一》，中华书局1977年标点本，第11册，第2759～2760页。

第四节　节气规范律度量衡秩序

现今国际通行的公制，1 米长度是以地球赤道与极点的海平面距离的千万分之一作为标准，这一规定自 18 世纪末由西方主导建立之后，随着列强扩张而逐渐成为国际通行标准。

我国传统上将律、度、量、衡四个指标统一在一起，度量衡从来不是单一的存在，都要跟黄钟律管捆绑在一起，长度、体积和重量的确立标准都来自律管，从而建立了一种全新的社会公平机制。同律度量衡在古代是一门高深学问，历来都由最高统治者主导修正并颁布。律既属于音乐学范畴，又属于计量学科，[①] 国家通过度量衡来约束全社会，管理全社会，形成了一套简洁、高效、公平的社会治理模式。我国古代形成的这套非常成熟的度量衡确立原则中，春分日或秋分日是个先决条件。《礼记·月令》云，仲春之月："是月也，日夜分，雷乃发声，始电，蛰虫咸动，启户始出。……日夜分，则同度量，钧衡石，角斗甬，正权概。"[②] 仲秋之月："日夜分，则同度量，平权衡，正钧石，角斗甬。是月也，易关市，来商旅，纳货贿，以便民事。四方来集，远乡皆至，则财不匮，上无乏用，百事

---

① 应有勤：《从〈尚书〉律度量衡看乐律的时空周期》，《文化艺术研究》2010 年第 5 期。

② （汉）郑玄注，（唐）孔颖达正义《礼记正义·月令第六》，李学勤主编《十三经注疏》，北京大学出版社，2000，第 556 页。

乃遂。"① 现在我们知道,一年中只有春分和秋分两天日夜等分,其他任何时间昼夜都不相等,由此反证出《礼记·月令》所谓的"日夜分"即指的是春分日和秋分日。文献中提到律度量衡,即与节气有关,从这个意义上说,节气在规范着律度量衡。

实际上,形成这一机制经历了漫长的历史过程。春秋以前,尺度很不统一,《隋书》对此作了总结:"《史记》曰:'夏禹以身为度,以声为律。'《礼记》曰:'丈夫布手为尺。'《周官》云:'璧羡起度。'郑司农云:'羡,长也。此璧径尺,以起度量。'《易纬通卦验》:'十马尾为一分'"②。

汉代以后,这一制度才建立起来,影响了中国社会数千年,形成了深厚的传统。《隋书》记载:

《淮南子》云:"秋分而禾蔈定,蔈定而禾熟。律数十二蔈而当一粟,十二粟而当一寸。"蔈者,禾穗芒也。《说苑》云:"度量权衡以粟生,一粟为一分。"《孙子算术》云:"蚕所生吐丝为忽,十忽为秒,十秒为毫,十毫为厘,十厘为分。"此皆起度之源,其文舛互。唯《汉志》:"度者,所以度长短也,本起黄钟之长。以子谷秬黍中者,一黍之广度之,九十黍为黄钟之长。一黍为一分,十分为一寸,十寸为一尺,十尺为一丈,十丈为一引,而五度审矣。"③

《汉志》曰:"量者,龠、合、升、斗、斛也,所以量多少也。本起于黄钟之龠。用度数审其容,以子谷秬黍中者千有二

① (汉)郑玄注,(唐)孔颖达正义《礼记正义·月令第六》,李学勤主编《十三经注疏》,北京大学出版社,2000,第620页。
② 《隋书》卷16《律历志上》,中华书局1973年标点本,第2册,第402页。
③ 《隋书》卷16《律历志上》,中华书局1973年标点本,第2册,第402页。

百，实其龠，以井水准其概。合龠为合，十合为升，十升为斗，十斗为斛，而五量嘉矣。其法用铜，方尺而圆其外，旁有庣焉。其上为斛，其下为斗，左耳为升，右耳为合、龠。其状似爵，以縻爵禄。上三下二，参天两地。圆而函方，左一右二，阴阳之象也。圆象规，其重二钧，备气物之数，各万有一千五百二十也。声中黄钟，始于黄钟而反覆焉。"①

自黄钟律管与度量衡挂钩以后，后世相因不辍。北魏时曾进行过同律度量衡，"魏氏平诸僭伪，颇获古乐。高祖虑其永爽，太和中诏中书监高闾修正音律，久未能定。闾出为相州刺史，十八年，闾表曰：'《书》称"同律度量衡"，论云"谨权量，审法度"。此四者乃是王者之要务，生民之所由。四者何先？以律为首。岂不以取法之始，求天地之气故也……'"② 又 "景明四年，并州获古铜权，诏付崇以为钟律之准。永平中，崇更造新尺，以一黍之长，累为寸法。寻太常卿刘芳受诏修乐，以秬黍中者一黍之广即为一分，而中尉元匡以一黍之广度黍二缝，以取一分。三家纷竞，久不能决。太和十九年（495），高祖诏，以一黍之广，用成分体，九十黍之长，以定铜尺。有司奏从前诏，而芳尺同高祖所制，故遂典修金石。迄武定末，未有谙律者"。③

虽说建立了完善的同律度量衡制度，历史上的度量衡时有失常，也会导致标准混乱。《隋书》就列出了当时的 15 种尺子：周尺，晋田父玉尺（梁法尺，实比晋前尺一尺七厘），梁表尺（实比晋前尺一尺二分二厘一毫有奇），汉官尺（实比晋前尺一尺三分七毫），魏尺（杜夔所用调律，比晋前尺一尺四分七厘），晋后尺（实比晋前尺一尺六分二厘），后魏前尺（实比晋前尺一尺二寸七厘），中尺（实比

① 《隋书》卷16《律历志上》，中华书局1973年标点本，第2册，第409页。
② 《魏书》卷107《律历志上》，中华书局1974年标点本，第7册，第2657~2658页。
③ 《魏书》卷107《律历志上》，中华书局1974年标点本，第7册，第2658~2659页。

晋前尺一尺二寸一分一厘），后尺（实比晋前尺一尺二寸八分一厘。即开皇官尺及后周市尺），东后魏尺（实比晋前尺一尺五寸八毫），蔡邕铜籥尺（后周玉尺，实比晋前尺一尺一寸五分八厘），宋氏尺（实比晋前尺一尺六分四厘），开皇十年万宝常所造律吕水尺（实比晋前尺一尺一寸八分六厘），杂尺（赵刘曜浑天仪土圭尺，长于梁法尺四分三厘，实比晋前尺一尺五分），梁朝俗间尺（长于梁法尺六分三厘、于刘曜浑仪尺二分，实比晋前尺一尺七分一厘）。[①] 由于尺度标准源于黄钟律管，尺度不一，是因为黄钟律管的其他参考标准不一所致。从重要的参考指标容黍来看，历史上就非常混乱，《隋书》作了详细记载，具体见表3-4。

表3-4　尺子、律管与容黍量

尺子名称	律管名称	律管容黍量
晋前尺	黄钟	容黍八百八粒
梁法尺	黄钟	容黍八百二十八粒
梁表尺	黄钟	容黍九百二十五
	黄钟	容黍九百一十粒
	黄钟	容黍一千一百二十粒
汉官尺	黄钟	容黍九百三十九粒
古银错题	黄钟	容黍一千二百粒
宋氏尺即铁尺	黄钟	容黍一千二百粒
	黄钟	容黍一千四十七粒
后魏前尺	黄钟	容黍一千一百一十五粒
后周玉尺	黄钟	容黍一千二百六十七粒
后魏中尺	黄钟	容黍一千五百五十五粒
后魏后尺	黄钟	容黍一千八百一十九粒
东魏尺	黄钟	容黍二千八百六十九粒
万宝常水尺	黄钟	容黍一千三百二十粒

资料来源：《隋书》卷16《律历志上》，中华书局1973年标点本，第2册，第393~394页。

---

① 《隋书》卷16《律历志上》，中华书局1973年标点本，第2册，第402~408页。

表3-4中，梁表尺容黍量有三个标准，宋氏尺容黍量也有两个标准。《隋书》说："梁表、铁尺律黄钟副别者，其长短及口空之围径并同，而容黍或多或少，皆是作者旁庾其腹，使有盈虚。"[①] 之所以如此混乱，原因如北宋时丁度等人所言："尺既有差，故难以定钟、磬。谨详古今之制，自晋至隋，累黍之法，但求尺裁管，不以权量参校，故历代黄钟之管容黍之数不同"[②]。仅用黍累尺，没有用到黍的体积和重量两个指标，所以尺子标准也会出现混乱。

不同的黄钟律管容黍量会产生不同的度、量、权衡结果，据《隋书》载：

魏陈留王景元四年，刘徽注《九章商功》曰："当今大司农斛圆径一尺三寸五分五厘，深一尺，积一千四百四十一寸十分〔寸〕之三。王莽铜斛于今尺为深九寸五分五厘，径一尺三寸六分八厘七毫。以徽术计之，于今斛为容九斗七升四合有奇。"此魏斛大而尺长，王莽斛小而尺短也。梁、陈依古。齐以古升〔一斗〕五升为一斗。后周武帝"保定元年辛巳五月，晋国造仓，获古玉斗。暨五年乙酉冬十月，诏改制铜律度，遂致中和。累黍积龠，同兹玉量，与衡度无差。准为铜升，用颁天下。内径七寸一分，深二寸八分，重七斤八两。天和二年丁亥，正月癸酉朔，十五日戊子校定，移地官府为式。"此铜升之铭也。其玉升铭曰："维大周保定元年，岁在重光，月旅蕤宾，晋国之有司，修缮仓廪，获古玉升，形制典正，若古之嘉量。太师晋国公以闻，敕纳于天府。暨五年岁在协洽，皇帝乃诏稽准绳，考灰律，不失圭撮，不差累黍。遂熔金写之，用颁天下，以合太平权衡度

---

① 《隋书》卷16《律历志上》，中华书局1973年标点本，第2册，第394页。
② 《宋史》卷71《律历志四》，中华书局1977年标点本，第5册，第1607页。

量。"今若以数计之，玉升积玉尺一百一十寸八分有奇，斛积一千一百八（十）［寸］五分七厘三毫九秒。又甄鸾《算术》云："玉升一升，得官斗一升三合四勺。"此玉升大而官斗小也。以数计之，甄鸾所据后周官斗，积玉尺九十七寸有奇，斛积九百七十七寸有奇。后周玉斗并副金错铜斗及建德六年金错题铜斗实，同以秬黍定量。以玉称权之，一升之实，皆重六斤十三两。开皇以古斗三升为一升。大业初，依复古斗。①

《隋书》对衡权的混乱也作了详细记载，隋文帝时回归了所谓"古秤"正统：

案《赵书》，石勒十八年七月，造建德殿，得圆石，状如水碓。其铭曰："律权石，重四钧，同律度量衡。有辛氏造。"续咸议是王莽时物。后魏景明中，并州人王显达，献古铜权一枚，上铭八十一字。其铭云："律权石，重四钧。"又云："黄帝初祖，德币于虞。虞帝始祖，德币于新。岁在大梁，龙集戊辰。戊辰直定，天命有人。据土德，受正号即真。改正建丑，长寿隆崇。同律度量衡，稽当前人。龙在己巳，岁次实沈，初班天下，万国永遵。子子孙孙，享传亿年。"此亦王莽所制也。其时太乐令公孙崇，依《汉志》先修称尺，及见此权，以新称称之，重一百二十斤。新称与权，合若符契。于是付崇调乐。孝文时，一依《汉志》作斗尺。梁、陈依古称。齐以古称一斤八两为一斤。周玉称四两，当古称四两半。开皇以古称三斤为一斤，大业中，依复古秤。②

---

① 《隋书》卷16《律历志上》，中华书局1973年标点本，第2册，第409～411页。
② 《隋书》卷16《律历志上》，中华书局1973年标点本，第2册，第411～412页。

后周时曾据《周礼》做乐尺。《宋史》载："周显德中，王朴始依周法，以秬黍校正尺度，长九寸，虚径三分，为黄钟之管，作律准，以宣其声。"[1] 北宋起初延续以前的律制标准，后宋太祖觉得雅乐声高，诏有司考正乐律：

> 和岘等以影表铜臬暨羊头秬黍累尺制律，而度量权衡因以取正。然累代尺度与望臬殊，黍有巨细，纵横容积，诸儒异议，卒无成说。……宋乾德中，太祖以雅乐声高，诏有司重加考正。时判太常寺和岘上言曰："古圣设法，先立尺寸，作为律吕，三分损益，上下相生，取合真音，谓之形器。但以尺寸长短非书可传，故累秬黍求为准的，后代试之，或不符会。西京铜望臬可校古法，即今司天台影表铜臬下石尺是也。及以朴所定尺比校，短于石尺四分，则声乐之高，盖由于此。况影表测于天地，则管律可以准绳。"上乃令依古法，以造新尺并黄钟九寸之管，命工人校其声，果下于朴所定管一律。又内出上党羊头山秬黍，累尺校律，亦相符合。遂下尚书省集官详定，众议佥同。由是重造十二律管，自此雅音和畅。[2]

雅音和畅，据此所制的度量衡也符合周代标准，这从文化上接续了国家传统，往往会有效提高社会治理效果。从史书记载看，北宋同律度量衡比较成功，《宋史》称复古并达到精备，兹转录如下：

> 曰审度者，本起于黄钟之律，以秬黍中者度之，九十黍为黄钟之长，而分、寸、尺、丈、引之制生焉。宋既平定四方，凡新

---

① 《宋史》卷68《律历志一》，中华书局1977年标点本，第5册，第1494页。
② 《宋史》卷68《律历志一》，中华书局1977年标点本，第5册，第1491~1494页。

邦悉颁度量于其境，其伪俗尺度逾于法制者去之。乾德中，又禁民间造者。由是尺度之制尽复古焉。

曰嘉量。《周礼》，桌氏为量。《汉志》云，物有多少受以量，本起于黄钟之管容秬黍千二百，而龠、合、升、斗、斛五量之法备矣。太祖受禅，诏有司精考古式，作为嘉量，以颁天下。其后定西蜀，平岭南，复江表，泉、浙纳土，并、汾归命，凡四方斗、斛不中式者皆去之。嘉量之器，悉复升平之制焉。

曰权衡之用，所以平物一民、知轻重也。权有五，曰铢、两、斤、钧、石，前史言之详矣。建隆元年八月，诏有司按前代旧式作新权衡，以颁天下，禁私造者。及平荆湖，即颁量、衡于其境。淳化三年三月三日，诏曰："《书》云：'协时、月，正日，同律、度、量、衡。'所以建国经而立民极也。国家万邦咸乂，九赋是均，顾出纳于有司，系权衡之定式。如闻秬黍之制，或差毫厘，锤钧为奸，害及黎庶。宜令详定称法，著为通规。"事下有司，监内藏库、崇仪使刘承珪言："太府寺旧铜式自一钱至十斤，凡五十一，轻重无准。外府岁受黄金，必自毫厘计之，式自钱始，则伤于重。"遂寻究本末，别制法物。至景德中，承珪重加参定，而权衡之制益为精备。①

历史上，汉、晋、北魏、隋、唐、宋等朝都进行过同律度量衡。② 明代工部尚书职责就有"凡度量、权衡，谨其校勘而颁之，悬式于市，而罪其不中度者"③。清康熙五十二年（1713），曾对黄钟律

① 《宋史》卷68《律历志一》，中华书局1977年标点本，第5册，第1494～1495页。
② 见《汉书·律历志上》《晋书·律历上》《魏书·律历三上》《隋书·律历上》。
③ 《明史》卷72《职官一》，中华书局1974年标点本，第6册，第1761页。

管和度量衡的关系进行过详细考定求证。① 以上遵循的规范和方法都是"多为之法"，参考了《礼记》等文献。《元史》记载说："元立国百有余年，而郊庙之乐，沿袭宋、金，未有能正之者。履谦（齐履谦）谓乐本于律，律本于气，而气候之法，具载前史，可择僻地为密室，取金门之竹，及河内葭莩，候之，上可以正雅乐、荐郊庙、和神人，下可以同度量、平物货、厚风俗。"② 可见律管与节气关系紧密。这一套规则及其确立的原则代表了国家正统文化，在历史上产生了深远影响。

① 《清史稿》卷94《乐志一》，中华书局1977标点本，第11册，第2740页。
② 《元史》卷172《齐履谦列传》，中华书局1976年标点本，第13册，第4031~4032页。

第五节　节气影响国家法治秩序

　　节气对国家司法制度影响重大，历史上形成了从立春到立秋不处理死刑的司法传统，史书中明载不阙。

　　东汉时，立春日下宽大书对司法进行指导，"立春之日，下宽大书曰：'制诏三公：方春东作，敬始慎微，动作从之。罪非殊死，且勿案验，皆须麦秋。退贪残，进柔良，下当用者，如故事'"①。唐代也规定在二十四节气日停死刑，"太宗又制在京见禁囚，刑部每月一奏，从立春至秋分，不得奏决死刑。其大祭祀及致斋、朔望、上下弦、二十四气、雨未晴、夜未明、断屠日月及假日，并不得奏决死刑"，②"每岁立春至秋及大祭祀、致齐，朔望、上下弦、二十四气、雨及夜未明，假日、断屠月，皆停死刑"。③ 五代时期也有立春及秋分不行刑的规定（特别案情除外），"（唐同光）三年六月甲寅，敕：'……其诸司囚徒，罪无轻重，并宜各委本司，据罪详断申奏，轻者即时疏理，重者候过立春，至秋分然后行法。如是事系军机，须行严令，或谋恶逆，或畜奸邪，或行劫杀人，难于留滞，并不在此限'"。④ 金朝规定二十四节气日不听决死刑，"（大定）十三年，诏

---

　　① 《后汉书》卷 90《礼仪志上》，中华书局 1965 年标点本，第 11 册，第 3102 页。

　　② 《旧唐书》卷 50《刑法志》，中华书局 1975 年标点本，第 6 册，第 2138 页。

　　③ 《新唐书》卷 56《刑法志》，中华书局 1975 年标点本，第 5 册，第 1410 页。

　　④ 《旧五代史》卷 147《刑法志》，中华书局 1976 年标点本，第 6 册，第 1966 页。

立春后、立秋前，及大祭祀，月朔、望，上、下弦，二十四气，雨未晴，夜未明，休暇并禁屠宰日，皆不听决死刑，惟强盗则不待秋后。"[1] 明朝规定立春至春分要停刑，"停刑之月，自立春以后，至春分以前"。[2] 清初讨论了历代惯例，决定死罪多决于秋后，"然自汉以来，有秋后决囚之制。《唐律》除犯恶逆以上及奴婢、部曲杀主者，从立春至秋分不得奏决死刑。……顺治初定律，乃于各条内分晰注明，凡律不注监候者，皆立决也；凡例不言立决者，皆监候也。自此京、外死罪多决于秋，朝审遂为一代之大典"。[3]

---

① 《金史》卷 45《刑志》，中华书局 1975 年标点本，第 3 册，第 1017 页。
② 《明史》卷 94《刑法志二》，中华书局 1974 年标点本，第 8 册，第 2315 页。
③ 《清史稿》卷 143《刑法二》，中华书局 1977 年标点本，第 15 册，第 4194 页。

第六节　节气建构地方民俗秩序

民俗最大的特点是地方性，即各地传统的表现形式和内容都不尽相同，因而形成了"五里不同风，十里不同俗"的特点。节气在我国传统农业社会中意义重大，它不仅建构着地方性传统，规范着人们的日常生活秩序和农耕生产秩序，还影响着当地的节庆制度和人生仪俗，规范并维护着地方性民俗秩序。

（一）建构起民俗文化圈

由于不同的自然环境、气候特征和生产生活方式等因素，民间形成了若干具有一定区域特点的民俗文化圈，圈属内的民俗文化几近相似或相同。陈华文认为，民俗文化圈的形成有家族制度的作用、自然村落的制约、地理环境的影响、行政区划的规一、方言的内聚力量等因素。① 赵宗福先生的多元民俗文化圈理论也认为，多元民俗文化圈是在特殊的民族民俗、生产方式、地质特点、历史沿革过程中形成的。② 在形成民俗文化圈的过程中，节气是其中最重要且易于被忽视

① 陈华文：《论民俗文化圈》，《广西民族学院学报》（哲学社会科学版）2001 年第 6 期。
② 王琎：《多元民俗文化圈的理论创建——访"青海多元民俗文化圈研究"项目负责人赵宗福》，《光明日报》2013 年 6 月 26 日第 16 版。

的要素，正是在节气的调适下，特定民俗文化圈内的人们的农耕生产和生活方式逐渐趋于相似或相同，人们的经验和知识可以共享，由此建立起一个熟人社会。在此过程中，节气不断地调适着人与自然的关系，使之处于和谐状态，从而形成人与自然、人与人之间的新秩序。节气是形成所谓民俗文化圈的自然边界的关键因素之一。

民俗文化圈与节气文化圈关系紧密。山上山下、山区平原、河流谷地等不同的自然环境中会形成不同的物候区域，物候表征相同或相近的区域便形成了一个自然的节气文化区域。节气文化圈往往涵盖一个或若干个民俗文化圈，不同的节气及物候特点，往往会形成不同的民俗文化生活。

（二）规定地方时间制度

农业生产和生活中的时间制度也具有地方性。如试犁、播种、收割等都是一种集体性知识，这在农业民俗文化圈内也是一种时间制度。民间的时间制度与节气息息相关，人们参照二十四节气，建立起当地的农耕时间制度。如青海湟中共和镇南村民谚说："小满，上山燕麦的头耪。"说明小满节气日，山上的燕麦应该破土发芽。又说"霜降，格子架在梁上。"是说霜降之前翻地，之后要收藏好农具格子，不可再翻地。生产时间制度早在周代时便已形成，《礼记·月令》云："霜始降，则百工休。"在青海湟中民间，人们常说立春后"地气发了"，这个词出现在《管子》三十时节中，笔者怀疑三十时节制度最初可能也是某个地方性的时间制度。

地方性其实也是差异性，如青海湟中共和镇山甲村和南村相距不足 1 公里，两村田地相接相错，但山甲村人播种发芽后，南村人才开始播种。这种时间差异往往会形成不同的民俗文化，如插柳这个习俗，在北方是清明节气的符号，在青海东部演变为端午节习俗。因为清明时节，在青海湟中等地还是一片冬天的景象，树叶还没有展开。青海湟中一带有一种特别的时间制度，叫作"星星管夜"，选取了民间称为"参星""对儿星""七星"作为参照，通过观察这些星星的位置可以提示夜晚的时刻。"参星"在民间称为"冷星"，管冬三月；"对儿星"管两个月，"七星"管七个月。"参星"和"对儿星"夕升朝落，可据星星的位置参定时间。北斗七星则以勺柄转动指示夜晚时间，天黑之时勺柄指向北方，转向西方时为午夜，转向南方时天亮。顾炎武说："三代以上，人人皆知天文。"① 大概即指此。

（三）影响地方人生礼俗

节气在上层人生礼俗和民俗人生礼俗中的表现形态不尽相同，但其功能基本相同或相近。以求子为例，在国家传统中，帝王通过春分祭祀高禖求子。在民俗生活中，人生礼俗深受宗教影响，在制度性宗教和民俗宗教中礼俗又不尽相同，在制度性宗教②中表现为从寺庙求取香包、祈祷送子观音等，在民俗宗教中表现为清明吃南瓜、从社火队伍中折取纸花等。

---

① （清）顾炎武著，黄汝成集释《日知录集释·天文》下册，栾保群、吕宗力校点，上海古籍出版社，2006，第 1673 页。
② 杨庆堃的定义是：制度性宗教在神学观中被看作是一种宗教生活体系。它包括（1）独立的关于世界和人类事务的神学观或宇宙观的解释；（2）一种包含象征（神、灵魂和他们的形象）和仪式的独立崇拜形式；（3）一种由人组成的独立组织，使神学观简明易解，同时重视仪式性崇拜。借助于独立的概念、仪式和结构，宗教具有了一种独立的社会制度的属性，故而成为制度性的宗教。见〔美〕杨庆堃《中国社会中的宗教：宗教的现代社会功能及其历史因素之研究》，范丽珠等译，上海人民出版社，2007，第 268~269 页。

（四）形成节庆及其信仰

　　节气影响下的民间节庆，以迎春会最具代表性。迎春会曾在全国分布最广，从丁世良、赵放主编《中国地方志民俗资料汇编》资料看，民国以前，东北、西北、西南、东南等地都有这一习俗。在民国以前，地处偏僻的青海东部地区也有立春会。传统上，迎春会碎土牛后人们将塑牛的土抢回家，然后抹灶门、牛槽等，认为这样会带来吉利。

　　节气信仰最具普遍性的是社会上通用的度量衡器。度量衡自建立以来，与礼乐文化共生发展了数千年，属于实质性的社会传统。由于在祭天礼中形成了度量衡，所以度量衡器天然地被赋予了一种神圣性，并且形成了相应的信仰和民俗禁忌。旧时的度量衡器中，在尺子表面、秤杆上用星标注节点，尤其在秤杆上，节点处攒聚着许多黄铜小星，小星的排列有其规律性，星星数量多的节点表示斤，数量少的节点表示两，这是度量衡信仰的标志，星星即代表着天道。这就是在说，老天是最公平的，这种公平性就体现在度量衡器上，度量衡也是上天意志的体现。在人们的观念中，还把尺子看作是二十八星宿之一，称为"量天尺"。旧时的秤一斤等于十六两，代表着十六个星，即"北斗七星""南斗六郎""福禄寿三星"。人们认为，人在做天在看，一个人如果在秤上作弊，就会遭到天谴，损福折寿，由此使度量衡具有了社会规范作用和道德感召力，普遍地规范着中国人的道德和生活，维系着社会的公平传统。秤的信仰及其形成的一整套解释制度，在深层次上表述着度量衡源自古代祭天礼的文化事实。

（五）维系着地方性传统

地方小传统的形成中，节气的作用不可忽视。立春、清明、夏至、冬至等节气中形成了特殊的民俗风情，如民国以前遍布各地的立春迎春会、清明上坟等仪式几乎是全国性的传统。在长江中下游一带特别重视冬至，有"冬至大如年"的说法，有的地方还要祭祖。由于这些民俗是在官方礼仪的长期影响下建构起来的，各地的习俗并不完全一致。节气在不同的民俗文化圈中形成了独特的社会功能，构成了民俗事象的象征、结构、功能、传播、认同、边界等，具有鲜明的地方性特色，并在周期性活动中维系着地方小传统。

地方性传统深受上层文化影响，这在后文的分析中可以看出。正是由于此，官方的态度对民俗文化影响巨大，民国初年，政府禁止立春会等传统，由于没有了官方的引领，民间的此类节庆在很短时间中便消亡了。《荆楚岁时记》《东京梦华录》《中华全国风俗志》等记录的许多民俗事项今天已然不存。

第七节　以上率下和地域差异性

节气属于上层文化，后来传播到民间，并在农业社会中得到广泛推广，对各地的民俗传统产生了深刻影响。值得注意的是，节气在上下层之间建立了一种特殊的文化关系，通过文化的以上率下，持续作用于各地民俗。

（一）以上率下

节气属于国家大传统。节气由最高统治者掌握，并通过"敬授民时"的方式向全国发布。数几千年来这一传统没有中断，形成了"以上率下"的文化格局，同时还发挥着"以上制下"的作用，对民间祭仪进行规范，如对其规模进行限制等。

上层文化中的祭典等内容对民间影响尤其巨大。在礼乐传统中，制定祭祀典礼也是大传统，《礼记》有云，孟春之月："是月也，命乐正入学习舞。乃修祭典。命祀山林川泽，牺牲毋用牝。禁止伐木。毋覆巢，毋杀孩虫、胎、夭、飞鸟，毋麛，毋卵。毋聚大众，毋置城郭、掩骼埋胔"。① 这种制度中还形成了报告制度，如"先立春前三

① （汉）郑玄注，（唐）孔颖达正义《礼记正义·月令第六》，李学勤主编《十三经注疏》，北京大学出版社，1999，第545页。

日，大史谒之天子曰：'某日立春，盛德在木。'天子乃齐。"① 还有祭祀制度，如"立春之日，天子亲帅三公、九卿、诸侯、大夫，以迎春于东郊。还反，赏公、卿、诸侯、大夫于朝"②。《吕氏春秋》也有类似记载，如"立春之日，天子亲率三公、九卿、诸侯、大夫，以迎春于东郊。""立夏之日，天子亲率三公九卿大夫，以迎夏于南郊。""立秋之日，天子亲率三公九卿诸侯大夫，以迎秋于西郊。""立冬之日，天子亲率三公九卿大夫，以迎冬于北郊"。这些迎祭活动延续了数千年，成为传统社会中最为重要的国家礼制。历史上，不断对祭祀制度进行讨论，制定和完善祭典礼仪，其实质是在修复礼乐文化传统。目的是通过不断回归正统，使礼乐文化重新发挥出"以上率下"的功能。

制定祭祀典章，通过节气日行祭进行仪式化诠释，为民俗活动提供范本。国家传统中，正典祭祀一般由皇帝和各地的主要官员主持，这些祭典制度的解读和维护通过权力层级结构传导推广到全国，如府县立春牛、境内祀山川等，不少国家祭典后来民间化，成为地方性传统。民国时期，有些地方还有立春迎春会、霜降祭旗纛等习俗，是上层文化"以上率下"影响并统领民俗文化的遗存，甚至在青海农业区还曾有"迎春会"等祭典仪式。③

（二）不平衡性

在国家语境和民间语境中，对同一节气的解释并不完全一致。一

---

① （汉）郑玄注，（唐）孔颖达正义《礼记正义·月令第六》，李学勤主编《十三经注疏》，北京大学出版社，1999，第535页。

② （汉）郑玄注，（唐）孔颖达正义《礼记正义·月令第六》，李学勤主编《十三经注疏》，北京大学出版社，1999，第535页。

③ 赵继贤：《迎春会琐谈》，政协化隆回族自治县委员会文史资料编委会编《化隆文史资料》第二辑，内部资料，1996年12月印，第124～128页。

般的理解是，节气是指导农事的补充历法，但从二十五史史料来看，国家祭祀中除立春立土牛、祀风云雷雨师，立夏祀风云雷雨师（清），夏至祭方泽，秋分祀风云雷雨师（明），冬至祭圆丘、祈谷（唐）等五个节气祭祀与农事有关外，其他节气与农业的关联并不紧密。而各地民间对二十四节气的理解和做法与这些记载并不完全一致。分析原因，其中存在着两种语境，一是官方语境，二是民间语境。不同语境中对节气内涵的解读并不完全一致，从而形成了国家的大传统和地方的小传统。

中国东西南北极不平衡，国家发布的节气并不能涵盖各地气候特点，因此二十四节气在民间语境中往往会发生变异。在民间语境中，二十四节气以传说、民谣、民俗仪式等形式反映着生产、祭祖、信仰、求福、避邪、维系亲朋关系、诠释时序、宣泄、巫术、民间医药、预测和卜岁、禁忌等内容，表达了各地的民俗祈求，既与国家的大文化传统相对接，又反映了地方性文化特征。

在地方文化中，节气经验极不平衡，如果处暑下雨，青海和河南等地认为不利于庄稼，在江苏如果不下雨就没有收成。城隍出巡等仪式也形成了不同的地方传统，以前，当其他地方的人们在清明上坟时，青海湟源人却要到城隍庙去烧纸，他们认为，这天城隍会把所有的亡人都召到城隍庙，并且认为，清明上坟是不懂的人干的事，因为这天坟中并没有人，所以烧了纸也没人收。[①] 可见在节气的影响下，形成了多样性的地方文化小传统。

（三）统领上下

在传统社会中，统治阶级和被统治阶级文化存在着天然的界限，

---

① 霍福：《丹噶尔城隍文化的小传统——2012年清明节丹噶尔城隍出巡仪式的考查与思考》，《青藏高原论坛》2014年第2期。

节气由国家掌握和发布，但贯通于国家传统和民俗文化。在上层，节气承载着礼乐文化，周期性地检验着礼乐传统，发挥着文化统领作用。由于农业社会离不开节气，民众需要通过节气来安排生产和生活，所以节气通过立春会等"国家在场"形式，在民俗文化中也发挥着统领作用，由此在上下层建立了一种文化上的捆绑关系。民俗文化并非被动地接受着上层文化，一些有关节气的地方性物候知识和祭祀活动又通过各种方式影响着上层文化，有的甚至晋升到国家吉礼序列之中。

第四章
节气与日常生活

在国家传统和民俗日常生活中，节气的表述内容不尽相同。在上层，节气日安排国家祭祀，传承礼乐文化；在民俗文化中，节气调适并规范着熟人社会中的人际关系，通过构建地方传统，维系地方秩序，成为地方性知识的重要表述内容。国家通过发布节气，对上层和民间的日常生活都起着规范和调适作用，节气具有开放性，各地可以赋予新内容，作出新诠释，其地方性、差异性（同一节气各地不同）、传承性（节气知识世代传承）在各地的节气民俗中表现得非常突出。因此，节气对民众的日常生活也产生了深远影响。

第一节　上层节气安排吉礼

《左传·成公十三年》："国之大事，在祀与戎。"[1] 国家祭祀作为最重要的吉礼，历史上虽有因故中断却时常接续，成为老百姓认同王权正统性的一个文化指标。吉礼之所以传承数千年没有彻底中断，与节气的传承功能不无关系。

检索二十五史，以节气日出现的祭祀名称作为关键词，略作索引如下，[2] 从中可见国家祭祀大多安排在特定节气日，同时反映出在上层文化中国家通过节气周期性地检验着礼乐文化传统。周期性检验礼乐文化传统能够唤醒民众的文化记忆，深化文化认同，增强国家正统意识，意义深远。

（一）立春

1. 迎气

见于《后汉书·礼仪志五》《南齐书·礼志》《梁书·许懋列传》《魏书·礼志四》《隋书·礼仪志一》《北史·魏本纪第三》《旧

---

[1]　李梦生译注《左传译注》，上海古籍出版社，1998，第578页。

[2]　索引均为中华书局标点本。另：祭礼在二十五史记载较驳杂，时分时合，时断时续，祭期及名称时有变化，对此这里不作讨论。

唐书·礼仪志一》《新唐书·礼乐志二》《旧五代史·礼志下》《宋史·礼志一》《金史·礼志七》等正史。

东汉四立节气有迎气仪式，同时也有迎秋等仪式，以后史书中屡见"迎气"与"迎春"相互代替。北齐、北周、隋时筑坛迎气，"后齐五郊迎气，为坛各于四郊，又为黄坛于未地。所祀天帝及配帝五官之神同梁。其玉帛牲各以其方色。其仪与南郊同。帝及后各以夕牲日之旦，太尉陈币，告请其庙，以就配焉。其从祀之官，位皆南陛之东，西向。坛上设馔毕，太宰丞设馔于其座。亚献毕，太常少卿乃于其所献。事毕，皆撤。"① 又云"后周五郊坛，其崇及去国，如其行之数。……隋五时迎气。青郊为坛，国东春明门外道北，去宫八里"。②

2. 迎春

见于《汉书·王莽传》《后汉书·祭祀志中》《魏书·礼志一》《隋书·礼仪志二》《北史·魏本纪第三》《旧唐书·礼仪志一》《宋史·礼志三》《明史·职官志三》《清史稿·礼志二》等正史。

另据《国语·周语上》记载，周时王籍田"先时九日，太史告稷曰：'自今至于初吉，阳气俱蒸，弗震弗渝，脉其满眚，谷乃不殖。'"释曰："先，先立春日也。"注"初吉"转引王引之的话说："初吉则谓之立春之日，多在正月上旬，故谓之初吉。"③ 说明周代在立春日籍田。

3. 祀五帝

见于《新唐书·礼乐志一》《宋史·礼志三》等正史。

4. 岳镇海渎

见于《北史·隋本纪上第十一》《隋书·礼仪志一》《旧唐书·礼仪志一》《旧五代史·晋书五·高祖本纪五》《宋史·礼志五》

① 《隋书》卷7《礼仪志二》，中华书局1973年标点本，第1册，第129页。
② 《隋书》卷7《礼仪志二》，中华书局1973年标点本，第1册，第130页。
③ 徐元诰：《国语集解》，王树民、沈长云点校，中华书局，2002，第16～17页。

《金史·礼志一》《金史·礼志七》《元史·祭祀志一》《明史·礼志
一》《清史稿·礼志二》等史书。

表4-1　　《宋史·吉礼》《金史·礼志》记载的"岳镇海渎"时间

时间	立春日	立夏日	土王日	立秋日	立冬日
宋	祀东岳岱山于兖州,东镇沂山于沂州,东海于莱州,淮渎于唐州	祀南岳衡山于衡州,南镇会稽山于越州,南海于广州,江渎于成都府	祀中岳嵩山于河南府,中镇霍山于晋州	祀西岳华山于华州,西镇吴山于陇州,西海、河渎并于河中府,西海就河渎庙望祭	祀北岳恒山、北镇医巫间山并于定州,北镇就北岳庙望祭,北海、济渎并于孟州,北海就济渎庙望祭
金	祭东岳于泰安州,东镇于益都府,东海于莱州,东渎大淮于唐州	望祭南岳衡山,南镇会稽山于河南府,南海、南渎大江于莱州	季夏土王日,祭中岳于河南府,中镇霍山于平阳府	祭西岳华山于华州,西镇吴山于陇州,望祭西海、西渎于河中府	祭北岳恒山于定州,北镇医巫间山于广宁府,望祭北海、北渎大济于孟州

两朝国家祭祀地点有所不同,但都安排在节气日行祭。

5. 祀风、云、雷、雨

见于《汉书·郊祀志第五上》《后汉书·祭祀志上》《晋书·礼
志上》《北史·隋本纪上第十一》《隋书·礼仪志一》《旧唐书·礼
仪志一》《新唐书·礼乐志一》《旧五代史·梁书七·太祖纪七》
《宋史·礼志一》《金史·礼志七》《元史·祭祀志一》《明史·礼志
三》《清史稿·礼志一》等正史。

6. 宋代祭鼎

九鼎在古代被视为国家象征。楚庄王曾问"鼎之大小轻重焉",
被王孙满以"在德不在鼎"怼回。① 北宋铸九鼎祭祀,时间选择在节
气日。见表4-2。

---

① 李梦生译注《左传译注》,上海古籍出版社,1998,第437页。

表 4-2 北宋九鼎祭祀

祭祀节气	鼎名	代表方位	代表颜色	祭祀用币
土王日	帝鼐	中央	黄	为大祠,币用黄,乐用宫架
冬至	宝鼎	北方	黑	币用皂
立春	牡鼎	东北方	青	币用皂
春分	苍鼎	东方	碧	币用青
立夏	冈鼎	东南	绿	币用绯
夏至	彤鼎	南方	紫	币用绯
立秋	阜鼎	西南	黑	币用白
秋分	晶鼎	西方	赤	币用白
立冬	魁鼎	西北	白	币用皂

资料来源:《宋史·礼志七》。

(二)惊蛰

1. 祈谷

见于《明史·礼志二》(嘉靖定,隆庆罢)。

2. 祭旗纛

见于《明史·礼志四》(洪武初年定于惊蛰、霜降祭祀,后停春祭①)。

---

① 《明史》:"旗纛之祭有四。其一,洪武元年,礼官奏:军行旗纛所当祭者,旗谓牙旗。黄帝出军决曰:'牙旗者,将军之精,一军之形候。始竖牙,必祭以刚日。'纛,谓旗头也。《太白阴经》曰:'大将中营建纛。天子六军,故用六纛。氂牛尾为之,在左骖马首。''唐、宋及元皆有旗纛之祭。今宜立庙京师,春用惊蛰,秋用霜降日,遣官致祭。'乃命建庙于都督府治之后,以都督为献官,题主曰军牙之神、六纛之神。七年二月诏皇太子率诸王诣阅武场祭旗纛,为坛七,行三献礼。后停春祭,止霜降日祭于教场。"见《明史》卷50《礼志四》,中华书局1974年标点本,第5册,第1301~1302页。

3. 府州县祀风云雷雨师

见于《明史·礼志三》。

（三）春分

1. 朝日

见于《晋书·礼志上》《隋书·礼仪志二》《旧唐书·礼仪志四》《新唐书·礼乐志一》《宋史·礼志一》《金史·礼志一》《明史·礼志一》《清史稿·礼志一》等正史。

《礼记》曰："天子以春分朝日于东郊，秋分夕月于西郊。"据《隋书》载，汉代朝日夕月不定于春分秋分日，平时早上向太阳作揖，晚上向月亮作揖。魏文帝讥笑说就像成了家人似的。后周时国都东门外为坛，春分朝日；国都西门外为坛，秋分夕月，以后相沿不绝。[①]

2. 祀高禖

见于《隋书》《宋史》《明史》等正史。

（四）清明

1. 祭陵

见于《新唐书·礼乐志四》《明史·礼志十四》《清史稿·礼志

---

① 《隋书》："《礼》天子以春分朝日于东郊，秋分夕月于西郊。汉法，不俟二分于东西郊，常以郊泰畤。旦出竹宫东向揖日，其夕西向揖月。魏文讥其烦亵，似家人之事，而以正月朝日于东门之外。……后周以春分朝日于国东门外，为坛，如其郊。……燔燎如圆丘。秋分夕月于国西门外，为坛，于坎中，方四丈，深四尺，燔燎礼如朝日。开皇初，于国东春明门外为坛，如其郊。每以春分朝日。又于国西开远门外为坎，深三尺，广四丈。为坛于坎中，高一尺，广四尺。每以秋分夕月。牲币与周同。"见《隋书》卷7《礼仪志二》，中华书局1973年标点本，第1册，第140~141页。

五》等正史，其中宋代清明祭诸陵，元代清明祭陵，明代清明祭祀定孝陵，祭功臣于大功坊之家庙。

2. 祭泰厉

见于《明史·礼志一》。

3. 岳镇海渎及其他山川

见于《明史·礼志三》。清代祭启运、积庆、天柱、隆业四山。

4. 神御殿（影堂）

见于《元史·祭祀志四》。

（五）立夏

1. 迎气

见于《后汉书·礼仪志中》《旧唐书·礼仪志三》等正史。

2. 迎夏

见于《后汉书·祭祀志中》。

3. 祀五方帝

见于《新唐书·礼乐志一》《宋史·礼志三》等正史。

4. 岳镇海渎

见于《金史·礼志七》《元史·祭祀志五》等正史。

5. 祀中太一宫

见于《宋史·礼志六》。

6. 祭灶

见于《后汉书·礼仪志中》《晋书·礼志上》《宋史·礼志六》等正史。

7. 时祫

见于《明史·礼志五》。

（六）夏至

1. 方泽（北郊）

见于《魏书·礼志一》《元史·祭祀志一》等正史。

2. 方丘（皇地祇或祭地）

见于《隋书·礼仪志一》（后齐称为"昆仑皇地祇"），《旧唐书·礼仪志一》《新唐书·礼乐志一》《宋史·礼志一》《金史·礼志二》《明史·礼志一》《清史稿·礼志一》等正史。

3. 祈谷

见于《明史·礼志一》。

4. 谒祭陵庙

见于《明史·礼志十四》。

（七）立秋

1. 迎气

见于《后汉书·礼仪志中》《旧唐书·礼仪志三》等正史。

2. 迎秋

见于《后汉书·祭祀志中》。

3. 祀五方帝

见于《新唐书·礼乐志一》《宋史·礼志三》等正史。

4. 貙刘

"貙刘"为荐陵庙礼，载于《后汉书》。① 北魏还偶行此礼，② 之

---

① 《后汉书》卷90《礼仪志中》，中华书局1965年标点本，第11册，第3123页。
② 《魏书》："后二年（太宗永兴六年），于白登西，太祖旧游之处，立昭成、献明、太祖庙，常以九月、十月之交，帝亲祭，牲用马、牛、羊，及亲行貙刘之礼。"见《魏书》卷108《礼志一》，中华书局1974年标点本，第8册，第2736~2737页。

后不见于正史。

5. 祀西太一宫

见于《宋史·礼志六》。

6. 岳镇海渎

见于《金史·礼志七》（魏·桑干水之阴立五岳四渎庙，金·祭西岳镇海渎，元·遥祭西海大河）。

7. 祭门

见于《宋史·礼志六》。

8. 祀寿星

见于《明史·礼志三》。

9. 时袷

见于《明史·礼志五》。

（八）秋分

1. 夕月

见于《晋书·礼志上》《隋书·礼仪志二》《旧唐书·礼仪志四》《新唐书·礼乐志一》《宋史·礼志一》《金史·礼志一》《明史·礼志一》《清史稿·礼志一》等正史。

2. 祀寿星

见于《宋史·礼志六》。

3. 府州县亦祀风云雷雨师

见于《明史·礼志三》《明史·礼志五》。

4. 祀太岁诸神

见于《明史·礼志三》（后改为秋分后三日）。

（九）霜降

1. 祭旗纛

见于《明史·礼志一》。

2. 岳镇海渎及其他山川

见于《明史·礼志三》。

（十）立冬

1. 迎气

见于《后汉书·礼仪志中》《旧唐书·礼仪志三》等正史。

2. 迎冬

见于《后汉书·祭祀志中》。

3. 祀五方帝

见于《新唐书·礼乐志一》《宋史·礼志三》等正史。

4. 祭神州

见于《旧唐书·礼仪志一》。

5. 祀中太一宫

见于《宋史·礼志六》。

6. 祭司命

见于《宋史·礼志六》。

7. 岳镇海渎

见于《金史·礼志七》。

8. 时祫

见于《明史·礼志五》。

（十一）冬至

1. 祀圆丘（南郊）

见于《晋书·礼志上》《魏书·礼志一》《旧唐书·礼仪志一》《宋史·礼志一》《金史·礼志一》《元史·祭祀志一》《明史·礼志一》《清史稿·礼志一》等正史。

2. 郊拜泰一

见于《汉书·郊祀志第五上》。

3. 祈谷

见于《新唐书·礼乐志一》《明史·礼志一》等正史。

4. 祭山

见于《辽史·志第二十二》《清史稿·礼志五》等正史。

5. 神御殿

见于《元史·祭祀志四》（旧称影堂，所奉祖宗御容）。

6. 祭陵（荐陵庙）

见于《新唐书·礼乐志四》《明史·礼志十四》《清史稿·礼志五》等正史（唐·冬至祭六陵，宋·冬至祭诸陵，元·冬至祭陵，明·冬至祭祀定孝陵、祭功臣于大功坊之家庙，清·冬至）。

另据《宋史》载："上陵之礼。古者无墓祭，秦、汉以降，始有其仪。至唐，复有清明设祭，朔望、时节之祀，进食、荐衣之式。"① 可知清明上坟是汉以后才形成的传统，史书记载时有断续。又《宋史》载："军前大旗曰牙，师出必祭，谓之祃。后魏出师，又建蠹头旗上。太宗征河东，出京前一日，遣右赞善大夫潘慎修出郊，用少牢一祭蚩尤、祃牙；遣著作佐郎李巨源即北郊望气坛，用香、柳枝、灯

---

① 《宋史》卷123《礼志二十六》，中华书局1977年标本，第9册，第2881页。

油、乳粥、酥蜜饼、果，祭北方天王。"① 可见祭旗纛由原来出师前的祃祭演变而来，约形成于后魏以后。

由此可知，最早的国家祭祀仅安排于八个天文节气日，汉以后才逐渐增加了惊蛰、清明、霜降等节气祭祀。又据 2018 年 11 月 18 日的上海电视台新闻报道说，《清华大学藏战国竹简》第八辑中收入了一篇《八气五味五祀五行之属》，揭秘了二十四节气的前身其实是"八节"，② 即八个天文节气，与上述文献推导结果相同。

（十二）土王日

二十四节气之外，还有一些特殊的节气日，也安排有国家祭祀活动，土王日便是其中较典型的一个节气日。

1. 土王节令出现于秦朝

《周书》载："大统三年，东魏将窦泰入寇，济自风陵，顿军潼关。太祖（周文）出师马牧泽。时西南有黄紫气抱日，从未至西。太祖（周文）谓升曰：'此何祥也？'升曰：'西南未地，主土。土王四季，秦之分也。今大军既出，喜气下临，必有大庆。'于是进军与窦泰战，擒之。"③ 土王最早大概是一个民间节令，秦时被官方吸收，《后汉书》中不见土王日安排有祭祀活动，一直到南北朝的史书中皆语焉不详。自隋开始土王日才安排国家重大祭祀活动，唐、宋、金等都相因成习，明、清两代又无记载。土王日有四个，分别称为季春土王、季夏土王、季秋土王、季冬土王。土王为十八日，其中季夏土王

---

① 《宋史》卷121《礼志二十四》，中华书局 1977 年标点本，第 9 册，第 2829 页。

② 《〈清华大学藏战国竹简〉第八辑整理报告发布》，上海电视台新闻综合频道，2018 - 11 - 18，https：//v. youku. com/v_ show/id_ XMzkyNDQ0Mzk1Mg = =. html。

③ 《周书》卷47《蒋升列传》，中华书局 1971 年标点本，第 3 册，第 838 ~ 839 页；另《北史》卷89《艺术列传上》也记载了此事，见中华书局 1974 年标点本，第 9 册，第 2945 ~ 2946 页。

日为最重要的祭祀日。

2. 土王日通过推算而得

《魏书》记载了三种推算法。一是"置四立大小余，各减其大余十八、小余四千四百二十、小分十八、微分二，大余不足减者，加六十乃减之；小余不足减者，减一日，加蔀法乃减之；小分不足减者，减小余一，加小分法二十四乃减之；微分不足减者，减小分一，加五，然后皆减之。命以纪，算外，即四立前土王日"。二是"加冬至大余二十七、小余六千六百三十一、小分六、微分三，微分满五从小分，小分满小分法从小余，小余满蔀法从大余一，命以纪，算外，即季冬土王日"。三是求下一季土王日方法"加大余九十一、小余五千二百四十四、小分六，小分满小分法从小余，小余满蔀法从大余，大余满六十去之，命以纪，算外，即次季土王日"。①《旧唐书》记载的"求土王"法为："置清明、小暑、寒露、小寒、大寒小余，各加大余十二、小余二百四十四、小分八（互乘气小分通之，加八。若满三十，去，从小余一。凡分余相并不同者，互乘而并之。母相乘为法。其并满法一为全，此即齐同之术）。小余满总法，从命如前，即各其气从土王日。"②《新唐书》记载的算法为："加四季之节大余十二、小余千六百五十四、小分四，得土王。"③

据李勇研究，从立春、立夏、立秋、立冬起算，加 1/5 岁实（一个回归年长度）即为土用事日，史书也称为土王日。每季的长度为岁实的 1/5 年长（约为 73 天），而土王的长度为每季长度的 1/4（年长的 1/20）。每个季度由 1/5 长的木王和 1/20 长的土王两部分组成，仍为年长的 1/4。经过换算，土王约为 18 天，谷雨前三日为春土王日，大暑前三日为季夏土王日，霜降前三日为秋土王日，大寒前

---

① 《魏书》卷 107《律历志下》，中华书局 1974 年标点本，第 7 册，第 2714 页。
② 《旧唐书》卷 33《历志二》，中华书局 1975 年标点本，第 4 册，第 1176 页。
③ 《新唐书》卷 25《历志一》，中华书局 1975 年标点本，第 2 册，第 538 页。

三日为冬土王日。① 民间认为土王共有十八日，青海省西宁市湟中区松木石村②民谚说："土王打破头，十八天不架牛。"意思土王日下雨，此后十八天都多雨而不能行农事耕作。

3. 土王日为重要祭祀日

隋朝在季夏土王日迎黄郊气，"隋五时迎气。青郊为坛，国东春明门外道北，去宫八里。高八尺。赤郊为坛，国南明德门外道西，去宫十三里。高七尺。黄郊为坛，国南安化门外道西，去宫十二里。高七尺。白郊为坛，国西开远门外道南，去宫八里。高九尺。黑郊为坛，宫北十一里丑地。高六尺。并广四丈。各以四方立日，黄郊以季夏土王日。祀其方之帝，各配以人帝，以太祖武元帝配。"③

唐代也于土王日迎气，"凡岁之常祀二十有二：……立春、立夏、季夏之土王、立秋、立冬，祀五帝于四郊"④。同时还在季夏土王日读时令于明堂。⑤ 唐初每年季夏土王日祭祀黄帝于南郊，"武德、贞观之制，神祇大享之外，每岁立春之日，祀青帝于东郊，帝宓羲配，勾芒、岁星、三辰、七宿从祀。立夏，祀赤帝于南郊，帝神农氏配，祝融、荧惑、三辰、七宿从祀。季夏土王日，祀黄帝于南郊，帝轩辕配，后土、镇星从祀。立秋，祀白帝于西郊，帝少昊配，蓐收、太白、三辰、七宿从祀。立冬，祀黑帝于北郊，帝颛顼配，玄冥、辰星、三辰、七宿从祀"⑥。季夏土王日还祭中雷，"七祀，各因其时享：司命、户以春，灶以夏，中雷以季夏土王之日，门、厉以秋，行

① 李勇：《中国古历中的步发敛》，《自然科学史研究》2009 年第 1 期。
② 村名为音译，有苏木世、苏木石、苏木什等多种写法。此据 1935 年《西北文化日报》报道西宁灾情时的名称，现见之最早名称写法。该名称资料为赵宗福先生提供，特此致谢。
③ 《隋书》卷 7《礼仪志二》，中华书局 1973 年标点本，第 1 册，第 130 页。
④ 《新唐书》卷 11《礼乐志一》，中华书局 1975 年标点本，第 2 册，第 310 页。
⑤ 《新唐书》卷 19《礼乐志九》，中华书局 1975 年标点本，第 2 册，第 432 页。
⑥ 《旧唐书》卷 24《礼仪志四》，中华书局 1975 年标点本，第 3 册，第 909 页。

以冬。"① 宋朝每年的三十项大祀中有"四立及土王日祀五方帝",九项小祀中"季夏土王日祀中霤"。② 北宋太平兴国八年（983）以后,土王日还祀中岳嵩山于河南府,中镇霍山于晋州。③《政和新仪》规定,立夏、季夏土王日祀中太一宫。④ 宋朝还在土王日祭九鼎中的帝鼐鼎,"又用方士魏汉津之说,备百物之象,铸鼎九,于中太一宫南为殿奉安之,各周以垣,上施埤堄,墁如方色,外筑垣环之,曰九成宫。中央曰帝鼐,其色黄,祭以土王日,为大祠,币用黄,乐用宫架。"⑤ 金大定四年（1164）后,以四立、土王日就本庙致祭岳镇海渎,在他界者遥祀。在季夏土王日,祭中岳于河南府,中镇霍山于平阳府。⑥ 元代至元三年（1266）夏四月定岳镇海渎常祀之制,春土王日祀泰山于泰安州,沂山于益都府界,夏土王日于河南府界遥祭会稽山,六月土王日祀嵩山于河南府界,霍山于平阳府界。七月土王日祀华山于华州界,吴山于陇县界。⑦

① 《新唐书》卷 12《礼乐志二》,中华书局 1975 年标点本,第 2 册,第 325 页。
② 《宋史》卷 98《礼志一》,中华书局 1977 年标点本,第 8 册,第 2425 页。
③ 《宋史》卷 102《礼志五》,中华书局 1977 年标点本,第 8 册,第 2486 页。
④ 《宋史》卷 103《礼志六》,中华书局 1977 年标点本,第 8 册,第 2509 页。
⑤ 《宋史》卷 104《礼志七》,中华书局 1977 年标点本,第 8 册,第 2544 页。
⑥ 《金史》卷 34《礼志七》,中华书局 1975 年标点本,第 3 册,第 810 页。
⑦ 《元史》卷 76《祭祀五》,中华书局 1976 年标点本,第 6 册,第 1902 页。

第二节 民俗节气生活内涵

在民俗生活中，节气往往发挥着维系人际关系、祈福避邪的民俗功能，此外还形成了一些特殊的节气食品象征文化和地方性节气禁忌。此二者一同构成了地方节气文化，以不同方式规范着人们的日常生活。

（一）维系关系

立春、立夏、夏至、冬至等节气中，有馈赠食品、亲友聚会、合家搓丸等特殊活动，以此维系巩固亲朋关系。

特定节气日亲友间馈赠食品的风俗较为普遍。江苏南京人旧俗非常重视馈赠，"宁俗每逢时节，人家必互相馈送食物，谓之送节盒。命家中所雇之女媪致送，受者必赏以力金，谓之盒钱。所送除糕饼外，或应时果品，夏则水晶鸭，冬则盐鸭油鸡之类，往往则甲家送之乙家，乙家又送之丙家，丙家又送之丁家，甚至丁家复转送之甲家。"① 民间馈赠在各地方志中多有记述，略举几例：

明嘉靖年间，云南曲靖寻甸府人"'冬至'，作米团，各相馈送"。②

① 胡朴安：《中华全国风俗志》下编，河北人民出版社，1986，第139页。
② 《寻甸府志》，1963年上海古籍书店据宁波天一阁藏明嘉靖刻本影印。见丁世良、赵放主编《中国地方志民俗资料汇编·西南卷》，书目文献出版社，1991，第786页。

明万历年间，浙江嘉兴人"立夏，以百草茅揉粉为饼，相馈遗"。①清康熙年间，浙江嘉兴海宁县人"'立夏日'，以诸果品杂署茗碗，亲邻彼此馈送，名曰'七家茶'，亦古八家同井之义"。② 清乾隆年间，云南人"立春日，春盘赏春，以饼酒相馈"。③ 清道光年间，陕西清涧县人"（清明）作馒头相馈，上缀各虫、鸟形，名为'子推'。谓晋文焚山，禽鸟争救子推也"。④

民国以前，浙江临安人"立夏之日，人家各烹新茶，配以诸色细果，馈送亲戚比邻，谓之七家茶。富家以侈丽相竞，果皆雕刻，饰以金箔，若茉莉、林檎、蔷薇、桂蕊、丁檀、苏杏，盛以哥汝瓷瓯，鲜艳夺目"。⑤ 江苏仪征人"夏至节，人家研豌豆粉，拌蔗霜为糕，馈遗亲戚。杂以桃杏花红各果品，谓食之不蛀夏"。⑥ 江苏吴中人"冬至大如年。郡人最重冬至节。先日，亲朋各以食物相馈遗，提筐担盒，充斥道路，俗呼冬至盘。节前一夕，俗呼冬至夜。是夜，人家更迭燕饮，谓之节酒。女嫁而归宁在室者，至是必归婿家。家无大小，必市食物以享先，间有悬挂祖先遗容者。诸凡仪文，加于常节，故有'冬至大如年'之谣。蔡云《吴歈》云：'有几人家挂喜神，匆匆拜节趁清晨。冬肥年瘦生分别，尚袭姬家建子春。'"。⑦ 云南昭通

---

① 胡朴安：《中华全国风俗志》（上编）引明万历《嘉兴府志》，河北人民出版社，1986，第 84 页。
② 《海宁县志》，清康熙十四年修、二十二年续修刻本。见丁世良、赵放主编《中国地方志民俗资料汇编·华东卷》，书目文献出版社，1995，第 662～663 页。
③ 《云南通志》，清乾隆元年刻本。见丁世良、赵放主编《中国地方志民俗资料汇编·西南卷》，书目文献出版社，1991，第 725 页。
④ 《清涧县志》，清道光八年刻本。见丁世良、赵放主编《中国地方志民俗资料汇编·西北卷》，书目文献出版社，1989，第 108 页。
⑤ 胡朴安：《中华全国风俗志》下编，河北人民出版社，1986，第 231 页。
⑥ 胡朴安：《中华全国风俗志》下编，河北人民出版社，1986，第 194 页。
⑦ 胡朴安：《中华全国风俗志》下编，河北人民出版社，1986，第 166～167 页。

人"'长至日',亲友以米面相馈,并有以热药和羊食者"。① 云南楚雄姚安县人"'冬至'拜贺,以糍饵相馈"。② 节气赐物是一个国家礼仪传统,早在汉代时就有节气赏赐习俗,"立春,遣使者赍束帛以赐文官"。③ 民间馈送习俗可能是国家传统影响下形成的。

亲友聚会最为典型的是立春日,邀聚亲友,开"春宴"。

家庭内部也通过合家劳动等形式,进一步维系家人之间的关系。较有代表性的是福建人冬至日搓丸,"冬至节时,福建有搓丸之俗。前数日,用糯米磨粉,置日中晒之,俟冬至前晚,备烛一盒,橘十枚,橘上各插一纸花,箸一双,蒜二株,陈列盘中置桌上。然后将糯米粉(俗呼为粞)用开水调成糊,合家老幼,用粞制成银锭、银元、荸荠等形。当初作时,必先搓小丸,俗称搓丸。冬至早晨,将所制糯米食品,用红糖抖匀,祀神祭祖后,合家分食。考此风之由来,盖往时有一樵者,至山樵采,失足坠涧中。涧极深,无人援救,不能出险,且深山路绝人稀,樵者呼救,力竭声嘶,亦无援之者。樵者居涧中,食黄精姜得免饿毙。历十余年,遍体生毛,身轻能飞,于是高飞出涧还家。性状全变,家人呼之不应。乃用糯米粉和水成丸,与樵者食。樵者以为黄精姜,食之,渐还本性,家人因以团聚。而自此相沿成习,遂有搓丸之风矣。此种奇谈,殊怪也"。④

(二)祈福避邪

祈福避邪是民俗中最重要的诉求之一,节气日主要有祈福运、挡

① 《昭通志稿》,1924 年铅印本。见丁世良、赵放主编《中国地方志民俗资料汇编·西南卷》,书目文献出版社,1991,第 738 页。
② 《姚安县志》,1938 年铅印本。见丁世良、赵放主编《中国地方志民俗资料汇编·西南卷》,书目文献出版社,1991,第 842 页。
③ 《后汉书》卷 90 《礼仪志中》,中华书局 1965 年标点本,第 11 册,第 3123 页。
④ 胡朴安:《中华全国风俗志》下编,河北人民出版社,1986,第 304～305 页。

崇邪、除时病等。

1. 祈福运

清康熙年间，浙江金华武义县 "'春日'，县官祀太岁，行鞭春礼，碎土牛。家设酒肴以祭土神，谓之'作春福'"。[1] 清乾隆年间，陕西渭南临潼县 "'立春'前一日，职官迎春于东郊，乐人扮杂剧，女童唱春词，街民捧盒酒献官长。锣鼓彩旗，聚观杂沓。设春盘，卷春饼，谓之'咬春'"。[2] 浙江湖州府人 "'清明'前数日，各村率一二十人为一社会，屠牲酾酒，焚香张乐以祀土谷之神。（《武康骆志》）谓之'春福'"。[3] 清光绪年间，广东花县人 "迎春，装扮杂剧，迎土牛、芒神于东郊。所经之处，男女簇观，以芒神为太岁，争撒菽粟，谓'祈丰年'、'散痘疫'。是日皆以素粉拌生菜啖之，以迓生意"。又 "'冬至'，则士夫相庆贺。以日初长至，民俗祀祖燕客，比他节尤重。以粉团供馔，谓之'团冬'。是日多食鱼脍，云可益人"。[4]

民国时期，浙江湖州德清县人 "'冬至'，亦曰'长至'。一阳来复，渐趋昼长。民间举行冬祭，其祭桌下咸置火炉，祭如在也其前夜，曰'冬至夜'，务使火不断种，以取旺相。且有'冬至大如年'之谚，故先时有于是日庆贺者，今革"。[5] 民国时期，浙江绍兴嵊县人 "'立夏'，煮红豆饭，烧笋不断，谓之'健脚笋'。妇女以果品祀

① 《武义县志》，清康熙三十七年刻本。见丁世良、赵放主编《中国地方志民俗资料汇编·华东卷》，书目文献出版社，1995，第875页。
② 《临潼县志》，清乾隆四十一年刻本。见丁世良、赵放主编《中国地方志民俗资料汇编·西北卷》，书目文献出版社，1989，第49页。
③ 《湖州府志》，清乾隆四年刻本。见丁世良、赵放主编《中国地方志民俗资料汇编·华东卷》，书目文献出版社，1995，第731页。
④ 《花县志》，清光绪十六年刻本。见丁世良、赵放主编《中国地方志民俗资料汇编·中南卷》，书目文献出版社，1991，第685、686页。
⑤ 《德清县新志》，1932年铅印本。见丁世良、赵放主编《中国地方志民俗资料汇编·华东卷》，书目文献出版社，1995，第744~745页。

马头娘"。①

2. 挡祟邪

节气日插柳枝、贴神符，表达着挡避虫蚁、镇宅，防止祟邪侵害等民间祈求。

清乾隆年间，陕西渭南同州人"（清明）先一日，回则折柳枝插门，以钱纸缚树身，且以围其釜，曰能避虫蚁"。② 云南人"'立夏日'，插皂荚枝、红花于户，以压祟；围灰墙脚以避蛇"。③ 到民国时期，昆明仍有此俗。④ 清雍正年间，陕西长安人"立春日，用牛土，书字于门，曰镇宅"。⑤ 清光绪年间，湖南怀化沅陵县人"'清明日'，插柳叶于门，簪柳于首，云免蚕毒，辟瘟疫"。⑥ 湖南湘西龙山县人"三月三日，女童摘地菜花簪首，曰辟疫气，或和作饭。'清明'，插柳叶于门，童男以柳圈首，亦曰辟疫"。⑦

民国以前，安徽宜城泾县人"'清明'，插柳于门，人簪一嫩柳，谓辟邪"。⑧ 安徽寿春人"清明日，家家门插新柳，俗意谓可祛疫鬼"。⑨

---

① 见丁世良《嵊县志》，1935 年铅印本。见丁世良、赵放主编《中国地方志民俗资料汇编·华东卷》，书目文献出版社，1995，第 842 页。

② 《同州府志》，清乾隆五年刻本。见丁世良、赵放主编《中国地方志民俗资料汇编·西北卷》，书目文献出版社，1989，第 51 页。

③ 《云南通志》，清乾隆元年刻本。见丁世良、赵放主编《中国地方志民俗资料汇编·西南卷》，书目文献出版社，1991，第 725 页。

④ 见《昆明县志》，1943 年铅印本。见丁世良、赵放主编《中国地方志民俗资料汇编·西南卷》，书目文献出版社，1991，第 733 页。

⑤ 《陕西通志》，清雍正十三年刻本。见丁世良、赵放主编《中国地方志民俗资料汇编·西北卷》，书目文献出版社，1989，第 5 页。

⑥ 《沅陵县志》，清光绪二十八年刻本。见丁世良、赵放主编《中国地方志民俗资料汇编·中南卷》，书目文献出版社，1991，第 610 页。

⑦ 《龙山县志》，清光绪四年刻本。见丁世良、赵放主编《中国地方志民俗资料汇编·中南卷》，书目文献出版社，1991，第 646 页。

⑧ 《泾县志》，1914 年泾县翟氏影印本。见丁世良、赵放主编《中国地方志民俗资料汇编·华东卷》，书目文献出版社，1995，第 1032 页。

⑨ 胡朴安：《中华全国风俗志》下编，河北人民出版社，1986，第 283 页。

云南曲靖宣威人在立秋日"略识字之人，多用红纸一条，书'今日立秋，百病俱休'八字，贴之壁上。至妇媪之辈，则以红布剪为葫芦形，缝于儿童后裙之上，用以祛疾也"。① 为小儿补衣的传统在20世纪80年代以前仍在流传，云南曲靖镇雄县人"'立秋日'，先以布袋盛红豆入井底，及时取出，男女老幼各吞数粒，饮生水一盏，以为不患痢疾。后来，用五色或七色布，剪成大、小不同的方块，错角重叠，粘连缝就，戴于小儿衣后，叫作'补秋屁股'"。②

20世纪40年代，陕西榆林米脂县人"'长至日'（即'冬至节'）前一夕，以冰、炭块镇门，献羔祭酒，阖家欢饮，名曰'熬冬'（即贫家亦必煮豆腐以食）"。③

3. 除时病

节气日吃特殊食物、洗浴被认为有除去时疫病的功效。清光绪年间，广州佛山新宁县人"'夏至日'，磔狗食，以辟阴气，云可解虐。（据《广东新语》修）"。④ 河北唐山遵化人"'立秋日'，啖瓜果肥甘，曰'填秋膘'。悬纨扇于门，谓之'送暑'"。⑤

民国时期，广州人立春日"竞以红豆五色米洒之（土牛），以消一岁之疾疹。（《粤东笔记》）"。⑥ 湖南零陵宁远人"立夏，农人必食鸭蛋数枚，云作事不致脚软"。⑦ 江苏南京人"立夏日，以豌豆煮熟

---

① 胡朴安：《中华全国风俗志》下编，河北人民出版社，1986，第424页。
② 《镇雄县志》，1987年云南人民出版社铅印本。见丁世良、赵放主编《中国地方志民俗资料汇编·西南卷》，书目文献出版社，1991，第751～752页。
③ 《米脂县志》，1944年铅印本。见丁世良、赵放主编《中国地方志民俗资料汇编·西北卷》，书目文献出版社，1989，第103页。
④ 《新宁县志》，清道光十九年刻本。见丁世良、赵放主编《中国地方志民俗资料汇编·中南卷》，书目文献出版社，1991，第822页。
⑤ 《遵化通志》，清光绪十二年刻本。见丁世良、赵放主编《中国地方志民俗资料汇编·华北卷》，书目文献出版社，1989，第252页。
⑥ 胡朴安：《中华全国风俗志》上编，河北人民出版社，1986，第255页。
⑦ 胡朴安：《中华全国风俗志》下编，河北人民出版社，1986，第333页。

作糕，坐于门槛食之，谓可止作事时之瞌睡"。① 台湾云林县人至今
"'立夏日'，以白笋、咸蛋、芥菜等物祭祖享神，并以虾煎面而食，
称曰'食虾日'，闽南语音'虾'与'夏'通，谓可餍夏也"。② 浙
江临安人"立冬日，以各色香草及菊花、金银花煎汤沐浴，谓之扫
疥"。③ 这在青海湟中共镇等地却变为在六月六这天中午采各种野生
草，称为"百间草"，民间认为用"百间草"煮水洗浴，身上不出
疹，不得皮肤病。这天早上还用露水洗脸以除皮肤病，认为不出癣，
不出疹。

（三）顺应时序

一些节气日民间有赞阳气、应时序、吃时果等习俗。

赞阳气是冬至习俗，有顺应阳气、助生阳气之意。明代，人们冬至
夜梳头赞阳气，"'冬至夜子时，梳头一千二百以赞阳气，终岁五藏流通，
名为神仙洗头法。'按，'冬至日'有圆丘之祀，百官皆贺'长至'，国
家大节也。民间不知有此，但于是日采桑叶以备用耳"。④ 清乾隆年间，
浙江丽水松阳县人"立春，先一日迎春于东郊，祭芒神，鞭春牛，
民乃兴土功。士庶观观，以受生气"。⑤ 冬至日吃荞麦饼也有顺阳气之
意，民国时期的安徽芜湖南陵县人"'冬至节'行冬祭礼。大族团祭于
祠，课试合族士人如'清明'于贫寒者酌贴束脩以为之劝。又，市人

① 胡朴安：《中华全国风俗志》下编，河北人民出版社，1986，第132页。
② 《云林县志稿》，1977~1983年铅印本。见丁世良、赵放主编《中国地方志民俗资
料汇编·华东卷》，书目文献出版社，1995，第1744页。
③ 胡朴安：《中华全国风俗志》上编，河北人民出版社，1986，第233页。
④ 《夔州府志》，清道光七年刻本。见丁世良、赵放主编《中国地方志民俗资料汇编·
西南卷》，书目文献出版社，1991，第272页。
⑤ 《松阳县志》，清乾隆三十四年刻本。见丁世良、赵放主编《中国地方志民俗资料
汇编·华东卷》，书目文献出版社，1995，第929页。

以荞麦粉制饼沿街叫卖，谓食此可下猪毛，实则荞性能降阴升阳，取其合于'冬至'阳生之义耳"。①

应时序、吃时果是江浙一带的习俗。民国以前，浙江临安人"立秋之日，男女咸戴楸叶，以应时序。或以石楠红叶剪刻花瓣，簪插鬓边，或以秋水吞食小赤豆七粒"。② 应时序习俗来自官方，南宋时宫廷以奏律吹灰应立春时序，《梦粱录》载："立春。太史局例于禁中殿陛下，奏律管吹灰，应阳春之象。"③ 同时认为立冬后遇瑞雪也是应序，朝廷还专门拨发雪寒钱，《梦粱录》载："立冬之后，如遇瑞雪应序，朝廷支给雪寒钱关会二十万，以赐军民。官放公私赁钱五七十，以示优恤"。④

时节饮食也有应时序之意，如吃春饼、撒青、挑青、立夏饭、摊粞等。清乾隆年间，浙江宁波奉化县人立春日"各家祀太岁，作春盘，饮春酒，谓之'接春'"。⑤ 清乾隆年间，浙江宁波奉化县人"'清明'早起，以青螺撒屋上，俗曰'撒青'"。⑥ 浙江宁波镇海县人"'立夏'，以赤小豆和米煮'立夏饭'（俗以乌笋煮羹食之，谓之'接脚骨'）"。⑦ 清光绪以前，浙江宁波鄞县人"'立春日'，府县先日以彩仗迎春，至日祭芒神，试耕种，各家作春盘、春饼、饮

---

① 《南陵县志》，1924 年铅印本。见丁世良、赵放主编《中国地方志民俗资料汇编·华东卷》，书目文献出版社，1995，第 1019 页。

② 胡朴安：《中华全国风俗志》下编，河北人民出版社，1986，第 232 页。

③ （南宋）吴自牧：《梦粱录》卷 1，孟元老等：《东京梦华录（外四种）》，古典文学出版社，1956，第 2 页。

④ （南宋）吴自牧：《梦粱录》卷 1，孟元老等：《东京梦华录（外四种）》，古典文学出版社，1956，第 42 页。

⑤ 《奉化县志》，清乾隆三十八年刻本。见丁世良、赵放主编《中国地方志民俗资料汇编·华东卷》，书目文献出版社，1995，第 769 页。

⑥ 《奉化县志》，清乾隆三十八年刻本。见丁世良、赵放主编《中国地方志民俗资料汇编·华东卷》，书目文献出版社，1995，第 769 页。

⑦ 《镇海县志》，清乾隆四十五年周榘增补印本。见丁世良、赵放主编《中国地方志民俗资料汇编·华东卷》，书目文献出版社，1995，第 784 页。

春酒（《嘉靖志》）"。① 上海青浦县人"立夏，饮火酒，啖螺蛳，曰'挑青'；以金花头入米粉食，名'摊粞'"。② 民国以前，浙江宁波鄞县人"'立夏'，炊五色米为'立夏饭'（《嘉靖志》）。今以豇豆合秫米煮之。用樱笋荐先祖，笋截三四寸许，谓之'脚骨笋'"。③

民国时，江苏泰县人"年至夏至节，泰县有一种风俗，名吃时果。无论贫富人家，男女老少，咸须吃之以应时节。所谓时果者，即用豌豆洗净放釜内煮熟，吃时用糖抖匀，滋味极为香美，故人咸乐意吃之。唯吃豌豆起于何时，有何益处，则相沿成习，亦无从溯其源也"。④ 江苏扬州瓜洲人"'立秋日'食西瓜，谓之'咬秋'"。⑤ 浙江宁波鄞县人"'立秋日'，儿童食蓼曲、莱服子，谓之''袯秋'"。⑥ 早在南北朝时，"京师人于立秋日人未动时，汲井花水，长幼皆呷之"。⑦ 应时序习俗传承有自，时代较远。

（四）食品的象征意义

节气日食品，形状、造型等都有其象征意义。明嘉靖年间，福建泉州惠安县人"十一月'冬至'，阳气始萌，食米丸，仍粘丸于门。

---

① 《鄞县志》，清光绪三年刻本。见丁世良、赵放主编《中国地方志民俗资料汇编·华东卷》，书目文献出版社，1995，第766页。

② 《青浦县志》，清光绪五年尊经阁刻本。见丁世良、赵放主编《中国地方志民俗资料汇编·华东卷》，书目文献出版社，1995，第46页。

③ 《鄞县志》，清光绪三年刻本。见丁世良、赵放主编《中国地方志民俗资料汇编·华东卷》，书目文献出版社，1995，第767页。

④ 胡朴安：《中华全国风俗志》下编，河北人民出版社，1986，第198页。

⑤ 《瓜洲续志》，1927年瓜洲于氏凝晖堂铅印本。见丁世良、赵放主编《中国地方志民俗资料汇编·华东卷》，书目文献出版社，1995，第496页。

⑥ 《鄞县志》，清光绪三年刻本。见丁世良、赵放主编《中国地方志民俗资料汇编·华东卷》，书目文献出版社，1995，第767页。

⑦ （梁）宗懔撰，宋金龙校注，《荆楚岁时记》，山西人民出版社，1987，第116页。

凡阳象圆，阴象方。五月阴始生，黍先五谷而熟，则为角黍以象阴，角方也；'冬至'阳始生，则为米丸以象阳，丸圆也，各以其类象之。'夏至'不以为节，抑阴也"。① 清同治年间，福建莆田兴化人"'冬至'祭祖，是日具牲醴，粉米为圆，及做角子，盖圆取团圆之义，角子取和合之义。有丧家则但为角子而（巳）已。荐祖考毕，子妇拜父母、舅姑，相与燕饮，仍以圆子糊各门上"。② 民国时期，福建泉州永春县人"（冬至）又，多取汤圆粘门楹及果树。民家多于'冬至日'行家祠合祭之礼"。③ 团子在明代为宫廷元宵食品，《明史》云："立春日赐春饼，元宵日团子，四月八日不落荚，（嘉靖中，改不落荚为麦饼。）端午日凉粽，重阳日糕，腊八日面，俱设午门外，以官品序坐。"④

民国时期，立夏之日，浙江定海人吃蛋、笋以肥壮身体，"鸡蛋或鸭蛋，置锅中煮熟，分送亲友。俗云蛋之形状，白而且肥，立夏日食之，可以使身体肥壮，一如蛋白而且肥也"。又"立夏前一日，定海人家咸须买笋，乃至是日，将笋煮熟，合家分食。其用与食蛋相同，俗云笋为竹之嫩芽，竹与足字音相似，立夏食笋，即能健强足力矣"。⑤ 浙江定海人立夏吃糯米饭，"俗云立夏日食之，夏季可免误食苍蝇之害。盖豇豆在糯米饭中，恰似苍蝇死于饭中之状也"。⑥ 湖南

---

① 《惠安县志》，1963 年上海古籍书店据宁波天一阁藏明嘉靖刻本影印。见丁世良、赵放主编《中国地方志民俗资料汇编·华东卷》，书目文献出版社，1995，第1298 页。

② 《兴化府志》，清同治十年林庆贻刻本。见丁世良、赵放主编《中国地方志民俗资料汇编·华东卷》，书目文献出版社，1995，第1292 页。

③ 《永春县志》，1930 年中华书局铅印本。见丁世良、赵放主编《中国地方志民俗资料汇编·华东卷》，书目文献出版社，1995，第1302 页。

④ 《明史》卷 53《礼志七》，中华书局 1974 年标点本，第 5 册，第 1360 页。

⑤ 胡朴安：《中华全国风俗志》下编，河北人民出版社，1986，第 247 页。

⑥ 胡朴安：《中华全国风俗志》下编，河北人民出版社，1986，第 247 页。

宁远人"立夏，农人必食鸭蛋数枚，云作事不致脚软"。[1] 湖南汝城人"立夏，家煮鸭卵，食蠃笋"。[2] 民间虽赋予食品不同象征意义，但表达的诉求是相同的。

---

[1]　胡朴安：《中华全国风俗志》下编，河北人民出版社，1986，第333页。
[2]　胡朴安：《中华全国风俗志》下编，河北人民出版社，1986，第336页。

第三节　传统民俗节气符号

（一）立春符号

1. 迎春

在民国以前，民间多有迎春仪式，仪式由当地知县主持，一般在立春前一天迎春，主要是将春牛迎至祭祀地，当地民众随观仪式，场面壮观宏大。迎春仪式也是非常隆重的民间节庆活动。

清朝时，浙江杭州人"'立春'前一日，杭州府率总捕、理事、水利三厅，仁和、钱塘二县令，朝服往庆春门外迎请句芒之神，其神先期有姓名，年貌或老或少，即将旧年神亭迎去毁，而新塑彩画端正仍供于亭，长约二尺许，头塑双髻，立而不坐。迎时，神亭之前有彩亭数座，供磁瓶于中，插富贵花及天下太平、五谷丰登旗，又台阁地戏等，纸牛、活牛各一，进城先往抚院报春，各官即回本署，供神于府大门外懊来桥。该处搭厂，挂灯结彩，烧香者通宵。次日立春前一时，由此动身上殿，名曰'太岁上山'。吴山有太岁庙，大殿中供至德帝君，两旁列供六十花甲值年太岁，殿左供本年甲子太岁一位，殿右供句芒之神。上山之时，各衙门均行元宝炉护送。元宝炉者，以锡造元宝式大香炉一座，四人昪之。此外，尚有高照灯牌、鼓吹清音、拐灯等类。每起有敬神牌。若在夜间，灯球火把，恍如白昼。沿途有迎驾者，各执线香焚于元宝炉内，香烟缭绕，鱼贯徐行山上。关帝庙前设供行台，又以年糕、黄豆夹煮，任人取食，名曰'元宝汤'，意取发财顺聚。经过之处，挨户设祀，爆竹之声不绝（《杭俗遗风》）"。[1]

清乾隆年间，上海人"'立春'前一日，以彩仗迎春于东郊，倾城看春，观土牛，茹春饼"。[2] 清道光年间，山东烟台招远县人"立春：先春一日，以演武亭为春场故事，知县迎春，旗帜鼓吹前导；次农人牵耕牛，荷田家器，各行结彩楼，楼额以牌，曰某行，市井小儿衣女子衣，人执悬彩小布伞，谓之'毛女'；次乐人、女伎、次耆老；又次执事人役，骑者赞礼，正次贡左贰学师，肩舆者，县令也。皆簪春花，官则朱衣，吏胥群从，以迎春于东郊亭。设楹樽，官生侍尹坐，各行次第唱名过亭下，杂以鸣金伐鼓，声填填然。邑之人，少长咸集，于是日观春。右天气暄妍，则相庆为丰年兆。复自场入于县，如前仪"。[3]

民国以前，甘肃、青海等地还保留有迎春仪式。据文廷美于1926年冬对甘肃渭源县的调查，"（时令）每年于立春前一日，县官率属祀芒神迎春。东郊街市悬灯结彩，农民扮演社火，吹圙击鼓，行傩礼。老农以春牛体色占一岁丰欠，次日五鼓，鞭牛，人民争取牛身土作藩篱，云可辟六畜瘟疫，并有负襁褓儿来往春牛腹下，谓能禳邪，迷信深锢，牢不可破"。[4] 青海海东化隆县曾有迎春会，据赵继贤回忆，迎春有大迎和小迎之别，官府下令让农村社火参加迎春为大

① 《杭州府志》，1922年铅印本。见丁世良、赵放主编《中国地方志民俗资料汇编·华东卷》书目文献出版社，1995，第570~571页。
② 《上海县志》，清乾隆四十九年刻本。见丁世良、赵放主编《中国地方志民俗资料汇编·华东卷》，书目文献出版社，1995，第5页。
③ 《招远县志》，清道光二十六年刻本。见丁世良、赵放主编《中国地方志民俗资料汇编·华东卷》，书目文献出版社，1995，第229页。
④ 文廷美：《渭源县风土调查录》，中国西北文献丛书编辑委员会编《西北民俗文献》（《中国西北文献丛书》第四辑）第六卷，兰州古籍书店1990年影印本，第63页。

迎，不要社火为小迎。在立春前十日，由县府组织商会，摊派物资，令民间选派木料和泥工制作春牛，春牛用草泥和大麻缠绕成木架，腹内装核桃、红枣等物，再塑造牛头、犄角及尾巴，如同真牛，涂成白色。另塑一尊二尺高，状如小儿的芒神，全身涂成红、绿、紫、黄、兰等色，天亮时布置到城北大教场。县衙门用松枝布置成红绿彩门，书写对联。上午十时左右，县官从轿出门，鸣炮三响，前面衙役鸣锣开道，房吏背负用黄绫包袱装有县印和祭文的木盒，骑马随行，商会人也骑乘跟后。在众人的围观跟从中来到教场。祭春仪式上，县官任主祭人，宣读祭文，礼毕后回衙。次日为"打春"，各乡村社火到场表演，还有赛马活动。届时大家抢砸春牛、芒神而归，如有抢得牛腿、牛头，回去做门槛、门头，以为永葆人畜安康。如抢得红枣，以为能生子生女。①

东汉继承周礼，立春时有迎春仪式，"立春之日，迎春于东郊，祭青帝句芒。车旗服饰皆青。歌《青阳》，八佾舞《云翘》之舞。及因赐文官太傅、司徒以下缣各有差"。② 也有迎气仪式，"立春之日，皆青幡帻，迎春于东郭外。令一童男冒青巾，衣青衣，先在东郭外野中。迎春至者，自野中出，则迎者拜之而还，弗祭。三时不迎"。③ 东汉黄巾起义后，天下大乱，群雄逐鹿，礼废乐失，到三国时，魏明帝有籍田而不见有迎春迎气，④ 此后的正史中，迎春与迎气逐渐混为一体。

宋朝时迎春仪式可能进一步被民间化。南宋京城临安，"立春。临安府进春牛于禁庭。立春前一日，以镇鼓锣吹妓乐迎春牛，往府衙

---

① 赵继贤：《迎春会琐谈》，政协化隆回族自治县委员会文史资料编委会《化隆文史资料（第二辑）》，内部资料，1996 印，第 124 ~ 128 页。
② 《后汉书》卷 90《祭祀志中》，中华书局 1965 年标点本，第 10 册，第 3181 ~ 3182 页。
③ 《后汉书》卷 90《祭祀志下》，中华书局 1965 年标点本，第 10 册，第 3204 ~ 3205 页。
④ 《三国志》卷 3《魏书·明帝叡》，中华书局 1959 标点本，第 1 册，第 98 页。

前迎春馆内，至日侵晨，郡守率僚佐以彩仗鞭春，如方州仪。太史局例于禁中殿陛下，奏律管吹灰，应阳春之象"。① 迎春牛、鞭春牛形式一直传承到民国时期，该仪式由当地的最高官吏主持，这种所谓"国家在场"的形式是全国迎春仪式的基本结构。民间迎春节庆是在国家仪式主导下形成的，民国政府成立伊始（一说民国25年②），明令取消迎春等国家仪式后，民间迎春会等节庆也随之消亡。

2. 土牛

鞭土牛是传统迎春仪式中的重要符号。因地方不同，土牛有泥塑、纸糊等做法，地方志中多有记载，略举如下。

清乾隆年间，上海奉贤县人"'立春'前一日，以彩仗迎春于东郊，倾城竞看，名曰'看春'。次日，按立春时刻祭芒神，鞭土牛。是日宜晴暖，寒则主水"。③ 清雍正年间，浙江丽水青田县人"迎春日，士女皆出观，各坊以童子装像古人故事，皆乘牛，以应土牛动之令"。④ 清嘉庆年间，四川凉山马边人"立春前一日，厅官率僚属迎芒神、土牛于东郊。各官朝服，仪仗鼓乐喧阗，齐至东郊行（三跪九叩）礼。祀芒神毕，迎芒神、土牛回厅署。仪门外棚厂内安设芒神西向，土牛南向。各官宴罢退。次日清晨，设酒果祭芒神，礼行三献，祝曰：维神职司春令，德应苍龙，生意覃敷，品汇萌达。某等忝牧兹土，具礼迎新，戴仰神功，育我黎庶。尚飨。祝讫，复行（三

---

① （南宋）吴自牧：《梦粱录》，见孟元老等《东京梦华录（外四种）》，古典文学出版社，1956，第140页。

② 《华阳县志》记载："立春前一日迎春。次日，县令祀芒神毕，即鞭土牛于署之仪门，谓之'打春'。中华民国二十五年奉令停止。"《华阳县志》为1934年刻本，文中却记录为民国二十五年奉令停止，时间上存疑。见丁世良、赵放主编《中国地方志民俗资料汇编·西南卷》，书目文献出版社，1991，第14页。

③ 《奉贤县志》，清乾隆二十三年刻本。见丁世良、赵放主编《中国地方志民俗资料汇编·华东卷》，书目文献出版社，1995，第34页。

④ 《青田县志》，清雍正六年增刻康熙本。见丁世良、赵放主编《中国地方志民俗资料汇编·华东卷》，书目文献出版社，1995，第927页。

跪九叩）礼。各官执彩鞭立土牛旁，长官击鼓三，率各官环击土牛三匝，以豆撒牛。人争拾豆，婴儿食之，豆（痘）疹稀少"。① 清同治年间，山东烟台宁海州人"立春前一日，有司官率僚属迎春东郊，优剧演歌曲，随肩舆殿以春牛，士女纵观。翼日，按时鞭春，复以小土牛，鼓吹遍送绅户"。② 清光绪年间，北京的春牛设置为"立春之仪前一日，顺天府尹往西直门外一里地，名春场，迎春牛芒神入府署中，搭芦棚二，东西各南向，东设芒神，西设春牛，形象彩色，皆按干支，准令男女纵观。至立春时官吏皂役，鼓乐送回春场，以顺大道众役打焚，故谓之打春"。③

民国时期，辽宁营口盖平县人"立春前一日，地方官迎春于邑乐关东岳庙，即《礼》载'先立春迎春东郊'之遗意也。先期，搭一苇席棚，内设纸糊芒神、春牛各像，其神服饰及牛身、首之色，均按现年立春岁、月、日、时各干支审定。制造芒神，或带耳幕，主春不寒；或履悬腰间，主春干，表示相反之间，往往有中。迎春后，送牛邑城隍庙内，至立春日时，众官齐集，鞭牛碎之，名曰'打春'。或以为牛是惰（隋）炀后身，因其生前不道，获此罪谴。父老传闻如斯，故志之。立春亦有在新年前时。自民国纪元改用阳历，此典遂罢"。④ 民国以前，甘肃平凉灵台县用纸制小鞭打春，"候至'立春'时刻一到，各官复行礼如仪，遂发祝文。刻率众人用纸制就五色小鞭共挞纸造大牛，谓之'挞春'。其时，乡民纷集，争夺牛纸，以为吉利。不然，咸称春气不发，则地方青苗不畅，全年时令不和，民国改

① 《马边厅志略》，清嘉庆十二年刻本。见丁世良、赵放主编《中国地方志民俗资料汇编·西南卷》，书目文献出版社，1991，第413页。
② 《宁海州志》，清同治三年刻本。见丁世良、赵放主编《中国地方志民俗资料汇编·华东卷》，书目文献出版社，1995，第245页。
③ （清）让廉：《京都风俗志》，清光绪己亥仲春作，第4页。
④ 《盖平县志》，1930年铅印本。见丁世良、赵放主编《中国地方志民俗资料汇编·东北卷》，书目文献出版社，1989，第143页。

革，此例不行"。①

土牛源于周代，最早在冬季送寒。《礼记·月令》云："季冬之月，命有司，大难旁磔，出土牛，以送寒气。"东汉立春立土牛，有劝耕之意："立春之日，夜漏未尽五刻，京师百官皆衣青衣，郡国县道官下至斗食令史皆服青帻，立青幡，施土牛耕人于门外，以示兆民，至立夏。"② 同时也于季冬之月"立土牛六头于国都郡县城外丑地，以送大寒"。③ 送寒为何要出土牛呢？《月令章句》释云："是月之（会）〔昏〕建丑，丑为牛。寒将极，是故出其物类形象，以示送达之，且以升阳也。"④

击土牛为国家礼仪。北魏有击土牛，晋时县衙边立有土牛，⑤ 北齐"立春前五日，于州大门外之东，造青土牛两头，耕夫犁具。立春，有司迎春于东郊，竖青幡于青牛之傍焉"。⑥ 北宋时，镇州立春日有出土牛习俗。⑦ 辽穆宗时有击土牛礼，⑧ 辽"立春仪"规定："皇帝戴幡胜，等第赐幡胜。臣僚簪毕，皇帝于土牛前上香，三奠酒，不拜。教坊动乐，侍仪使跪进彩杖。皇帝鞭土牛，可矮墩以上北南臣僚丹墀内合班，跪左膝，受彩杖，直起，再拜。赞各祗候。司辰

① 《重修灵台县志》，民国二十四年南京东华印书馆铅印本。见丁世良、赵放主编《中国地方志民俗资料汇编·西北卷》，书目文献出版社，1989，第181～182页。
② 《后汉书》卷90《礼仪志上》，中华书局1965年标点本，第11册，第3102页。
③ 《后汉书》卷90《礼仪志中》，中华书局1965年标点本，第11册，第3129页。
④ 《后汉书》卷90《礼仪志中》，中华书局1965年标点本，第11册，第3129页。
⑤ 《晋书》："（王袤）乃步担干饭，儿负盐豉草屦，送所役生到县，门徒随从者千余人。安丘令以为诣己，整衣出迎之。袤乃下道至土牛旁，磬折而立，云：'门生为县所役，故来送别。'因执手涕泣而去。令即放之，一县以为耻。"见《晋书》卷88《孝友王袤列传》，中华书局1974年标点本，第7册，第3278页。
⑥ 《隋书》卷7《礼仪志二》，中华书局1973年标点本，第1册，第129～130页。
⑦ 《宋史》卷308《裴济列传》，中华书局1977年标点本，第29册，第10143页。
⑧ 《辽史》："十九年春正月己卯朔，宴宫中，不受贺。己丑，立春，被酒，命殿前都点检夷腊葛代行击土牛礼。"见《辽史》卷7《穆宗本纪下》，中华书局1974年标点本，第1册，第87页。

报春至，鞭土牛三匝。矮墩鞭止，引节度使以上上殿，撒谷豆，击土牛。撒谷豆，许众夺之。"① 金朝（熙宗）皇统三年正月癸未立春日，有观击土牛礼。②

彩色土牛出现于北宋。宋代丁度有《土牛经》一卷，③ 明代周履靖《土牛经》一卷流传至今。④ 据周履靖《土牛经》，土牛身及策牛人颜色、策牛人与土牛位置、牛笼头缰索、拘秦（牛鼻圈）颜色都有规定，土牛及策牛人衣服的颜色以天干地支来确定，十天干为甲乙丙丁戊己庚辛壬癸，天干主牛头色和衣服色；十二地支为子丑寅卯辰巳午未申酉戌亥，地支为牛身色和勒帛色。具体如表4-3所示。

表4-3 土牛及策牛人衣服颜色与天干地支

名称	颜色	所主	青	赤	黄	白	黑
土牛	天干	头	甲乙木	丙丁火	戊己土	庚辛金	壬癸水
	地支	身	寅卯木	巳午火	辰戌丑未土	申酉金	亥子水
	纳音	腹	金木水火土为纳音				
策牛人	天干	衣色	甲乙木	丙丁火	戊己土	庚辛金	壬癸水
	地支	勒帛色	寅卯木	巳午火	辰戌丑未土	申酉金	亥子水
	纳音	衬服色	金木水火土为纳音				

对土牛的颜色，《土牛经》举例说："立春日干色为角、耳、尾，支色为胫、脡，纳音色为蹄。假令甲子岁立春甲为干色，色青，用青为牛头。子为支，其色黑，黑为身。纳音金，其色白，白为腹。丙寅至春，丙为干，其色赤，用赤为角、耳、尾。寅为支，其色青，用胫

---

① 《辽史》卷53《礼志六》，中华书局1974年标点本，第2册，第876页。
② 《金史》卷5《海陵本纪》，中华书局1975年标点本，第1册，第96页。
③ 《宋史》卷205《艺文志四》，中华书局1977年标点本，第15册，第5206页。
④ 王云五主编《相雨书及其他五种》（《丛书集成初编》），（上海）商务印书馆1939年12月出版，1959年10月补印。五种书（《天文占验》《占验录》《土牛经》《云气占候篇》《通占大象历星经》）收录了周履靖《土牛经》。

脡。纳音是火，其色赤，用赤为蹄"。

北宋、元、明、清土牛颜色设定不一，《马边厅志略》曰："宋景祐中，颁土牛以岁之干色为牛首，支色为牛身，纳音色为牛腹，以'立春日'之干色为牛角、耳、尾，支色为牛颈，纳音色为牛蹄。至元时所颁土牛经，其色止以'立春日'为法，日干色为牛头、角、耳，日支色为牛身，纳音色为牛蹄、尾、腹。明初袭元制，正统中始用言者制土牛色，复用岁之支、干、纳音如宋制，国朝因之"。①

对策牛人的规定，《土牛经》举例说："假令戊子日立春，戊为干，当用黄充。子为支，当为黑，为勒帛。纳音是火，当用赤色，为衬服。其策牛人头履鞭策，各随时候之宜是也。"《土牛经》中策牛人与牛的位置关系、牛笼头缰索、拘秦都有特殊规定及象征意义，如表4－4、4－5、4－6所示。

表4－4　策牛人与牛的位置规定

立春时间	人与牛的位置	备　注
岁前立春	人在牛后	如立春在十二月内，则是春在岁前，即人在后
岁后立春	人在牛前	如立春在正月内，则是春在岁后，即人在牛前
春与岁齐	人牛并立	如立春在岁日，即是春与岁齐，人牛并立
阳岁	人居左	寅辰午申戌子为阳岁
阴岁	人居右	卯巳未酉亥丑为骨岁

表4－5　牛笼头缰索特殊规定及象征意义

时间	材料	缰索长度	象征意义	备注
孟年	以麻为之	七尺二寸	七十二候	寅申巳亥为孟年
仲年	以草为之			子午卯酉为仲年
季年	以丝为之			辰戌丑未为季年

---

① 《马边厅志略》，清嘉庆十二年刻本。见丁世良、赵放主编《中国地方志民俗资料汇编西南卷》，书目文献出版社，1991，第414页。

表4-6　拘秦（牛鼻圈）材料及颜色规定

材　　料	地支年代	比照依据	地支对应色	拘秦颜色	备　　注
常用桑柘木	寅申巳亥年	正月中宫	二黑	黑色	秦指牛鼻中的环木，
常用桑柘木	子午卯酉年	正月中宫	八白	白色	也叫作拘。青海民间
常用桑柘木	辰戌丑未年	正月中宫	五黄	黄色	称为牛鼻圈，常用柏木枝围圈为之，因柏木性凉，牛鼻不发炎

潘宗鼎《金陵岁时记》"芒神曰傲马"条对民国时期南京一带的土牛、策牛人颜色等进行了详细记述，兹引述如下：

迎春东郊，旧在通济门外鬼神坛，后移神木庵。是日，郡守以下咸往至府署而止，勾萌（芒）神曰傲马。俗谓隋炀帝后身，又指为包孝肃之子，殊近荒唐。按，芒神即值年太岁神，其曰傲马者，例如岁值壬癸，主水涉水者应跣足，而神则加履。丙午主火畏热脱帽，而神则如冠，谓其与世人相拗耳。又《月令广义》：芒神身高三尺六寸。按一年三百六十日，芒神服色以立春日支相克为衣色，为系腰色，亥子日黄衣青系腰，寅卯日白衣红系腰，巳午日黑衣黄系腰，辰戌、丑未日青衣白系腰，手执鞭用柳枝，长二尺四寸，按二十四节气，上用结子，以立春四孟用麻，四仲用苎，四季用丝，俱以五彩染色。其身有老少之分，寅申、巳亥年老像，子午、卯酉年壮像，辰戌、丑未孩童像。其立分左右，六支阳年在右边立；阴年在左边立。又俗说，土牛之尾右搭者，是年多生女，左搭者，是年多生男云。按月令，出土牛示农耕之早晚。古制，于国城南立土牛，以示民，如立春在十二月望，则策牛者近前，示农早也，立春在正月望，则策牛者近后，示农晚也。今立春日州县制一牛取彩杖鞭而碎之，以讹传讹，而非古者之制。①

民俗中的土牛由于是官方组织制作的，因而极为神圣，人们参加迎春会，抢夺土牛泥来涂灶、抹牛槽，认为能避虫蚁、肥六畜，带来吉利。北宋时，人们认为抢得土牛土，可以治病，能增加农田产量，"皇朝《岁时杂记》：立春鞭牛，庶民杂还如堵，顷刻间分裂都尽，又相攘夺，以至毁伤身体者，岁岁有之。得牛肉者，其家宜蚕，亦治病。本草云，春牛角上土，置户上，令人宜田"。②北宋时还有土牛土禁蚰蜒的说法，《岁时广记》"辟蚰蜒"条引《琐碎录》云："立春日打春罢，取春牛泥撒檐下，蚰蜒不上"。③

清康熙年间，浙江杭州钱塘人"'立春'前一日，官府迎春，老幼填集衢路，谓之'看春'。所过处，各设香烛、楮币，并用五谷抛掷之，以祈丰年（迎春后，农民争取春牛之土，谓宜蚕桑。妇女各以春幡、春胜，镂金错彩为燕蝶之属，以相馈遗。治七种菜以供宾）"。④清道光年间，陕西清涧县人"立春日，县署鞭春毕，争擒春牛，得撮土归，调水泥灶，并涂槽枥间，谓可保平安，并致畜牧繁息"。⑤清光绪年间，四川绵阳人以土牛泥涂灶，以为能避虫蚁。《射洪县志》云："至'立春日'，各官祭芒神，鞭土牛，谓之'打春'。

---

① 潘宗鼎：《金陵岁时记》，南京市秦淮区地方史志编纂委员会、南京市秦淮区图书馆 1993 年编印，第 36 页。

② （南宋）陈元靓：《岁时广记》卷 8，王云五主编《丛书集成初编》，商务印书馆，1939 年 12 月初版。第 78 页。

③ （南宋）陈元靓：《岁时广记》卷 8，王云五主编《丛书集成初编》，商务印书馆，1939 年 12 月初版，第 85 页。

④ 《钱塘县志》，清康熙五十七年刻本。见丁世良、赵放主编《中国地方志民俗资料汇编·华东卷》，书目文献出版社，1995，第 593 页。

⑤ 《清涧县志》，清道光八年刻本。见丁世良、赵放主编《中国地方志民俗资料汇编·西北卷》，书目文献出版社，1989，第 108 页。

礼毕，邑人争攫土牛之泥以归，置诸灶中，用避虫蚁。"①

民国以前，陕西高陵县人"立春日，人途争裂土牛皮，以涂灶，曰祛蚍蜉（《高陵县志》)"。②陕西吴堡县人"立春日，用牛土，书字于门，曰镇宅（《吴堡县志》)"。③山东济南邹县人"（立春日）先一日，迎芒神，设宴。至期，鞭土牛，观者取土涂灶"。④广州人"以土牛泥泥灶，以肥六畜（《粤东笔记》)"。⑤青海海东化隆人从迎春会上抢夺土牛碎土做成门槛、门头，以为能保人畜平安。⑥

打春中人们争夺土牛的土（土做牛）或纸（纸做牛），但不打碎芒神（也称为舁牧人）。这一习俗在宋朝时就已如此，据《岁时广记》"舁牧人"条云："皇朝《岁时杂记》：郡县每击春牛罢，民间争取其肉，唯牧牛人号太岁，皆不敢争，多是守土官舁去，置土地庙中。闽中以牧人为大小哥，实勾芒神也"。⑦直到20世纪40年代全国尚有地方在打春牛，以后只印在皇历上。

3. 说春

说春也是立春节气的重要符号。说春习俗流传较广，四川成都、湖北黄陂、甘肃陇南、贵州石阡等地的说春都见载于文献。清嘉庆年间，四川绵阳三台县人"（立春）先一日，春官着彩衣舞于公堂，说吉利语"。⑧清同治年间，湖南常德直隶澧州人"'立春'之日，扮

① 《射洪县志》，清光绪十年刻本。见丁世良、赵放主编《中国地方志民俗资料汇编·西南卷》，书目文献出版社，1991，第113页。
② 胡朴安：《中华全国风俗志》上编，河北人民出版社，1986，第215页。
③ 胡朴安：《中华全国风俗志》上编，河北人民出版社，1986，第215页。
④ 胡朴安：《中华全国风俗志》下编，河北人民出版社，1986，第107页。
⑤ 胡朴安：《中华全国风俗志》上编，河北人民出版社，1986，第255页。
⑥ 赵继贤：《迎春会琐谈》，政协化隆回族自治县委员会文史资料编委会编《化隆文史资料（第二辑）》，内部资料，1996编印，第124~128页。
⑦ （南宋）陈元靓：《岁时广记》卷8，王云五主编《丛书集成初编》，商务印书馆，1939年12月初版，第79页。
⑧ 《三台县志》，清嘉庆二十年刻本。见丁世良、赵放主编《中国地方志民俗资料汇编·西南卷》，书目文献出版社，1991，第105页。

春官，冠以乌纱，牵五色春牛，随处报春，以鞭击牛背，曰
'打春'"。①

民国时期，四川雅安县人"立春先一日，有司迎春于东郊。即
还署，乡农伪冠带舞公堂，说吉利语，谓之'春官'。鞭土牛，谓之
'打春'。民国仍之"。② 江玉祥、牛会娟记录了一首旧时成都郊县的
春官说词："一进门来二进厅，三进廊房瓦屋深。抬头看，峨轩轩，
红红绿绿贴两边。年年有个正月正，正月里来过新年。肉又香，酒又
甜，团转亲戚来拜年。一拜公公添福寿，二拜婆婆添寿缘。三拜金银
堆满屋，四拜四方进财源。五拜五子登金殿，六拜贵子人丁添。"③
湖北黄陂一带"每逢立春之左右，邑役必派人下乡说春，售芒神春
牛。说春之人，红袍纱帽，以一人鸣钲。所说皆吉利语，似歌非歌，
似谣非谣。说毕酬以米。曾见某贫家见春官来，忙托一板凳与坐，登
缺一脚。春官云：'见了春官把登托，托个板凳三只脚。不是春官看
见快，险险栽破后脑壳。' 又某贫家以闭门羹待之，彼唱曰：'一见
春官把门闩，交了霜降打脾寒。' 诸如此类，亦趣事耳，足引人发笑
也"。④ 据赵命育调查，贵州北部的凤冈县、湄潭县、正安县、绥阳
县等至今还有说春习俗。⑤ 甘肃陇南的礼县、西和、平凉、庆阳一带
也有说春习俗，据马向阳对西和县说春仪式的调查，⑥ 春官有甲乙两
人，他们肩背着褡裢，一手掌着春牛，一手拿着拐杖，来到一户门
前，将拐杖立于门外侧。一进门便开始说唱，甲先唱两句，乙紧接甲

① 《直隶澧州志》，清同治八年刻本。见丁世良、赵放主编《中国地方志民俗资料汇
编·中南卷》，书目文献出版社，1991，第656页。
② 《雅安县志》，1928年石印本。见丁世良、赵放主编《中国地方志民俗资料汇编·
西南卷》，书目文献出版社，1991，第353页。
③ 江玉祥、牛会娟：《立春迎春习俗考》，《巴蜀史志》2012年第2期。
④ 胡朴安：《中华全国风俗志》下编，河北人民出版社，1986，第322页。
⑤ 赵命育：《黔北的"说春"》，《民俗研究》2002年第1期。
⑥ 马向阳：《西和春官说春仪式及歌词特征分析》，《四川民族学院学报》2015年第
3期。

后音相互帮腔。说唱中两人相互帮腔，当地将接后者叫作"踏蛋"。春官先唱《开财门》，其次转入正式内容，多以二十四节气为内容，有的还随机编唱一些赞美家事人物的内容，看场合说词，还送《春官贴》，最后主人酬谢粮食或钱物。作为一种口头传统，春官的说唱有固定的程式，还有一些固定的唱词，如《开财门》就有《五方财门》《买卖财门》《大财门》等，春官视情况分别对普通人家、做生意人家、大户财主说唱。还有《木匠春》《铁匠春》《药王春》《割漆春》，及道谢唱词，形成了一些固定的程式和唱词。春官说春过程中灵活地组织大词和程式，完成一个仪式。

民间说春词内容多与二十四节气有关，郭昭第记录了一首甘肃礼县西和春官们的《二十四节气春》：

一年二十四节气，春官给你说仔细。正月立春阳气转，雨水一过无雪天。

二月惊蛰响惊雷，农人春耕紧跟随。春分杨柳吐绿咀，候鸟燕子往北回。

三月交节是清明，祭祖扫墓去踏青。谷雨梨树开白花，家家种豆去点瓜。

四月立春农活忙，坝里麦子芒儿长。交了小满要种糜，满山树木八叶齐。

五月芒种天气长，夏至坝里麦上场。六月小暑谝大话，割倒麦子拔胡麻。

大暑天气热难当，遍山麦子收出梁。夏至三庚八伏天，立秋末伏七月间。

七月中气是处暑，洋芋掏上锅里煮。八月白露高山麦，秋收农活一大堆。

秋分中秋天变凉，白天黑夜一样长。九月寒露麦种上，霜降草尖见白露。

寒露下种逼籽哩，霜降庄稼逼死哩。立冬十月天气冷，小雪白菜收进门。

十一月大雪满天扬，冬至数九加衣裳。十二月小寒结白冰，大寒一过又立春。

节气一年连一年，春官的节气已说完。①

罗亚琴调查贵州石阡说春习俗中，也录有一首当地的《二十四节气》说春词：

正月立春雨水节，不犁山土要犁田。二月惊蛰与春分，家家砍柴割草烧。

清明谷雨三月三，铲田坎来挖田角。立夏小满四月八，小麦青来大麦黄。

五月里来是端阳，掏沟里水扎堰塘。年年有个六月旱，田中缺水紧紧防。

七月处暑谷花香，收拾扁条与箩筐。八月里来白露忙，满田满坝谷斗响。

寒露霜降九月十，小春要当半年粮。十月立冬小雪天，快盖房子快纺棉。

腊月小寒与大寒，忙忙碌碌过新年。②

说春及说春习俗应该是自周代以降由官方进行的训导仪式演化而来的。周代"小宰之职，掌建邦之宫刑，以治王宫之政令，凡宫之

---

① 郭昭弟：《春天的喜神：礼县西和春官说唱词的价值取向》，《天水师范学院学报》2015 年第 6 期。

② 罗亚琴：《贵州石阡说春民俗调查与研究（上）》，《北方音乐》2019 年第 17 期。

纠禁"。引郑玄注"建,明布告之"。① 西汉官方也有立春派使者宣导民众的传统,汉元延元年(前12),谷永任北地太守时,曾对皇帝派来的卫尉淳于长说:"立春,遣使者循行风俗,宣布圣德,存恤孤寡,问民所苦,劳二千石,敕劝耕桑,毋夺农时,以慰绥元元之心,防塞大奸之隙。诸夏之乱,庶几可息。"② 唐宝应二年(763)五月,谏议大夫黎干进议状说十诘十难,"其六难曰:众难臣云:'上帝与五帝,一也。'所引《春官》:祀天旅上帝,祀地旅四望。旅训众,则上帝是五帝。臣曰,不然。旅虽训众,出于《尔雅》,及为祭名,《春官》训陈,注有明文。若如所言,旅上帝便成五帝,则季氏旅于泰山,可得便是四镇耶?"③ 可见"训众"是春官的最大职责。金朝设有"春官"一职。④

4. 吃春盘

立春日,陕西临潼、上海等地有吃春盘习俗。清乾隆年间,上海人"(立春日)茹春饼。以生菜作春盘"。⑤ 清光绪年间,上海华亭、青浦等地也有吃春盘习俗,"'春日'茹春饼,以生菜作春盘(按,今'立春日'食芦菔,云杜喉患)"。⑥ "立春前一日,彩仗迎春于东郊。茹春饼,以生菜作春盘为宴会。立春之候,祭芒神,鞭土牛。"⑦

有的地方立春吃五辛盘,取意与春盘类似。清光绪年间,山东德

---

① (清)孙诒让:《周礼正义》卷5,王文锦、陈玉霞点校,中华书局,1987,第157页。

② 《汉书》卷85《谷永杜邺列传》,中华书局1964年标点本,第11册,第3471页。

③ 《旧唐书》卷21《礼仪志一》,中华书局1975年标点本,第3册,第840页。

④ 《金史》卷28《礼志一》,中华书局1975年标点本,第3册,第692页。

⑤ 《上海县志》,清乾隆四十九年刻本。见丁世良、赵放主编《中国地方志民俗资料汇编·华东卷》,书目文献出版社,1995,第5页。

⑥ 《华亭县志》,清光绪五年刻本。见丁世良、赵放主编《中国地方志民俗资料汇编·华东卷》,书目文献出版社,1995,第16页。

⑦ 《青浦县志》,清光绪五年尊经阁刻本。见丁世良、赵放主编《中国地方志民俗资料汇编·华东卷》,书目文献出版社,1995,第46页。

州宁津县人"'立春',饮春酒,食春饼,用葱、蒜、椒、姜、芥合切而调食之,曰'五辛盘'(按,又《摭言》曰:安定郡王'立春日'作五辛盘。《摭遗》曰:东晋李清光绪年间,山东宁津县人'立春日'以芦菔、芹菜为菜盘,亦五辛之意也)"。①

春盘起源于唐朝。《梦粱录》引唐《四时宝镜》云:"立春日,食芦菔、春饼、生菜,号春盘。"宋朝大中祥符年间规定的"时节馈廪"中就有春盘,《宋史》云:"又制仆射、御史大夫、中丞、节度、留后、观察、内客省使、权知开封府,……立春,赐春盘"。② 辽"立春仪"中也有"臣僚依位坐,酒两行,春盘入"。③ 官方礼仪民间化后,各地也出现了吃春盘习俗,这是文化"以上率下"影响的结果。

5. 送春牛

立春送春牛习俗来自官方的击土牛礼仪。送春牛多在民间进行,早在北宋时,这一习俗便非常盛行,立春时,北宋都城东京(今开封)"府前左右百姓卖小春牛。往往花装栏坐。上列百戏人物。春幡雪柳。各相献遗。春日宰执亲王百官皆赐金银幡胜。入贺讫。戴归私第"。④ 南宋时,立春日的都城临安(今杭州)"街市以花装栏,坐乘小春牛,及春幡春胜,各相献遗于贵家宅舍,示丰稔之兆"。⑤

清朝时,山东一些地方还有送春牛习俗。清光绪年间,山东烟台登州人"徒隶以鼓吹导小土牛分送于缙绅之家,谓之'送春牛'"。⑥ 清同治年间,山东烟台宁海人"翼日(立春日),按时鞭春,复以小

① 《宁津县志》,清光绪二十六年刻本。见丁世良、赵放主编《中国地方志民俗资料汇编·华东卷》,书目文献出版社,1995,第149页。
② 《宋史》卷119《礼志二十二》,中华书局1977年标点本,第9册,第2802页。
③ 《辽史》卷53《礼志六》,中华书局1974年标点本,第2册,第876页。
④ (宋)孟元老撰,邓之诚注《东京梦华录注》卷6,中华书局,1982,第163页。
⑤ (南宋)吴自牧:《梦粱录》卷1,见孟元老等《东京梦华录(外四种)》,古典文学出版社,1956,第140页。
⑥ 《增修登州府志》,清光绪七年刻本。见丁世良、赵放主编《中国地方志民俗资料汇编·华东卷》,书目文献出版社,1995,第220页。

土牛，鼓吹遍送绅户"。① 清道光年间，山东烟台招远人"随以鼓吹导小春牛及芒神分送各缙绅，谓之'送春牛'"。② 清光绪年间，山东惠民地区"'立春日'，官吏各执彩仗击土牛，谓之'鞭春'。制小春牛遍送缙绅家，谓之'送春'"。③

民国时期，山东惠民县有送春牛习俗，"立春前一日，官府率士民具芒神春牛，迎春东郊。立春日，官吏各执彩仗，击土牛，（似缺一"谓"字）之鞭春。制小春牛遍送缙绅家，谓之送春"。④

自民国改用阳历纪元，官方否定传统，取消传统节庆活，改清明为植树节等，许多习俗随之消亡。在民国 20 年左右的方志中，多有"此典遂罢""今已不行"等记述。如辽宁营口《盖平县志》记："至立春日时，众官齐集，鞭牛碎之，名曰'打春'。或以为牛是惰（隋）炀后身，因其生前不道，获此罪谴。父老传闻如斯，故志之。立春亦有在新年前时。自民国纪元改用阳历，此典遂罢。"⑤ 山东潍坊《维县志稿》记："冬至，前一日，夜间各祀其先。'冬至日'清晨，凡在家塾学生各更易新衣往拜其师，谓之'拜冬'。此俗今已歇绝。"⑥ 山东烟台《莱阳县志》记："迎春日，官府迎春于东郊，城厢贵贱老幼随观。归约亲厚聚饮，名曰'春宴'。今已不行。"⑦ 据此

---

① 《宁海州志》，清同治三年刻本。见丁世良、赵放主编《中国地方志民俗资料汇编·华东卷》，书目文献出版社，1995，第 245 页。

② 《招远县志》，清道光二十六年刻本。见丁世良、赵放主编《中国地方志民俗资料汇编·华东卷》，书目文献出版社，1995，第 229 页。

③ 《惠民县志》，清光绪二十五年柳堂校补刻本。见丁世良、赵放主编《中国地方志民俗资料汇编·华东卷》，书目文献出版社，1995，第 161 页。

④ 胡朴安：《中华全国风俗志》下编，河北人民出版社，1986，第 105~106 页。

⑤ 《盖平县志》，1930 年铅印本。见丁世良、赵放主编《中国地方志民俗资料汇编·东北卷》，书目文献出版社，1989，第 143 页。

⑥ 《潍县志稿》，1941 年铅印本。见丁世良、赵放主编《中国地方志民俗资料汇编·华东卷》，书目文献出版社，1995，第 210 页。

⑦ 《莱阳县志》，1935 年刻本。见丁世良、赵放主编《中国地方志民俗资料汇编·华东卷》，书目文献出版社，1995，第 238 页。

推断，送春牛传统在民国初年便消亡了。

6. 幡胜、簪花

上海市在乾隆年间民间有清明日戴花习俗，"清明日……俗折柳枝及荠花戴于首。城隍神诣邑厉坛，乡民多执香拥导"。[1]

这一习俗见于唐，宋、辽传承不辍，均为官方礼仪。唐代时，"立春日，赐侍臣彩花树"。[2]《岁时广记》引《文昌杂录》说："唐制，立春日，赐三省官彩胜各有差，谢于紫宸门。又《续翰林志》云，立春，赐镂银饰彩胜之类。"[3] 宋朝在立春日，"奉内朝者皆赐幡胜"。[4] 甚至在忌日之后也可以戴花，"（绍兴）十三年正月，御史台言：'正月十三日，钦圣宪肃皇后忌，其日立春。准令，诸臣僚及将校立春日赐幡胜，遇称贺等拜表、忌辰奉慰退即戴。欲乞候十三日忌辰行香退，即行戴插。'从之"。[5] 辽"立春仪"也戴幡胜，"皇帝戴幡胜，等第赐幡胜。臣僚簪毕，皇帝于土牛前上香，三奠酒，不拜"。[6] 南宋时"宰臣以下，皆赐金银幡胜，悬于幞头上，入朝称贺"。[7]

关于朝廷赐花的等次及颜色，宋朝也有规定："簪戴。幞头簪花，谓之簪戴。中兴，郊祀、明堂礼毕回銮，臣僚及扈从并簪花，恭谢日亦如之。大罗花以红、黄、银红三色，栾枝以杂色罗，大绢花以红、银红二色。罗花以赐百官，栾枝，卿监以上有之；绢花以赐将校

① 《金山县志》，清乾隆十七年刻本。见丁世良、赵放主编《中国地方志民俗资料汇编·华东卷》，书目文献出版社，1995，第37页。
② （唐）段成式：《酉阳杂俎·忠志》，中华书局，1985，第2页。
③ （南宋）陈元靓：《岁时广记》卷8，王云五主编《丛书集成初编》，商务印书馆，1939年12月初版，第80页。
④ 《宋史》卷119《礼志二十二》，中华书局1977年标点本，第9册，第2802页。
⑤ 《宋史》卷123《礼志二十六》，中华书局1977年标点本，第9册，第2892页。
⑥ 《辽史》卷53《礼志六》，中华书局1974年标点本，第2册，第876页。
⑦ （南宋）吴自牧：《梦粱录》，见孟元老等《东京梦华录（外四种）》，古典文学出版社，1956，第140页。

以下。太上两宫上寿毕，及圣节、及锡宴、及赐新进士闻喜宴，并如之"。①《梦粱录》列出了各职官具体的赐花数目：

> 前筵毕，上降辇转御屏，百官小歇，传宣赐群臣以下簪花，从贺、卫士、起居官、把路、军士人等，并赐花。检《会要》："嘉定四年十月十九日，降旨：遇大朝会、圣节大宴，及恭谢回銮，主上不簪花。"又条："具遇圣节、朝会宴、赐群臣通草花。遇恭谢亲飨，赐罗帛花。"其臣僚花朵，各依官序赐之：宰臣枢密使合赐大花十八朵、栾枝花十朵，枢密使同签书枢密使院事赐大花十四朵、栾枝花八朵，敷文阁学士赐大花十二朵、栾枝花六朵，知阁官系正任宣观察使赐大花十朵、栾枝花八朵，正任防御使至刺史各赐大花八朵、栾枝花四朵，横行使副赐大花六朵、栾枝花二朵，待制官大花六朵、栾枝花二朵，横行正使赐大花八朵、栾枝花四朵，武功大夫至武翼赐大花六朵，正使皆栾枝花二朵，带遥郡赐大花八朵、栾枝花二朵，阁门宣赞舍人大花六朵，簿书官加栾枝花二朵，阁门祗候大花六朵、栾枝花二朵，枢密院诸房逐房副使承旨大花六朵，大使臣大花四朵，诸色祗应人等各赐大花二朵。自训武郎以下，武翼郎以下，并带职人并依官序赐花簪戴。②

清朝中期，山东的一些地方官员吃春宴时仍有戴花习俗，山东烟台招远人"（立春）尹因同各官生戴花饮酒，谓之'吃春宴'"③。官

---

① 《宋史》卷153《舆服志五》，中华书局1977年标点本，第11册，第3569~3570页。
② （南史）吴自牧《梦粱录·卷六》，见孟元老等《东京梦华录（外四种）》，古典文学出版社，1956，第179页。
③ 《招远县志》，清道光二十六年刻本。见丁世良、赵放主编《中国地方志民俗资料汇编·华东卷》，书目文献出版社，1995，第229页。

方立春戴花礼仪后来影响到民间，民间多在清明日戴花，直到 20 世纪 30 年代时仍见于文献记载，宁波地区"清明……是日插柳于门，妇女采花柳以簪髻"。①

7. 戴春鸡彩燕

戴春鸡彩燕是一些地方立春日的标志性装饰。清光绪年间，山西临汾翼城人"士女剪采为燕，名'春鸡'。贴羽为蝶，名'闹蛾'，缠绒为杖，名'春杆'，各簪头上，以斗胜焉"。② 民国时期，山东济南邹县人"戴彩燕，食萝卜，谓之咬春"。③ 清乾隆年间，山西晋东南潞安人"立春、迎春、鞭春及春盘、春饼，海内俱同。旧志有春鸡、春蛾，谓出自沈藩，制极工巧，以赠各宾。今亡"。④

戴燕习俗见于南北朝时期。《荆楚岁时记》云："立春日，悉剪彩为燕以戴之。"⑤《岁时广记》也有"立春幡""剪春胜""剪春花""戴春燕"等记载。⑥ 春鸡见于唐代，宋代因之。宋代《岁时广记》"为春鸡"条云："《文昌杂录》：唐岁时节物，立春则有彩胜鸡燕。皇朝《岁时杂记》：立春，京师人皆以羽毛杂缯彩为春鸡春燕，又卖春花春柳。"⑦ 北宋时，太宗洞晓音律，曾亲制 390 首大小曲及旧曲

---

① 《南田县志》，1930 年铅印本。见丁世良、赵放主编《中国地方志民俗资料汇编·华东卷》，书目文献出版社，1995，第 781 页。

② 《翼城县志》，清光绪七年刻本。见丁世良、赵放主编《中国地方志民俗资料汇编·华北卷》，书目文献出版社，1989，第 649 页。

③ 胡朴安：《中华全国风俗志》下编，河北人民出版社，1986，第 107 页。

④ 《潞安府志》，清乾隆三十五年刻本。见丁世良、赵放主编《中国地方志民俗资料汇编·华北卷》，书目文献出版社，1989，第 610 页。

⑤ （南宋）陈元靓：《岁时广记》卷 8，王云五主编《丛书集成初编》，商务印书馆，1939 年 12 月初版，第 81 页。

⑥ （南宋）陈元靓：《岁时广记》卷 8，王云五主编《丛书集成初编》，商务印书馆，1939 年 12 月初版，第 80～81 页。

⑦ （南宋）陈元靓：《岁时广记》卷 8，王云五主编《丛书集成初编》，商务印书馆，1939 年 12 月初版，第 81 页。

创新曲，其中 10 首平调小曲中有一曲名叫《斗春鸡》。① 可见春鸡来源于官方的礼仪文化，后来流传到民间。戴春鸡习俗直到民国时期在陕西等地仍有遗存，如陕西榆林葭县人"'立春日'，以缯缝作鸡形，著于小儿头上，曰'春鸡'；又携小儿过牛腹下，以祝长大"。②

8. 贴宜春

清乾隆年间，浙江杭州昌化县人"'立春日'，相庆贺如'元旦'，写'宜春'二字贴于门庭"。③ 安徽巢湖无为州人"'立春日'，祀芒神，占春事，剪彩为燕戴之，帖'宜春'二字"。④ 清同治年间，湖南邵阳武冈人"（立春）是日门贴'宜春'二字"。⑤ 湖南常德直隶澧州人"（立春日）户贴宜春二字，曰'贺新春'"。⑥ 清光绪年间，安徽六安舒城县人"'立春'之日，贴宜春字"。⑦ 山西晋中榆社县人"'立春日'，先期一日，县令率僚属迎春于东郊，祀勾、芒，作乐设百戏。民间贴宜春二字于门，食春饼，士女争出游观土牛、彩仗"。⑧ 山西晋中盂县人"'立春日'，贴宜春，家食春饼、生菜，取

①《宋史》卷 142《乐志十七》，中华书局 1977 年标点本，第 10 册，第 3351～3355 页。

②《葭县志》，1933 年石印本。见丁世良、赵放主编《中国地方志民俗资料汇编·西北卷》，书目文献出版社，1989，第 88 页。

③《昌化县志》，清乾隆十三年刻本。见丁世良、赵放主编《中国地方志民俗资料汇编·华东卷》，书目文献出版社，1995，第 619 页。

④《无为州志》，清乾隆八年刻本。见丁世良、赵放主编《中国地方志民俗资料汇编·华东卷》，书目文献出版社，1995，第 949 页。

⑤《武冈州志》，清同治十二年刻本。见丁世良、赵放主编《中国地方志民俗资料汇编·中南卷》，书目文献出版社，1991，第 599 页。

⑥《直隶澧州志》，清同治八年刻本。见丁世良、赵放主编《中国地方志民俗资料汇编·中南卷》，书目文献出版社，1991，第 656 页。

⑦《舒城县志》，清康熙三十九年刻本。见丁世良、赵放主编《中国地方志民俗资料汇编·华东卷》，书目文献出版社，1995，第 980 页。

⑧《榆社县志》，清光绪七年刻本。见丁世良、赵放主编《中国地方志民俗资料汇编·华北卷》，书目文献出版社，1989，第 577 页。

迎新之意"。① 山西晋中寿阳县人"'元旦',贴宜春字"。② 湖南常德桃源县人"'立春'之日,悉剪彩为燕戴之,贴宜春二字(《岁时记》)"。③

民国时期,湖南、湖北有贴"宜春"旧俗。湖北人"立春,亲朋会宴,啖春饼生菜,贴'宜春'字,剪彩为燕戴之。或错缉为幡胜,谓之春幡"。④ 湖南人"立春之日,悉剪彩为燕戴之,贴宜春二字"。⑤ 福建泉州人"'立春'之日,家设香案,爆竹接春,贴春胜"。⑥

这一习俗形成于南北朝时期,最早为官方礼仪。南北朝时期,"立春之日,悉剪彩为燕戴之,帖'宜春'二字"。⑦ 《酉阳杂俎》云:"北朝妇人,……立春进春书,以青缯为帜刻龙像衔之,或为虾蟆。夏至日,进扇及粉脂囊,皆有辞。"⑧ 因是官方礼仪,北宋时仍在延续,据《夔州府志》引王沂公《皇帝阁立春帖子》云:"北陆凝阴尽,千门淑气新。年年金殿里,宝字帖宜春。"⑨ 辽时,宫中"立春,妇人进春书,刻青缯为帜,像龙御之;或为蟾蜍,书帜曰'宜春'。……夏至之日,俗谓之'朝节'。妇人进彩扇,以粉脂囊相赠遗"。⑩ 贴宜春这一官方礼仪民间化之后,成为地方民俗中重要的节

① 《盂县志》,清光绪八年刻本。见丁世良、赵放主编《中国地方志民俗资料汇编·华北卷》,书目文献出版社,1989,第587页。

② 《寿阳县志》,清光绪八年刻本。见丁世良、赵放主编《中国地方志民俗资料汇编·华北卷》,书目文献出版社,1989,第589页。

③ 《桃源县志》,清光绪十八年刻本。见丁世良、赵放主编《中国地方志民俗资料汇编·中南卷》,书目文献出版社,1991,第662页。

④ 胡朴安:《中华全国风俗志》上编,河北人民出版社,1986,第147页。

⑤ 胡朴安:《中华全国风俗志》上编,河北人民出版社,1986,第174页。

⑥ 《泉州府志》,1927年补刻本。见丁世良、赵放主编《中国地方志民俗资料汇编·华东卷》,书目文献出版社,1995,第1294页。

⑦ (梁)宗懔:《荆楚岁时记》,宋金龙校注,山西人民出版社,1987,第19页。

⑧ (唐)段成式:《酉阳杂俎·礼异》,方南生点校,中华书局,1981,第8页。

⑨ 《夔州府志》,清道光七年刻本。见丁世良、赵放主编《中国地方志民俗资料汇编·西南卷》,书目文献出版社,1991,第269页。

⑩ 《辽史》卷53《礼志六》,中华书局1974年标点本,第2册,第877页。

气符号。

9. 撒豆

立春看土牛时，人们还抱孩子过牛、向土牛撒豆。

清乾隆年间，山东烟台黄县人"通衢抱孩稚过牛，撒豆于其上，谓出豆（痘）稀"。① 撒豆意为散痘疹，是参加迎春仪式的重要祈求。浙江丽水缙云县人"立春前一日，职官迎春东郊，乐人扮杂剧，锣鼓彩旗，聚观杂沓。小儿女带茶、米、豆等物散春牛，谓可消疹疫"。②

民国时期，陕西岐山县人"春日，民间以线贯豆，争挂牛角，用禳儿疹（《岐山县志》）"。陕西城固县人"立春前一日，有司迎勾芒神。里市各扮故事，表曰庆丰年。是日男妇携儿女看春，俟土牛过，争以豆麻散之，谓之散疹（《城固县志》）"。③ 山西晋中灵石县人"'立春'，用绢作孩形，俗名'春娃'，童稚佩之。又作小袋，内藏豆、谷，挂春牛角，谓消痘疹之灾"。④

民间撒豆习俗源自官方礼仪。辽时，"矮墩鞭止，引节度使以上上殿，撒谷豆，击土牛。撒谷豆，许众夺之"。⑤ 在宫殿上撒谷豆，可以抢夺，但与散疹没有什么联系。后来民间撒豆散痘疹的解释可能是以相似性原则建立起来的，象征巫术，也是一种民间信仰形式。

10. 春宴

立春日迎春会后，民间有聚饮活动，称为"春宴"。明代时，江

---

① 《黄县志》，清乾隆二十一年刻本。见丁世良、赵放主编《中国地方志民俗资料汇编·华东卷》，书目文献出版社，1995，第223页。
② 《缙云县志》，清乾隆三十二年刻本。见丁世良、赵放主编《中国地方志民俗资料汇编·华东卷》，书目文献出版社，1995，第929页。
③ 胡朴安：《中华全国风俗志》上编，河北人民出版社，1986，第215页。
④ 《灵石县志》，1934年铅印本。见丁世良、赵放主编《中国地方志民俗资料汇编·华北卷》，书目文献出版社，1989，第583页。
⑤ 《辽史》卷53《礼志六》，中华书局1974年标点本，第2册，第876页。

西建昌人"（立春日）集亲友，谓之'会春客'，谓之'春台座'"。①
清康熙年间，山东烟台登州人"迎春日，无贵贱老少，相携观春于
东郊。归，约亲厚者聚饮，名曰'春宴'"，②此风俗当地到光绪年间
仍然盛行。③清乾隆年间，山东烟台福山县人"岁'立春'，预造土
牛、芒神，先一日知县率僚属迎于东郊，旋诣县治春宴。届期，知县
具朝服率僚属行鞭春礼"。④清同治年间，上海人"'立春'前一日，
以采仗迎春于东郊，立春之候，祭芒神，鞭土牛，设春宴"。⑤

　　民国时期，湖北监利人"立春先一日，官师班春于庙，农人皆
趋观焉，以土牛采色占水旱等灾，以勾芒鞋占寒燠晴雨，啖春饼生
菜，朋友会饮，谓之春台席"。⑥

　　这一习俗可能来源于古代官方的"百官宴"礼仪。《旧唐书》
载："则天垂拱四年四月，雍州永安人唐同泰伪造瑞石于洛水，献
之。其文曰：'圣母临人，永昌帝业。'于是号其石为'宝图'，赐百
官宴乐，赐物有差。授同泰为游击将军。其年五月下制，欲亲拜洛受
'宝图'。"⑦因为遇到天兆好事，武则天赐百官宴。明朝宣德、正统
年间规定，"凡立春、元宵、四月八日、端午、重阳、腊八日，永乐

①　《建昌府志》，1964年上海古籍书店影印《天一阁藏明代方志选刊》本。见丁世
　　良、赵放主编《中国地方志民俗资料汇编·华东卷》，书目文献出版社，1995，第
　　1129页。
②　《登州府志》，康熙三十三年任璿增刻本。见丁世良、赵放主编《中国地方志民俗
　　资料汇编·华东卷》，书目文献出版社，1995，第217页。
③　《增修登州府志》，光绪七年刻本。见丁世良、赵放主编《中国地方志民俗资料汇
　　编·华东卷》，书目文献出版社，1995，第220页。
④　《福山县志》"鞭春"条，清乾隆二十八年刻本。见丁世良、赵放主编《中国地方
　　志民俗资料汇编·华东卷》，书目文献出版社，1995，第225~226页。
⑤　《上海县志》，清同治十年刻本。见丁世良、赵放主编《中国地方志民俗资料汇编·
　　华东卷》，书目文献出版社，1995，第7页。
⑥　胡朴安：《中华全国风俗志》下编，河北人民出版社，1986，第324页。
⑦　《旧唐书》卷24《礼仪志四》，中华书局1975标点本，第3册，第926页。

间，俱于奉天门赐百官宴，用乐。其后皆宴于午门外，不用乐"。① 地方官员在立春日吃"春宴"是官方礼仪传统，清道光年间，山东烟台招远县"尹因同各官生戴花饮酒，谓之'吃春宴'"。② 直到民国以前，山东烟台莱阳县人"'迎春日'：官府迎春于东郊，城厢贵贱老幼随观。归约亲厚聚饮，名曰'春宴'。今已不行"。③ 民国年间政府取消传统节令，民间"春宴"也无所依存而消亡了。

11. 彩亭（社火）

彩亭有抬阁、亭子、高抬等多种称谓。青海乐都称为亭子，青海湟中又称为高抬。民国以前，在北京，浙江青田、缙云，山东烟台，吉林四平，陕西咸阳，甘肃平凉，重庆綦江，四川成都、郫县、新都、绵阳、宜宾、江津、南充等地立春日有演出彩亭的传统。

清初，北京人"立春日，各省会府州县卫遵制鞭春。京师除各署鞭春外，以彩绘按图经制芒神土牛，异以彩亭，导以仪仗鼓吹"。④ 清康熙年间，山西吕梁汾阳县人"立春先一日，官府率士民具春牛、芒神，迎春于东郊。饮春酒，簪春花。里人行户装鱼樵耕读，伶人为抵角诸戏剧，充十二行，各执事前导，结彩为楼，城关乡镇老幼男女皆聚观焉。至'立春日'，官吏各具彩仗击土牛者三，谓之'鞭春'，以示劝农意。造小春牛，送缙绅家，谓之'送春'"。⑤ 浙江青田县人"迎春日，士女皆出观，各坊以童子装像古人故事，皆乘牛，以应土

---

① 《明史》卷53《礼志七》，中华书局1974年标点本，第5册，第1360页。
② 《招远县志》，清道光二十六年刻本。见丁世良、赵放主编《中国地方志民俗资料汇编·华东卷》，书目文献出版社，1995，第229页。
③ 《莱阳县志》，1935年刻本。见丁世良、赵放主编《中国地方志民俗资料汇编·华东卷》，书目文献出版社，1995，第238页。
④ 见（清）潘荣陛《帝京岁时纪胜　燕京岁时记》，北京古籍出版社，1981，第8页。
⑤ 《汾阳县志》，清康熙五十八年刻本。见丁世良、赵放主编《中国地方志民俗资料汇编·华北卷》，书目文献出版社，1989，第600页。

牛动之令"。① 清乾隆年间，浙江丽水缙云县人"立春前一日，职官迎春东郊，乐人扮杂剧，锣鼓彩旗，聚观杂沓。小儿女带茶、米、豆等物散春牛，谓可消疹疫"。② 清嘉庆年间，四川成都华阳县人"立春前一日，府尹率县令、僚属迎春于东郊，仪仗甚盛，鼓乐喧阗，芒神、土牛导其前，并演春台，又名高妆社伙（火）。……《西湖志》，立春日，郡守率僚属往迎，前列社伙（火），殿以春牛，士女纵观，阗塞市街"。③ 四川绵阳三台县人"立春，府县官迎春于东郊，百戏具陈，观者如堵"。④ 清道光年间，四川新都县人"'迎春日'，扮演彩亭，出东郊迎春神。会合天干地支扎画土牛，城乡老幼竞看土牛，以征丰年"。⑤ 重庆綦江县人"立春先一日，各街肆挂彩、书字，备办彩亭、故事。县令众官朝帽、朝服、坐明轿，用全执事迎春于南关外元天宫，民间或制龙灯、狮灯，各色队伍前导，抬土牛于后"。⑥ 清同治年间，山东烟台宁海人"立春前一日，有司官率僚属迎春东郊，优剧演歌曲，随肩舆殿以春牛，士女纵观"。⑦ 四川郫县人"立春先一日迎春。城乡居民各扮演故事，齐集东郊，迎至县治，士庶聚观，以

① 《青田县志》，清雍正六年增刻康熙本。见丁世良、赵放主编《中国地方志民俗资料汇编·华东卷》，书目文献出版社，1995，第 927 页。

② 《缙云县志》，清乾隆三十二年刻本。见丁世良、赵放主编《中国地方志民俗资料汇编·华东卷》，书目文献出版社，1995，第 929 页。

③ 《华阳县志》，清嘉庆二十一年刻本。见丁世良、赵放主编《中国地方志民俗资料汇编·西南卷》，书目文献出版社，1991，第 4、5 页。

④ 《三台县志》，清嘉庆二十年刻本。见丁世良、赵放主编《中国地方志民俗资料汇编·西南卷》，书目文献出版社，1991，第 105 页。

⑤ 《新都县志》，清道光二十四年刻本。见丁世良、赵放主编《中国地方志民俗资料汇编·西南卷》，书目文献出版社，1991，第 64 页。

⑥ 《綦江县志》，清道光六年刻本。见丁世良、赵放主编《中国地方志民俗资料汇编·西南卷》，书目文献出版社，1991，第 52 页。

⑦ 《宁海州志》，清同治三年刻本。见丁世良、赵放主编《中国地方志民俗资料汇编·华东卷》，书目文献出版社，1995，第 245 页。

兆一年之胜"。① 四川宜宾筠连县人"立春先一日，扮小优人为仙童、彩女，盛饰之，立铁架上，舆异抬之，导以鼓吹彩仗，在官舆前往较场迎春，遍游街市，谓之'高妆'。至立春日，鞭土牛，谓之'打春'"。② 清光绪年间，四川江津合州县人"立春前一日，诸牙行演装春亭数十架，至吏目署点毕至堂署，谓之'点春'"。③ 四川绵阳射洪县人"立春先一日，各官迎春东郊，邑人观盛典。是日，春官着彩衣于公堂暨各署说吉利语，谓之'点春'。又，命小优人扮仙童、彩女像，盛饰之，立铁架上，舆夫异抬，导以鼓吹彩仗，遍游各官署及街市，谓之'春台'"。④ 四川万县地区梁山县人"迎春日，扮演彩亭，出东郊迎春神。会合天干地支，扎画土牛，城乡老幼竞看土牛，以征丰年"。⑤ 吉林四平奉化县人"立春日，行迎春礼，民间有嬉春之戏"。⑥ 陕西咸阳高陵县"先日，县官率属，盛服以乐迎于郊（县俗，工具、戏剧与迎人皆簪花），置于牙前席殿，句芒则西面"。⑦

民国以前，四川南充广安州人也曾装扮有亭子，"立春前一日，州官僚属盛仪仗、鼓乐、坐明轿，侍从骑马出东郊行礼，曰'迎

① 《郫县志》，清同治九年刻本。见丁世良、赵放主编《中国地方志民俗资料汇编·西南卷》，书目文献出版社，1991，第56页。

② 《筠连县志》，清同治十二年刻本。见丁世良、赵放主编《中国地方志民俗资料汇编·西南卷》，书目文献出版社，1991，第168页。

③ 《合州志》，清光绪四年刻本。见丁世良、赵放主编《中国地方志民俗资料汇编·西南卷》，书目文献出版社，1991，第198～199页。

④ 《射洪县志》，清光绪十年刻本。见丁世良、赵放主编《中国地方志民俗资料汇编·西南卷》，书目文献出版社，1991，第113页。

⑤ 《梁山县志》，清光绪二十年刻本。见丁世良、赵放主编《中国地方志民俗资料汇编·西南卷》，书目文献出版社，1991，第296页。

⑥ 《奉化县志》，清光绪十一年刻本。见丁世良、赵放主编《中国地方志民俗资料汇编·东北卷》，书目文献出版社，1989，第346页。

⑦ 《高陵县志》，清光绪十年刻本。见丁世良、赵放主编《中国地方志民俗资料汇编·西北卷》，书目文献出版社，1989，第20页。

春'。以五彩缠亭，实土物，曰'五谷仓'。纸竹饰芒神、土牛，配以五行之色，市贫儿扮演故事，二三人一架，高丈余，数人舁行，曰'亭子'，先期入署听点，曰'点春'。士女攒观，曰'看春'，次日鞭土牛，曰'打春'"。① 甘肃平凉灵台县人"按，旧俗'立春'先一日，官令招集各里、各甲杂业人等，名为七十二行，各按职业分穿朱衣玄裳，妆成故事，会聚县署大堂点验，称曰'社伙（火）过堂'"。②

12. 燀春

燀春习俗流传于长江中下游一带。清康熙年间，浙江丽水人"'立春'，取樟树枝及杂柴于中堂焚之，作霹雳声，谓之'燀春'。献岁后皆酬酢，饮春酒，自旦至暮。有见召不及赴者，醉人卧于路"。③ 这一习俗直到民国年间仍在浙江宁波等地流传，"'立春'：人家皆放火炮，曰'接春'。烧樟叶以助阳气除阴邪，曰'燀春'"。④ 另据浙江平阳县一则新闻报道，2017 年 2 月 3 日，浙江温州平阳县重构了该仪式，立春日人们在空地铺设樟树枝叶，用稻草引燃树枝，燃放鞭炮之后大人小孩从火堆上跳跃而过，并有童谣说："新春来，老春去，新春新烨烨，老春贴墙壁。"民间认为该仪式有祛退阴气，助阳气生发，并有驱邪迎祥之意。⑤

---

① 《广安州新志》，1927 年重印本。见丁世良、赵放主编《中国地方志民俗资料汇编·西南卷》，书目文献出版社，1991，第 305 页。

② 《重修灵台县志》，1935 年南京东华印书馆铅印本。见丁世良、赵放主编《中国地方志民俗资料汇编·西北卷》，书目文献出版社，1989，第 181～182 页。

③ 《青田县志》，清雍正六年增刻康熙本。见丁世良、赵放主编《中国地方志民俗资料汇编·华东卷》，书目文献出版社，1995，第 927 页。

④ 《南田县志》，1930 年铅印本。见丁世良、赵放主编《中国地方志民俗资料汇编·华东卷》，书目文献出版社，1995，第 781 页。

⑤ 《内岙立春燀春喝春茶》，优酷网，https：//v. youku. com/v_ show/id_ XMjUyNTM2N zM0OA = . html? refer = seo_ operation. liuxiao. liux_ 00003307_ 3000_ z2iuq2_ 19042900，2017－02－23。

（二）惊蛰避虫虺

惊蛰避虫虺习俗多流传于长江以南地区。明代时，江西建昌人"'惊蛰'：以秫谷投焦釜爆之，以花而妍者吉。以石灰少许置柱础，为不生虫蚁"。[①] 清光绪年间，湖南怀化沅陵县人"'惊蛰'先一晚，各家用石灰画弓矢于门后，撒灰于阶除，以驱虫毒（《府志》）"。[②] 贵州黔东南黎平人"'惊蛰'，家以石灰布墙壁，用桃枝击之，并画弓于门外向，以制毒虫"。[③]

民国时期，广东人有炒惊蛰习俗。《中华全国风俗志》"大埔炒惊蛰之迷信"条说："大埔有一种奇俗，名曰炒惊蛰。每年到是日晚间，家家皆取黄豆或麦子，放于锅中乱炒，炒后并春，春后又炒，反复十余次而后已。其原因盖大埔地方，有一种小小之黄蚁，凡人家所藏糖果等食，必蜂聚而食，俗云是晚炒了豆麦等物，则黄蚁可以除去也。炒黄豆及麦子时，口中并念道'炒炒炒，炒去黄蚁爪；春春春，春死黄蚁公'也。"[④] 江苏扬州瓜洲人"'惊蛰日'，晚燃点'元旦'敬天地留存红烛，各处燃照，口念'惊蛰照蚊虫，一照影无纵（踪）'。云是夏即少蚊虫。又以送灶糯米饭加糖炒成粒，俗名'炒虫儿'，家人分食之"。[⑤] 湖南宁远人"惊蛰，将石炭遍撒

---

① 《建昌府志》，1964 年上海古籍书店影印《天一阁藏明代方志选刊》。见丁世良、赵放主编《中国地方志民俗资料汇编·华东卷》，书目文献出版社，1995，第 1129 页。

② 《沅陵县志》，清光绪二十八年刻本。见丁世良、赵放主编《中国地方志民俗资料汇编·中南卷》，书目文献出版社，1991，第 610 页。

③ 《黎平府志》，清光绪十八刻本。见丁世良、赵放主编《中国地方志民俗资料汇编·西南卷》，书目文献出版社，1991，第 606 页。

④ 胡朴安：《中华全国风俗志》下编，河北人民出版社，1986，第 406 页。

⑤ 《瓜洲续志》，1927 年瓜洲于氏凝晖堂铅印本。见丁世良、赵放主编《中国地方志民俗资料汇编·华东卷》，书目文献出版社，1995，第 495～496 页。

墙隅僻处，俗云可避虫蛇"。① 湖南汝城（桂阳）人"惊蛰则以蜃炭洒户外，数童子洒且祝。祝曰'惊蛰惊蛰，虾虾生日，洒灰作堆，洒盐作团'。以驱毒虫云"。② 贵州平越直隶州人"惊蛰节，各家以石灰洒墙壁间，并画弓于门外，矢外向以厌虫豸"。③ 20 世纪 50 年代以前，贵州黔东南镇远人"'惊蛰'，以石灰画地如弓形，谓之'射虫'"。④

（三）春分炒土蚕

民国以前，四川雅安名山县有炒土蚕习俗，《名山县新志》引《萝苹录》云："（春分、春社）乡农则防虫害，炒豆为食，名'炒土蚕'；防乌啄粟，胃糍粑于树，名'粘乌口'"。⑤

（四）清明符号

1. 钻火

清明钻火在唐代属宫廷礼仪。《南部新书》云："（唐朝咸通九年）至清明尚食，内园官小儿于殿前钻火，先得火者进上，赐绢三匹，椀一口。"⑥ 南宋时，"寒食第三日，即清明节，每岁禁中命小内侍于阁门用榆木钻火，先进者赐金碗、绢三匹。宣赐臣

---

① 胡朴安：《中华全国风俗志》下编，河北人民出版社，1986，第 333 页。

② 胡朴安：《中华全国风俗志》下编，河北人民出版社，1986，第 336 页。

③ 《贵州通志》（《平越州志》），1938 年贵阳文通书局铅印本。见丁世良、赵放主编《中国地方志民俗资料汇编·西南卷》，书目文献出版社，1991，第 435 页。

④ 《镇远府志》，1965 年贵州省图书馆油印本。见丁世良、赵放主编《中国地方志民俗资料汇编·西南卷》，书目文献出版社，1991，第 595 页。

⑤ 《名山县新志》，1930 年刻本。见丁世良、赵放主编《中国地方志民俗资料汇编·西南卷》，书目文献出版社，1991，第 362 页。

⑥ （宋）钱易：《南部新书》乙，黄寿成点校，中华书局，2002，第 21 页。

僚巨烛，正所谓'钻燧改火'者，即此时也"。① 明代时，宫廷钻
火仪式传向民间，改在冬至日钻火。汉代时，冬至钻火也为宫廷
礼仪，"日冬至，钻燧改火云"。② 明代时，人们认为冬至钻燧取
火可以祛除瘟病，《农政全书校注》云："冬至日钻燧取火，可去
瘟病。"③

2. 出抬阁

抬阁，北方称为高台、亭子，是长江中下游一带的清明节气符
号。清乾隆年间，浙江丽水松阳县人"乡俗于'清明'之前卜吉设
醮于城隍庙，斋戒极诚，鼓吹呼拥，迎城隍神、温太保神周巡城乡，
所以逐疫。装扮台阁前导，颇极巧妙。男女云集竞观，仿佛古傩
遗意"。④

民国年间，上海朱泾一带人"每届'清明'、'中元'、十月
朔祭坛之期，赌出抬阁，以指粗铁柱扎小儿于上，高出楼檐，装
点故事，悉用珠玉珍宝，穷极工巧。其于未出前一日，虽至亲秘
不与闻。有局外夸美者，一经左袒，甚至兄弟相尤，夫妻反目，
即三尺童子犹各分疆界，断断然争之不已。谚曰：'忙做忙，莫
忘朱泾赛城隍。'概可想见也。十余年来，已除此习，亦见风俗
之淳"。⑤

3. 架秋千、放纸鸢

清明架秋千、放纸鸢是妇女儿童的游戏。元朝时上海就有秋千之

① （南宋）吴自牧：《梦粱录》卷3，见孟元老等《东京梦华录（外四种）》，古典文
学出版社，1956，第148页。
② 《后汉书》卷90《礼仪中》，中华书局1965年标点本，第11册，第3122页。
③ （明）徐光启：《农政全书校注》卷10，石声汉校注，上海古籍出版社，1979，第
244页。
④ 《松阳县志》，清乾隆三十四年刻本。见丁世良、赵放主编《中国地方志民俗资料
汇编·华东卷》，书目文献出版社，1995，第930页。
⑤ 《朱泾志》，1916年铅印本。见丁世良、赵放主编《中国地方志民俗资料汇编·华
东卷》，书目文献出版社，1995，第38~39页。

戏，《松江府志》引《归志》云："元时女子有秋千之戏。"①

清康熙年间，山西临汾县人"'清明'，踏青，带柳枝，放纸鸢，架秋千"。② 当地在民国时期仍有此俗。③ 山东烟台登州府人"'清明'，男女簪柳枝，士人出郭外踏青为乐，女子有秋千之戏"。④ 光绪年间登州人依然"女子有秋千之戏"。⑤ 清雍正年间，陕西临潼县人"'清明'前二日为'寒食'，作秋千戏。拜扫，民籍用百五日，军籍用'清明日'（《临潼县志》）"。⑥ 清乾隆年间，山东潍坊高密县人"季春之月'清明日'，插柳踏青，好事者为风鸢之戏，闺人竖秋千"。⑦ 山东烟台黄县人"'清明'，男女簪柳枝，士庶出郭踏踏青，女子为秋千戏"。⑧ 山东潍坊昌邑县人"清明扫墓，添坟头土。女作秋千戏，士出郊游，谓之'踏青'"。⑨ 陕西渭南同州人"（清明）先一日，回则折柳枝插门，以钱纸缚树身，且以围其釜，曰能避虫蚁"。⑩ 陕西

① 《松江府志》，清嘉庆二十二年刻本。见丁世良、赵放主编《中国地方志民俗资料汇编·华东卷》，书目文献出版社，1995，第3~4页。
② 《临汾县志》，清康熙五十七刻本。见丁世良、赵放主编《中国地方志民俗资料汇编·华北卷》，书目文献出版社，1989，第642页。
③ 《临汾县志》，1933年铅印本。见丁世良、赵放主编《中国地方志民俗资料汇编·华北卷》，书目文献出版社，1989，第646页。
④ 《登州府志》，清康熙三十三年任璹增刻本。见丁世良、赵放主编《中国地方志民俗资料汇编·华东卷》，书目文献出版社，1995，第217页。
⑤ 《增修登州府志》，清光绪七年刻本。见丁世良、赵放主编《中国地方志民俗资料汇编·华东卷》，书目文献出版社，1995，第221页。
⑥ 《陕西通志》，清雍正十三年刻本。见丁世良、赵放主编《中国地方志民俗资料汇编·西北卷》，书目文献出版社，1989，第7页。
⑦ 《高密县志》，清乾隆十九年刻本。见丁世良、赵放主编《中国地方志民俗资料汇编·华东卷》，书目文献出版社，1995，第213页。
⑧ 《黄县志》，清乾隆二十一年刻本。见丁世良、赵放主编《中国地方志民俗资料汇编·华东卷》，书目文献出版社，1995，第224页。
⑨ 《昌邑县志》，清乾隆七年刻本。见丁世良、赵放主编《中国地方志民俗资料汇编·华东卷》，书目文献出版社，1995，第205页。
⑩ 《同州府志》，清乾隆五年刻本。见丁世良、赵放主编《中国地方志民俗资料汇编·西北卷》，书目文献出版社，1989，第61页。

榆林府谷县人"清明，是日妇女多架秋千为戏。将晚，哭城头，七月半、十月朔同"。① 到民国时期当地仍有清明戏秋千习俗。② 清嘉庆年间，四川成都华阳县人"'寒食'、'清明'，比户插杨柳。前后数日，四郊上冢者累累。挈男女，邀亲友，陈设酒肴，祭毕席地而宴。放纸鸢，戏秋千，击钲鼓"。③ 清道光年间，陕西榆林清涧县人"清明，士女插柏叶于鬓，祭墓，戏秋千"。④ 陕西咸阳人"'清明'，具牲醴、纸钱诣祖茔祭奠毕，壶觞竟日欢饮，谓之'踏青'。儿童放风筝，妇女辈戏秋千，陌巷交相过从"。⑤ 清咸丰年间，陕西渭南澄城县人"清明前二日'寒食'，为冷面、枣馈，上坟拜扫新坟用。先一日，回则折柏叶柳枝插门，以钱纸缚树身，且以围其釜，曰能避虫蚁。以'清明'后一日为'双清明'。士女设秋千游戏，三日不举女工"。⑥ 清光绪时期，山东惠民地区人"'清明'各插柳枝，挈牲礼（醴）扫墓，培冢上（土），挂纸钱，哭新鬼。架秋千，放纸鸢。士女结伴游春，谓之'踏春'"。⑦ 山西晋中榆社县人"妇女置秋千相戏；儿童放纸鸢，谓之'风筝'"。⑧ 陕西咸阳高陵县人"'清明日'，缚秋千，妇女、童子游赏。罢业，

① 《府谷县志》，清乾隆四十八年刻本。见丁世良、赵放主编《中国地方志民俗资料汇编·西北卷》，书目文献出版社，1989，第 92 页。

② 《府谷县志》，1939年北平燕京大学图书馆传抄本。见丁世良、赵放主编《中国地方志民俗资料汇编·西北卷》，书目文献出版社，1989，第 93 页。

③ 《华阳县志》，清嘉庆二十一年刻本。见丁世良、赵放主编《中国地方志民俗资料汇编·西南卷》，书目文献出版社，1991，第 7 页。

④ 《清涧县志》，清道光八年刻本。见丁世良、赵放主编《中国地方志民俗资料汇编·西北卷》，书目文献出版社，1989，第 108 页。

⑤ 《咸阳县志》，清道光十六年重刻本。见丁世良、赵放主编《中国地方志民俗资料汇编·西北卷》，书目文献出版社，1989，第 11 页。

⑥ 《澄城县志》，清咸丰元年刻本。见丁世良、赵放主编《中国地方志民俗资料汇编·西北卷》，书目文献出版社，1989，第 53 页。

⑦ 《惠民县志》，清光绪二十五年柳堂校补刻本。见丁世良、赵放主编《中国地方志民俗资料汇编·华东卷》，书目文献出版社，1995，第 161 页。

⑧ 《榆社县志》，清光绪七年刻本。见丁世良、赵放主编《中国地方志民俗资料汇编·华北卷》，书目文献出版社，1989，第 577 页。

即有作业者，曰能令目盲"。① 山东聊城博平县有秋千三日的习俗，"'清明'，男女取柳枝插鬓髻旁，挈果醪、脯糒登先垄祭奠，幼女少妇靓妆艳饰蹴秋千作戏。自'百五'至'清明'竟三日乃罢"。② 旧时青海丹噶尔厅（今湟源县城关镇）人有清明放风筝习俗，这天的风筝只放不收，有祛除邪气，求得平安吉祥的意思。③

民国时期，山东潍坊潍县风筝和秋千极有特色，"（清明日）小儿女作纸鸢、秋千之戏。纸鸢，其制不一，于鹤、燕、蝶、蝉各类外，兼作种种人物，无不惟妙惟肖，奇巧百出：或以苇作弓缚纸鸢背上，风吹之有声如筝，故又名'风筝'。秋千之在人家庭者悉属旧式，惟城外白狼河边沙滩上坎地竖一木柱，上缀横梁，四面绳系画板，谓之'转秋千'。小家女子多着新衣围坐画板上，柱下围一木栅，内有人推柱使转，节之以锣，当锣声急时推走如飞，画板可筛出丈余，看似危险，而小女子则得意自若也。又于秋千柱顶上悬一小旗，并系以钱，则有多数勇健少年猱升而上，作猴儿坐殿、鸭鸭浮水、童子拜观音种种把戏，谓之'打故事'。捷足者得拔旗，携钱以归。观者乃夸赞、呵好不绝。此盖多年积习，至今未改"。④ 山东德州庆云县人"季月'清明'上坟，前此以土添坟，压纸钱。女停针黹，戴柳，作秋千戏"。⑤ 陕西榆林葭县人"（清明节）又，用麦面蒸为多燕形，以娱

① 《高陵县志》，清光绪十年刻本。见丁世良、赵放主编《中国地方志民俗资料汇编·西北卷》，书目文献出版社，1989，第21页。
② 《博平县志》，清道光十一年刻本。见丁世良、赵放主编《中国地方志民俗资料汇编·华东卷》，书目文献出版社，1995，第311页。
③ 访谈人：霍福。访谈对象：文国智。访谈时间：2012年6月16日。访谈地点：丹噶尔古城城隍庙。
④ 《潍县志稿》，1941年铅印本。见丁世良、赵放主编《中国地方志民俗资料汇编·华东卷》，书目文献出版社，1995，第208~209页。
⑤ 《庆云县志》，1914年石印本。见丁世良、赵放主编《中国地方志民俗资料汇编·华东卷》，书目文献出版社，1995，第159页。

儿童。或于纸鸢，或戏秋千，数日而罢"。① 陕西延安洛川县人"（清明）是日，各村架秋千，妇女、小儿以为游戏。村儿皆备煮熟之鸡蛋，以慰劳架秋千者。是日宜晴，谚云：'清明要明，谷雨要淋'"。② 宁夏人在"清明之前，公族大姓树秋千，放风鸢为乐。卜吉，载肴絜陌，出郊展墓。厥日，插柳户上，并戴之首"。③

4. 踏青

踏青习俗在全国曾经非常普遍，是典型的清明节气符号。清康熙年间，浙江海宁县人"（清明）集少长出郊，曰'踏青'"。④ 清乾隆年间，云南曲靖陆凉州人"'清明'，折柳插户。自'春分'后即行祭扫，至此日而止。是日，衣冠士女俱游郊外之野，聚坐而饮，谓之'踏青'"。⑤ 清光绪年间，山东惠民县人"'清明'，各插柳枝，絜牲礼（醴）扫墓，培冢上（土），挂纸钱，哭新鬼。架秋千，放纸鸢。士女结伴游春，谓之'踏春'"。⑥ 宁夏银川一带人们"'清明日'，絜榼提壶，相邀野田或梵刹阆共游饮，曰'踏青'。插柳枝户上，妇女并戴于首，祓除不详（《宁夏府志》）"。⑦

民国以前，浙江金华人"清明日，人家门户插柳枝，少长行赏

---

① 《葭县志》，1933 年石印本。见丁世良、赵放主编《中国地方志民俗资料汇编·西北卷》，书目文献出版社，1989，第 88 页。

② 《洛川县志》，1944 年泰华印刷厂铅印本。见丁世良、赵放主编《中国地方志民俗资料汇编·西北卷》，书目文献出版社，1989，第 129 页。

③ 《宁夏新志》，抄本。见丁世良、赵放主编《中国地方志民俗资料汇编·西北卷》，书目文献出版社，1989，第 231 页。

④ 《海宁县志》，清康熙十四年修、二十二年续修本。见丁世良、赵放主编《中国地方志民俗资料汇编·华东卷》，书目文献出版社，1995，第 662 页。

⑤ 《陆凉州志》，清乾隆十七年刻本。见丁世良、赵放主编《中国地方志民俗资料汇编·西南卷》，书目文献出版社，1991，第 790 页。

⑥ 《惠民县志》，清光绪二十五年柳堂校补刻本。见丁世良、赵放主编《中国地方志民俗资料汇编·华东卷》，书目文献出版社，1995，第 161 页。

⑦ 《甘肃新通志》，清光绪三十四年修宣统元年刻本。见丁世良、赵放主编《中国地方志民俗资料汇编·西北卷》，书目文献出版社，1989，165 页。

郊外，名曰踏青"。① 江苏南京人"又是日有游玩雨花台之举。倾城士女，咸出南门，登雨花台，举国若狂。甚有远道而来者。人满山巅，如蜂屯，如蚁聚，而山上舍观放纸鸢，别无可游。且游人众多，出入城门，拥挤不堪，往往肇事。在昔虽有踏青之举，从未见人众如是。民国以来，此种举动，年甚一年，殊不可解"。② 民国时期，山东惠民青城县人"'清明'插柳，架秋千为儿女戏，或结伴出游，谓之'踏青'"。③

（五）谷雨禁蝎

蝎子在民间被视为五毒之一，人们在谷雨日贴符咒以禁蝎子，用一种巫术手段防止毒蝎伤害。民国以前，这一习俗在黄河中下游地区曾经非常流行，文献多有记述。略举如下。明嘉靖年间，河南尉氏县人"'谷雨'侵晨，贴禁语于床、壁，以厌蝎。"④ 清康熙年间，山东潍坊高密县人"厥'谷雨'禁蝎"。⑤ 山西临汾县人"'谷雨'，以灰、酒洒墙，名曰'禁蝎'"。⑥ 民国时期当地仍有此俗。⑦ 清乾隆年间，山东潍坊高密县人"'谷雨日'，书符禁蝎，理蚕事"。⑧ 山东烟

---

① 胡朴安：《中华全国风俗志》（上编）引《金华府志》，河北人民出版社，1986，第 102 页。
② 胡朴安：《中华全国风俗志》下编，河北人民出版社，1986，第 132 页。
③ 《青城县志》，1935 年铅印本。见丁世良、赵放主编《中国地方志民俗资料汇编·华东卷》，书目文献出版社，1995，第 181 页。
④ 《尉氏县志》，1963 年上海古籍书店据宁波天一阁藏明嘉靖刻本影印。见丁世良、赵放主编《中国地方志民俗资料汇编·中南卷》，书目文献出版社，1991，第 23 页。
⑤ 《高密县志》，清康熙四十九年刻本。见丁世良、赵放主编《中国地方志民俗资料汇编·华东卷》，书目文献出版社，1995，第 212 页。
⑥ 《临汾县志》，清康熙五十七刻本。见丁世良、赵放主编《中国地方志民俗资料汇编·华北卷》，书目文献出版社，1989，第 642 页。
⑦ 《临汾县志》，1933 年铅印本。见丁世良、赵放主编《中国地方志民俗资料汇编·华北卷》，书目文献出版社，1989，第 646 页。
⑧ 《高密县志》，清乾隆十九年刻本。见丁世良、赵放主编《中国地方志民俗资料汇编·华东卷》，书目文献出版社，1995，第 213 页。

台福山县人"'谷雨'禁蝎"。① 陕西榆林府谷县人"谷雨日，贴厌蝎符于壁，书咒其上曰：'谷雨日，谷雨晨，奉请谷雨大将军。茶三盏，酒四巡，送蝎千里化为尘。'又书'八威吐毒'字于四隅"。② 清雍正年间，陕西人渭南一带人们"'谷雨日'，贴厌蝎符于壁，书咒其上曰：'谷雨日，谷雨晨，奉请谷雨大将军。茶三盏，酒三巡，逆蝎千里化为尘。'（《延绥镇志》）'谷雨日'，贴神符于壁上，以除毒虫（《韩城县志》)"。③ 清道光年间，陕西榆林清涧县人"谷雨日，贴厌蝎符于壁，书咒其上曰：'谷雨日，谷雨辰，奉请谷雨大将军，茶三盏，酒四巡，送蝎千里化为尘。'又书'八威吐毒'字于四隅"。④ 清咸丰年间，陕西渭南澄城县人"谷雨日，贴符于壁，书咒其上，以除毒虫。"⑤ 清光绪年间，陕西咸阳兴平县人"'谷雨'，黄纸小贴，绘画蝎子，丹书贴上，曰'八威吐毒，猛马驷张'；锥刺之，言除蝎也。并贻送里巷"。⑥ 山东德州宁津县人"谷雨日"禁蝎时还引用了许多治疗方法，如"《蜀本草》曰，蝎紧小者名蚰蜒。周密《癸辛杂志》：有火蝎，比常蝎尤小，而毒甚酷。据陶宏景《集验方》：蝎有雌雄，雄者螫人，痛止一处，用井泥敷之。雌者螫人，痛牵诸处，用瓦沟下泥或尿泥敷之，再画地作十字取土，水服方寸匕。倘螫手足，以冷水浸之；在身以水浸布榻之，皆验。按，

① 《福山县志》，清乾隆二十八年刻本。见丁世良、赵放主编《中国地方志民俗资料汇编·华东卷》，书目文献出版社，1995，第226页。
② 《府谷县志》，清乾隆四十八年刻本。见丁世良、赵放主编《中国地方志民俗资料汇编·西北卷》，书目文献出版社，1989，第92页。
③ 《陕西通志》，清雍正十三年刻本。见丁世良、赵放主编《中国地方志民俗资料汇编·西北卷》，书目文献出版社，1989，第8页。
④ 《清涧县志》，清道光八年刻本。见丁世良、赵放主编《中国地方志民俗资料汇编·西北卷》，书目文献出版社，1989，第108~109页。
⑤ 《澄城县志》，清咸丰元年刻本。见丁世良、赵放主编《中国地方志民俗资料汇编·西北卷》，书目文献出版社，1989，第53页。
⑥ 《兴平志》，清光绪二年重刻本。见丁世良、赵放主编《中国地方志民俗资料汇编·西北卷》，书目文献出版社，1989，第14页。

华陀治彭城夫人蝎螫方，乃以温汤渍之，数易至晓愈……"①

民国时期，山东烟台莱阳县人"'谷雨'：家各用朱砂书符咒，画蛇蝎贴壁，谓之禁土毒"。②陕西渭南同官县人有俗："谷雨，偶书单贴屋壁，名'谷雨单'，词云'谷雨三月中，蝎子到门庭；手执七星剑，先斩蝎子虫。吾奉太上老君急急如律令'。"③山西临汾翼城人"'谷雨日'，人家多书禁蝎帖粘于壁间，词曰：'谷雨三月中，老君下天空，手拿七星剑，斩断蝎子精。'又帖词曰：'谷雨日，谷雨时，口念禁蝎咒，奉请禁蝎神，蝎子一概化灰尘'"。④20世纪40年代以前，山西晋南河东地区的谷雨贴极有特色，上半部分写有"谷雨三月中，蝎子到门庭，我家大公鸡，专吃害人精"或"谷雨谷雨，蝎子哭哩。哭的为何？公鸡吃哩"等词，下半部分绘有公鸡啄食蝎子图，谷雨这天家家都贴在大门上。⑤

谷雨日未见国家祭祀的记载，这天在民间也没有形成节庆活动，只有用贴符咒形式避蝎毒的地方性习俗。

（六）立夏蛀夏

1.蛀夏

蛀夏是流传在长江中下游一带的习俗，人们将入夏眠食不服称为蛀夏，也写作痊夏、注夏、拄夏等，民间以各种饮食来解病。清康熙

---

① 《宁津县志》，清光绪二十六年刻本。见丁世良、赵放主编《中国地方志民俗资料汇编·华东卷》，书目文献出版社，1995，第151页。

② 《莱阳县志》，1935年刻本。见丁世良、赵放主编《中国地方志民俗资料汇编·华东卷》，书目文献出版社，1995，第239页。

③ 《同官县志》，1944年铅印本。见丁世良、赵放主编《中国地方志民俗资料汇编·西北卷》，书目文献出版社，1989，第66页。

④ 《翼城县志》，1929年铅印本。见丁世良、赵放主编《中国地方志民俗资料汇编·华北卷》，书目文献出版社，1989，第657页。

⑤ 赵秦原：《河东民俗——贴谷雨帖》，《沧桑》1993年第1期。

年间,浙江丽水青田人"'立夏日',各作面粢、稻饼,取其坚韧砺齿,谓之'拄夏'"。①

民国以前,江苏苏州盛湖一带人"'立夏日',以大秤权人轻重,谓不疰夏,饮火酒,啜芽饼,啖青梅、朱樱、蚕豆、香蛳"。② 江苏吴中人"凡以魇注夏之疾者,则于立夏日,取隔岁撑门炭,烹茶以饮。茶叶则索诸左右邻舍,谓之七家茶。或小儿嗜猫狗食余,俗名猫狗饭。是日虽寒,必着纱衣一袭,并戒坐户槛,俱令人夏中壮健"。③ 江苏南京人"立夏,使小儿骑坐门槛,啖豌豆糕,谓之不疰夏。乡俗云,疰夏者,以夏令炎热,人多不思饮食,故先以此厌之"。④

2. 称人

称人习俗流行于长江中下游地区,在立夏、夏至、立秋三个节气日进行,民国以前尤其盛行。

清乾隆年间,称人有占卜一年身体状况、祛除疾病等意义,浙江宁波镇海人"各权人轻重以卜一岁壮迈,并驱疾疠"。⑤ 清道光年间,称人的民俗意义仍未变化,《清嘉录》云:"秤人,家户以大秤权人轻重,至立秋日又秤之,以验夏中之肥瘠。蔡云《吴歈》云:'风开绣阁飐罗衣,认是秋千戏却非。为挂量才上官秤,评量燕瘦与环肥。'案:钱思元《吴门补乘》云:立夏日,家家以大秤权人轻重。吴曼云《江向节物词》小序云:'杭俗,立夏日悬大秤,男妇皆秤之,以试一年之肥瘠。'诗云:'悬衡——判低昂,轻重休夸蜡貌强。莫是菜人须论价,

---

① 《青田县志》,清雍正六年增刻康熙本。见丁世良、赵放主编《中国地方志民俗资料汇编·华东卷》,书目文献出版社,1995,第927页。

② 《盛湖志》,1926年周庆云覆刻吴江仲氏本。见丁世良、赵放主编《中国地方志民俗资料汇编·华东卷》书目文献出版社,1995,第438页。

③ 胡朴安:《中华全国风俗志》下编,河北人民出版社,1986,第158页。

④ 潘宗鼎:《金陵岁时记》,南京市秦淮区地方史志编纂委员会、南京市秦淮区图书馆1993年编印,第27页。

⑤ 《镇海县志》,清乾隆四十五年周樽增补印本。见丁世良、赵放主编《中国地方志民俗资料汇编·华东卷》,书目文献出版社,1995,第784页。

就中愁绝是猪王。'"① 清光绪年间，上海青浦县人"（立夏）悬秤
（秤）权轻重，谓之'称人'"。② 称人，俗谓称者不瘦夏。③

清朝中后期，称人又被赋予解蛀夏时病的意义。清光绪年间，上
海川沙人"'立夏日'，以金花菜摊粞作食，并食海蛳、樱、蔗、梅、
笋，曰目明。悬秤称人，曰不疰夏"。④ 民国时期，上海张堰人"'立
夏日'，设清酌，樱梅、笋蔬之属毕陈，曰'立夏酒'。以秤权人轻
重，谓解注（疰）夏疾"。⑤ 江苏南京人"夏至日，称人，谓可免
蛀夏"。⑥

民国时期，浙江富阳人认为，龙、蛇、猴三个属相人忌称，一旦
犯疰夏后也有治疗偏方，"并有称人之举，谓称后可免蛀（疰）夏之
患，但生肖属龙、蛇与猴者则忌称。是日且忌坐门槛，坐则患疰夏。
反（犯）疰夏者，是日以艾火一点炙（灸）于门槛上，谓可免除，
或以'清明'所留之蓬米果泡汤饮之，谓有同样功效"。⑦

（七）芒种祀神农

芒种节气民间有祭祀神农、后稷习俗。民国以前，河南郑州郑县
人"丰年大有，报赛酬神，农家于麦场设神农、后稷位，供以香楮、

---

① （清）顾禄：《清嘉录》，来新夏校点，上海古籍出版社，1986，第67~68页。
② 《青浦县志》，清光绪五年尊经阁刻本。见丁世良、赵放主编《中国地方志民俗资料汇编·华东卷》，书目文献出版社，1995，第46页。
③ 胡朴安：《中华全国风俗志》下编，河北人民出版社，1986，第284页。
④ 《川沙厅志》，清光绪五年刻本。见丁世良、赵放主编《中国地方志民俗资料汇编·华东卷》，书目文献出版社（北京），1995，第21~22页。
⑤ 《重辑张堰志》，1920年金山姚氏松韵草堂铅印本。见丁世良、赵放主编《中国地方志民俗资料汇编·华东卷》，书目文献出版社，1995，第42页。
⑥ 胡朴安：《中华全国风俗志》下编，河北人民出版社，1986，第132页。
⑦ 《浙江新志》，1936年杭州正中书局铅印本。见丁世良、赵放主编《中国地方志民俗资料汇编·华东卷》，书目文献出版社，1995，第559页。

猪羊。祀罢享胙。痛饮至醉"。①

神农、后稷为古代国家吉礼祭祀对象。后周蜡祭中有神农和后
稷,"常以十一月,祭神农氏、伊耆氏、后稷、田畯、鳞、羽、蠃、
毛、介、水、墉、坊、邮、表、畷、兽、猫之神于五郊"。② 唐代祭
祀神农时,有时后稷作为配享同祭,"(肃宗乾元二年春正月)翌日
己卯,致祭神农氏,以后稷配享"。③ 北宋也曾如此祭祀,"(雍熙)
五年正月乙亥,帝服衮冕,执镇圭,亲享神农,以后稷配,备三献,
遂行三推之礼"。④ 北宋《政和新仪》规定大蜡礼中,"东方设大明
位,西方设夜明位,以神农氏、后稷氏配,配位以北为上。南北坛设
神农位,以后稷配,五星、二十八宿、十二辰、五官、五岳、五镇、
四海、四渎及五方山林、川泽、丘陵、坟衍、原隰、井泉、田畯,仓
龙、朱鸟、麒麟、白虎、玄武、五水庸、五坊、五虎、五鳞、五羽、
五介、五毛、五邮表畷、五蠃、五猫、五昆虫从祀,各依其方设
位"。⑤ 清乾隆废除了蜡祭,"乾隆十年,诏罢蜡祭"。⑥ 自周代以来,
蜡祭传承了数千年,民国时期虽然官方取消了国家祭祀,但在民间
仍有流传,河南郑州民间的神农和后稷祭祀就是官方礼仪民间化后
的遗存。

（八）立秋戴楸叶

立秋日,河南、浙江等地曾有戴楸叶以应时序的习俗。清乾隆年

① 《郑县志》,1916 年刻本。见丁世良、赵放主编《中国地方志民俗资料汇编·中南
卷》,书目文献出版社,1991,第 5 页。
② 《隋书》卷 7《礼仪志二》,中华书局 1973 年标点本,第 1 册,第 148 页。
③ 《旧唐书》卷 24《礼仪志四》,中华书局 1975 年标点本,第 3 册,第 914 页。
④ 《宋史》卷 102《礼志五》,中华书局 1977 年标点本,第 8 册,第 2489 页。
⑤ 《宋史》卷 103《礼志六》,中华书局 1977 年标点本,第 8 册,第 2520~2521 页。
⑥ 《清史稿》卷 84《礼志三》,中华书局 1977 年标点本,第 10 册,第 2550 页。

间，山东烟台黄县人"'立秋'，戴秋（楸）叶"。① 清道光年间，山东烟台招远县人"立秋，戴楸叶"。② 清光绪年间，山东烟台登州府人"立秋：戴楸叶"。③

民国时期，河南郑州郑县人"'立秋'：立秋之日，男女咸戴楸叶以应时序，或以石楠红叶剪刻花瓣，簪插鬓角，或以秋水吞赤小豆七粒。俗名'避疟丹'"。④ 浙江临安（杭州）人"立秋之日，男女咸戴楸叶，以应时序。或以石楠红叶剪刻花瓣，簪插鬓边，或以秋水吞食小赤豆七粒"。⑤

应时序习俗在南宋时比较兴盛，官方用梧桐叶，民间用楸叶。《梦粱录》云："立秋日，太史局委官吏于禁廷内，以梧桐树植于殿下，俟交立秋时，太史官穿秉奏曰'秋来'。其时，梧叶应声飞落一二片，以寓报秋意。都城内外，侵晨满街叫卖楸叶，妇人女子及儿童辈争买之，剪如花样，插于鬓边，以应时序。"⑥ 民间戴楸叶以应时序的习俗在宋代盛行，并一直流传到民国时期。

（九）霜降祭旗纛

祭旗纛为官方仪式，但在民间演化出一些特殊节庆活动及其他习

---

① 《黄县志》，清乾隆二十一年刻本。见丁世良、赵放主编《中国地方志民俗资料汇编·华东卷》，书目文献出版社，1995，第224页。

② 《招远县志》，清道光二十六年刻本。见丁世良、赵放主编《中国地方志民俗资料汇编·华东卷》，书目文献出版社，1995，第230页。

③ 《增修登州府志》，清光绪七年刻本。见丁世良、赵放主编《中国地方志民俗资料汇编·华东卷》，书目文献出版社，1995，第221页。

④ 《郑县志》，民国五年刻本。见丁世良、赵放主编《中国地方志民俗资料汇编·中南卷》，书目文献出版社，1991，第5页。

⑤ 胡朴安：《中华全国风俗志》下编，河北人民出版社，1986，第232页。

⑥ （南宋）吴自牧：《梦粱录》卷4，见孟元老等《东京梦华录（外四种）》，古典文学出版社，1956，第159页。

俗。清康熙年间,浙江杭州钱塘县"'霜降'之日,帅府诣演武场祭旗纛,盛列军容,设阵伍,作击刺状,以厉兵威。炮声雷震,民多往观。振旅而入,金鼓导引,绕阶迎赛,谓之'扬兵'。所过,妇女看迎旗纛,拥如堵墙"。① 清乾隆年间,河北唐山永平府"霜降,官祭旗纛"。② 山东烟台黄县"'霜降',武官祭旗纛于演武场,较射行赏"。③ 河南郑州荥阳县"'霜降',是日例祭旗纛之神。司防者前矛(茅)后茎(劲),绣旗飞动,金鼓阗走马观花,军威必整。又试放西洋火器,声振远迩"。④ 河南开封祥符县"'霜降日',例祭旗纛之神。大帅偏裨,前茅后劲,绣旗飞动,金鼓阗走马观花,军威必整,各司其局。又试西洋火器,声振远迩"。⑤ 四川绵阳广元县"'霜降',武职坐教(校)场祭纛神,兵皆执旗帜,应点演坐作击刺之法,名曰'阅操'"。⑥ 清光绪年间,江苏苏州人"'霜降'之晨,祭旗纛,人相诫无睡,听汛炮"。⑦

民国以前,浙江杭州还有祭旗纛习俗,"'霜降'前一日迎旗,将左右中前卫所各营兵编为队伍,次第相承戈、铤、矛、戟、弓矢、剑盾、籐牌、狼筅、鸟铳、火炮之类扬于道上,以肃军容。男妇老幼

① 《钱塘县志》,清康熙五十七年刻本。见丁世良、赵放主编《中国地方志民俗资料汇编·华东卷》,书目文献出版社,1995,第595页。
② 《永平府志》,清乾隆三十九年刻本。见丁世良、赵放主编《中国地方志民俗资料汇编·华北卷》,书目文献出版社,1989,第226页。
③ 《黄县志》,清乾隆二十一年刻本。见丁世良、赵放主编《中国地方志民俗资料汇编·华东卷》,书目文献出版社,1995,第224页。
④ 《荥阳县志》,清乾隆十二年刻本。见丁世良、赵放主编《中国地方志民俗资料汇编·中南卷》,书目文献出版社,1991,第10页。
⑤ 《祥符县志》,清乾隆四年刻本。见丁世良、赵放主编《中国地方志民俗资料汇编·中南卷》,书目文献出版社,1991,第19页。
⑥ 《广元县志》,清乾隆二十二年刻本。见丁世良、赵放主编《中国地方志民俗资料汇编·西南卷》,书目文献出版社,1991,第105页。
⑦ 《苏州府志》,清光绪八年江苏书局刻本。见丁世良、赵放主编《中国地方志民俗资料汇编·华东卷》,书目文献出版社,1995,第370页。

于两旁环聚而观。次日五鼓，当事于旗纛庙祭旗，炮声震地，动摇山岳（《仁和县志》）"。① 江苏南京也有祭旗纛礼，"霜降之辰，军中振旅而出，鼓角呜呜，旌旗耀日，以彩亭置金喜字于中，迎于南城外，而至小营行军礼焉，谓之迎霜降。盖懔乎金天肃杀之义。每岁之秋，制军行大阅之典，简其军容，以时黜陟，名曰秋操"。② 河南郑州郑县"'霜降'：霜降之日，黄河安□（澜），官民称庆。河督到工巡阅，行台祭旗纛神，已而张列军器，以金鼓导之，绕河迎赛，谓之'扬兵'。旗帜刀枪之属，种种精致。有飙骑数十，飞骞来往，呈弄技艺，例如双燕绰水、二鬼争环、隔肚穿针、枯松倒挂、魁星踢斗、夜叉探海、八蛮进宝、四女呈妖、六臂哪叱（吒）、二仙传道、圮桥进履、玉女穿梭、担水救火、踏梯望月之属，穷态极变，难以殚述。跳跃上下，不离鞍辔之间，恍然猿猱之寄术也"。③ 江苏苏州吴县"'霜降'日天向明，官祭军牙六纛神。祭时演放火枪阵，俗名'信爆'。先期，张列军械，金鼓导之，自抚辕出，由护龙街而北至教场之旗纛庙。观者如云，相传能祓除不祥。俗于是夜五更相戒醒睡，以听信爆，云免喉痛；或剥新栗置枕边，至时食之，令人有力"。④

旗纛祭礼属国家"五礼"中的军礼，明代列为中祀。据《明史》载，唐、宋、元都有祭旗纛，明洪武元年立旗纛庙，"乃命建庙于都督府治之后，以都督为献官，题主曰军牙之神、六纛之神"。惊蛰、霜降致祭。洪武七年（1374）改为武场祭旗纛，后停

① 《杭州府志》，1922年铅印本。见丁世良、赵放主编《中国地方志民俗资料汇编·华东卷》，书目文献出版社，1995，第586页。
② 潘宗鼎：《金陵岁时记》，南京市秦淮区地方史志编纂委员会、南京市秦淮区图书馆，1993年编印，第32页。
③ 《郑县志》，1916年刻本。见丁世良、赵放主编《中国地方志民俗资料汇编·中南卷》，书目文献出版社，1991，第7页。
④ 《吴县志》，1933年苏州文新公司铅印本。见丁世良、赵放主编《中国地方志民俗资料汇编·华东卷》，书目文献出版社，1995，第382页。

春祭，只在霜降日祭于教场。明代天下卫所公署后都建有旗纛庙，并以指挥使为初献官，僚属为亚献、终献。① 清雍正初年，"定三年一祭。凡旗纛皆庋内府，祭则设之。各省祭旗纛，则遣武官戎服行礼焉"。② 这项国家祭祀后来逐渐演变成为民间节庆，加入了许多民俗元素。

（十）冬至符号

1. 祀先

明嘉靖年间，山东淄博淄川人"'冬至'，祀先"。③ 到清乾隆年间，淄川人"'冬至'，惟官府行拜冬礼"。④ 大概这时淄博的祀先习俗已经消亡了。明万历年间，安徽巢湖和州人"'冬至'，祭先祖，间亦称贺"，⑤ 而安徽六安人"'冬至'民俗不重，惟士夫称贺"。⑥

清乾隆年间，陕西渭南同州人"'冬至日'，以馄饨祀先。白水惟焚素纸，曰'送段'"。⑦ 安徽巢湖含山县人"'冬至'祀祖先，前后数日展墓，如'清明节'"。⑧ 广东汕头南澳人"'冬至'，人家作

---

① 《明史》卷 50《礼志四》，中华书局 1974 年标点本，第 5 册，第 1301~1302 页。
② 《清史稿》卷 84《礼志三》，中华书局 1977 年标点本，第 10 册，第 2543 页。
③ 《淄川县志》，1961 年上海古籍书店据宁波天一阁藏明嘉靖刻本影印。见丁世良、赵放主编《中国地方志民俗资料汇编·华东卷》，书目文献出版社，1995，第 98 页。
④ 《淄川县志》，清乾隆四十一年刻本。见丁世良、赵放主编《中国地方志民俗资料汇编·华东卷》，书目文献出版社，1995，第 100 页。
⑤ 《和州志》，明万历三年刻本。见丁世良、赵放主编《中国地方志民俗资料汇编·华东卷》，书目文献出版社，1995，第 945 页。
⑥ 《六安州志》，明万历十二年刻本。见丁世良、赵放主编《中国地方志民俗资料汇编·华东卷》，书目文献出版社，1995，第 100 页。
⑦ 《同州府志》，清乾隆五年刻本。见丁世良、赵放主编《中国地方志民俗资料汇编·西北卷》，书目文献出版社，1989，第 51 页。
⑧ 《含山县志》，清乾隆十三年刻本。见丁世良、赵放主编《中国地方志民俗资料汇编·华东卷》，书目文献出版社，1995，第 944 页。

米丸祀众神及祖先，举家团而食之，谓之'添岁'，即古所谓'亚岁'也"。① 清同治年间，浙江丽水云和县人"'冬至'祀先，亦有拜扫先茔者"。② 清光绪年间，上海川沙厅人"'冬至节'，设馔祀先，邻里交贺。贫家礼少杀"。③ 山东德州陵县人"仲冬月'长至日'，士民各祭于家，有宗祠者族祭"。④ 浙江宁波奉化县人"'冬至'，各家具香烛以礼神祇及祖先，亦有具牲醴以祀者"。⑤

民国时期，上海崇明县人"'冬至'，祀祖先，里党相贺"。⑥ 江苏扬州瓜洲人"'冬至节'，敬神祀祖，供米粉圆子，俗称'大冬大是年，贺节如三节'"。⑦ 甘肃平凉庄浪人"'冬至节'，享祖先，拜官府，谒师长，如年节礼"。⑧ 甘肃庆阳镇原县人"'冬至'，绅士祭享祖先，贺官节；齐民未有行者"。⑨ 20 世纪 50 年代，宁夏石咀山平罗人"'冬至'，祭祖先，亲朋相拜贺"。⑩

---

① 《南澳志》，清乾隆四十八年刻本。见丁世良、赵放主编《中国地方志民俗资料汇编·中南卷》，书目文献出版社，1991，第 781 页。

② 《瓜洲续志》，1927 年瓜洲于氏凝晖堂铅印本。见丁世良、赵放主编《中国地方志民俗资料汇编·华东卷》，书目文献出版社，1995，第 933 页。

③ 《川沙厅志》，清光绪五年刻。见丁世良、赵放主编《中国地方志民俗资料汇编·华东卷》，书目文献出版社，1995，第 22 页。

④ 《陵县志》，清光绪元年增刻本。见丁世良、赵放主编《中国地方志民俗资料汇编·华东卷》，书目文献出版社，1995，第 110 页。

⑤ 《奉化县志》，清光绪三十四年刻本。见丁世良、赵放主编《中国地方志民俗资料汇编·华东卷》，书目文献出版社，1995，第 771 页。

⑥ 《崇明县志》，1930 年刻本。见丁世良、赵放主编《中国地方志民俗资料汇编·华东卷》，书目文献出版社，1995，第 85 页。

⑦ 《瓜洲续志》，1927 年瓜洲于氏凝晖堂铅印本。见丁世良、赵放主编《中国地方志民俗资料汇编·华东卷》，书目文献出版社，1995，第 497 页。

⑧ 《庄浪志略》，抄本。见丁世良、赵放主编《中国地方志民俗资料汇编·西北卷》，书目文献出版社，1989，第 179 页。

⑨ 《重修镇原县志》，1935 年兰州俊华印书馆铅印本。见丁世良、赵放主编《中国地方志民俗资料汇编·西北卷》，书目文献出版社，1989，第 191 页。

⑩ 《平罗纪略》，1965 年甘肃图书馆油印本。见丁世良、赵放主编《中国地方志民俗资料汇编·西北卷》，书目文献出版社，1989，第 248 页。

2. 冬至大如年

冬至节气在一些地方受到特别的重视，甚至超过了春节，民谚说："冬至大如年。"这一观念在江南一带尤其强烈。

民国时期，江苏吴中人认为"冬至大如年。郡人最重冬至节。先日，亲朋各以食物相馈遗，提筐担盒，充斥道路，俗呼冬至盘。节前一夕，俗呼冬至夜。是夜，人家更迭燕饮，谓之节酒。女嫁而归宁在室者，至是必归婿家。家无大小，必市食物以享先，间有悬挂祖先遗容者。诸凡仪文，加于常节，故有'冬至大如年'之谣"。① 江苏仪征人"十一月冬至节，丛火，祀家庙、福祠、灶陉，拜父母尊长，设家宴，亲戚相庆贺，与元旦一例。谚云'大冬大似年'，即吴中'肥冬瘦年'之说也"。② 江苏南京人"冬至节，宁俗节期以冬至为最重，其次则新春。冬至日谓之过小年。凡工艺及学生均放假一日。谚云'冬至大似年，先生不放不给钱。冬至大似节，东家不放不肯歇'"。③

据清光绪年间江苏常州武进人推测，"冬至大如年"来自唐中宗"冬至长于岁"语，"谚云：'冬至大如年。'盖本唐中宗语'冬至长于岁'也"。④ 实际上，唐中宗所说的"冬至长于岁"在唐代也是一句俗语，⑤ 指的是时间长短，与冬至节气习俗可能不相关。唐代时，"冬至大如年"的基本思想已经形成于上层，官方认为"然元正，岁

① 胡朴安：《中华全国风俗志》下编，河北人民出版社，1986，第166~167页。
② 胡朴安：《中华全国风俗志》下编，河北人民出版社，1986，第194页。
③ 胡朴安：《中华全国风俗志》下编，河北人民出版社，1986，第134页。
④ 《武进、阳湖县合志》，清道光二十三年刻本。见丁世良、赵放主编《中国地方志民俗资料汇编·华东卷》，书目文献出版社，1995，第467页。
⑤ 《旧唐书》载："（唐中宗景龙三年）时十一月十三日乙丑冬至，阴阳人卢雅、侯艺等奏请促冬至就十二日甲子以为吉会。……太史令傅孝忠奏曰：'准《漏刻经》，南陆北陆并日校一分，若用十二日，即欠一分。未南极，即不得为至。'上曰：'俗谚云，"冬至长于岁"，亦不可改。'竟依绍议以十三日乙丑祀圆丘。"见《旧唐书》卷25《礼仪志一》，中华书局1975年标点本，第3册，第831页。

之始，冬至，阳之复，二节最重"。① 宋代时，冬至形成了一个较大的宗教节日，还罢市三日庆贺。《东京梦华录》云："十一月冬至。京师最重此节。虽至贫者。一年之间。积累假借。至此日更易新衣。备办饮食。享祀先祖。官放关扑。庆贺往来。一如年节。"②《武林旧事》云："冬至。朝廷大朝会庆贺排当，并如元正仪，而都人最重一阳贺冬，车马皆华整鲜好，五鼓已填拥杂还于九街。妇人小儿，服饰华炫，往来如云。岳祠城隍庙，炷香者尤盛。三日之内，店肆皆罢市，垂帘饮博，谓之'做节'。"③ 南宋延续着这一观念，"大抵杭都风俗，举行典礼，四方则之为师，最是冬至岁节，士庶所重，如馈送节仪，及举杯相庆，祭享宗禋，加于常节。士庶所重，如晨鸡之际，太史观云气以卜休祥，一阳后日晷渐长，比孟月则添一线之功。杜甫诗曰'愁日愁随一线长'，正谓此也。此日宰臣以下，行朝贺礼。士夫庶人，互相为庆。太庙行荐黍之典，朝廷命宰执祀于圆丘。官放公私僦金三日。车驾诣攒宫朝享"。④ 冬至日不仅官方非常重视，民间也有纵乐的传统，《华阳县志》引《易·通卦验》云："冬至之始，人主与群臣左右纵乐五日；天下之众，亦家家纵乐五日，以为近日至之礼也"。⑤ 相较于全国其他地方，"冬至大如年"观念在长江中下游及以南地区尤其牢固，冬至日活动非常隆重，方志中多有记述，可能与历史上所谓"衣冠南渡"以及南宋建都长江以南所形成的官方礼仪遗留有关。

① 《新唐书》卷13《礼乐志三》，中华书局1975年标点本，第2册，第346页。
② （宋）孟元老：《东京梦华录》，邓之诚注，中华书局，1982，第234页。
③ （宋）四水潜夫辑《武林旧事》，西湖书社，1981，第45～46页。
④ （南宋）吴自牧：《梦粱录》卷6，见孟元老等《东京梦华录（外四种）》，古典文学出版社，1956，第180页。
⑤ 《华阳县志》，清嘉庆二十一年刻本。见丁世良、赵放主编《中国地方志民俗资料汇编·西南卷》，书目文献出版社，1991，第11页。

3. 献履袜

冬至称为"履长节"，浙江、山东、湖北、河南等地妇女有向尊长献鞋袜的习俗。清代，浙江杭州人"'冬至日'，谓之'亚岁'，各以牲果祀神享先。煮赤豆饭，蒸新米糕，爇栗炭于围炉。各衙署悬彩，黎明拜表后交相致贺。妇女小儿服饰华炫，往来如云。舂粢糕以祀先。妇女献鞋袜于尊长，亦古人履长之义也（《图书集成》《风俗考》)"。① 清乾隆年间，山东济宁曲阜县人"'冬至'，陈新历荐黍，妇人进履舄于舅姑"。② 民国时期编修的《曲阜县志》中却无记述，大概到清末这一习俗可能消亡了。③ 清同治年间，湖北郧阳地区郧西县人"十一月'冬至日'，士族合祭祖先于祠堂。是日，女红试线，进履袜于舅姑"。④ 湖北宜昌枝江县人"'冬至'，谓之'亚岁'，子妇以袜履献舅姑"。⑤ 民国时期，浙江杭州人称"冬至俗名亚岁，人家互相庆贺，一如新年。吴中最盛，故有'肥冬瘦年'之说。舂炊糕以祀先祖。妇女献鞋袜于尊长，盖古人履长之义也"。⑥ 河南郑州郑县人"（冬至）作水饺以祀先祖，妇女献鞋袜于尊长"。⑦

冬至献鞋袜最早为宫廷礼仪，早在南北朝时期就已非常盛行。曹植《冬至献袜颂表》云："伏见旧仪，国家冬至，献履贡袜，所以迎

① 《杭州府志》，1922年铅印本。见丁世良、赵放主编《中国地方志民俗资料汇编·华东卷》，书目文献出版社，1995，第587页。
② 《曲阜县志》，清乾隆三十九年刻本。见丁世良、赵放主编《中国地方志民俗资料汇编·华东卷》，书目文献出版社，1995，第290页。
③ 《曲阜县志》，1933年铅印本。见丁世良、赵放主编《中国地方志民俗资料汇编·华东卷》，书目文献出版社，1995，第292页。
④ 《郧西县志》，清同治五年刻本。见丁世良、赵放主编《中国地方志民俗资料汇编·中南卷》，书目文献出版社，1991，第457页。
⑤ 《枝江县志》，清同治五年刻本。见丁世良、赵放主编《中国地方志民俗资料汇编·中南卷》，书目文献出版社，1991，第418页。
⑥ 胡朴安：《中华全国风俗志》下编，河北人民出版社，1986，第233页。
⑦ 《郑县志》，1916年刻本。见丁世良、赵放主编《中国地方志民俗资料汇编·中南卷》，书目文献出版社，1991，第7页。

福践长。"① 《酉阳杂俎》云："北朝妇人，常以冬至日进履袜及靴。"② 《夔州府志》引沈约《宋书》云："冬至进履袜。"又引后魏崔浩《女仪》云："冬至，进履袜于舅姑。"③ 这一习俗可能是在冬至圆丘大祭基础上衍生而来的。冬至也称为"长至"，古代官员有贺长至习俗，"长至"又衍生出"履长"之意，成为古代冬至"大朝仪"中的标志性语言。唐宋以降，冬至日皇帝受群臣朝贺，仪式中不仅皇帝下诏书称"履长"，在官员朝贺皇帝时有脱鞋仪规。唐代冬至群臣朝贺仪式：

> 上公一人诣西阶席，脱舄（注：脱鞋），跪，解剑置于席，升，当御座前，北面跪贺，称："某官臣某言……天正长至，伏惟陛下如日之升。"乃降阶诣席，跪，佩剑，俯伏，兴，纳舄，复位。在位者皆再拜。侍中前承诏，降诣群官东北，西面，称"有制"。在位者皆再拜，宣制曰："履长之庆，与公等同之。"……在位者皆再拜，舞蹈，三称万岁，又再拜。④

宋朝的冬至"大朝仪"仪式为：

> 太尉诣西阶下，解剑脱舄升殿。中书令、门下侍郎各于案取所奏之文诣褥位，解剑脱舄以次升，分东西立以俟。太尉诣御坐前，北向跪奏："文武百寮、太尉具官臣某等言：元正启祚，万物咸新。伏惟皇帝陛下应乾纳祜，与天同休。"俯伏，兴，降

---

① 转引自江玉祥、张茜《冬至阳生春又来》，《文史杂志》2014 年第 6 期。
② （唐）段成式：《酉阳杂俎·礼异》，方南生点校，中华书局，1981，第 8 页。
③ 《夔州府志》，清道光七年刻本。见丁世良、赵放主编《中国地方志民俗资料汇编·西南卷》，书目文献出版社，1991，第 272 页。
④ 参见《新唐书》卷 19《礼乐志九》，中华书局 1975 标点本，第 2 册，第 426 页。

阶，佩剑纳舃，还位，在位官俱再拜、舞蹈，三称万岁，再拜。侍中进当御坐前承旨，退临阶，西向，称制宣答曰："履长之庆，与公等同之。"①

明代冬至"大朝仪"未写明要脱鞋，代致词官跪丹陛中，致冬至词云："具官臣某，兹遇正旦，三阳开泰，万物成新。"冬至则云："律应黄钟，日当长至。恭惟皇帝陛下，膺乾纳祜，奉天永昌。"传制官宣制云："履长之庆，与卿等同之。"②

大概由官方的"履长"语言符号，后来直接相似性地对象化到鞋子上，演化成为冬至献鞋袜的宫廷礼仪。在官方礼仪的影响下，民间形成了冬至日向尊长献鞋袜习俗。冬至日宫廷还有用线量日影，以及官方贺长至传统，后来都被民间化，成为地方性的民俗事象。清道光年间，四川宜宾隆昌县还有贺长至习俗，"冬至日，日南至，景渐长，故曰'长至'。祀先于家，士拜师，卑幼拜尊长，曰'贺长至'"。③ 一些地方演化为冬至日妇女"试线"做鞋袜。

---

① 参见《宋史》卷 116《礼志一》，中华书局 1977 年标点本，第 9 册，第 2746 ~ 2747 页。

② 《明史》卷 53《礼志七》，中华书局 1974 年标点本，第 5 册，第 1349 页。

③ 《隆昌县志》，清道光三年刻本。见丁世良、赵放主编《中国地方志民俗资料汇编·西南卷》，书目文献出版社，1991，第 145 页。

第四节　传统节气礼俗禁忌

（一）国家礼制节气禁忌

国家礼制中节气禁忌遵从周礼，以《礼记》为要，后世变更不多。历史上，也制定了一些禁忌规定，以此维护礼乐传统的规范与严肃性。如下试举几例。

东汉时，夏至日禁举大火，"日夏至，禁举大火，止炭鼓铸，消石冶皆绝止。至立秋，如故事"。① 南北朝时，南朝刘宋朝廷在元嘉十年（433）经过一场特殊讨论，最后议定春祭中禁用母鸡，改用雄鸡，② 依据是《礼记·月令》对孟春之月"牺牲无用牝"的记载。

祭祀用品的专用颜色也有特殊规定，禁用杂色。唐代对牛的颜色规定为："昊天上帝，苍犊；五方帝，方色犊；大明，青犊；夜明，白犊；神州地祇，黑犊。配帝之犊：天以苍，地以黄，神州以黑，皆一。宗庙、太社、太稷、帝社、先蚕、古帝王、岳镇、海渎，皆太

---

① 《后汉书》卷90《礼仪中》，中华书局1965年标点本，第11册，第3122页。
② 《宋书》云："（元嘉十年十二月）博士徐道娱等又议称：'凡宗祀牲牝不一，前惟《月令》不用牝者，盖明在春必雄，秋冬可雌，非以山林同宗庙也。四牲不改，在鸡偏异，相承来久，义或有由，诚非末学所能详究。求详议告报，如所称令。'参详闰所称粗有证据，宜如所上。自今改用雄鸡。"见《宋书》卷17《礼志四》，中华书局1974年标点本，第2册，第464页。

牢；社、稷之牲以黑。"①

元朝对国家祭祀有诸多禁止，如圆丘祭祀中禁止登坛抢夺祭品，禁大臣饮酒，"至顺元年，文宗将亲郊。十月辛亥太常博士言：'……又尝见奉礼赞赐胙之后，献官方退，所司便服彻俎，坛上灯烛一时俱灭，因而杂人登坛攘夺，不能禁止，甚为亵慢。今宜禁约，省牲之前，凡入墙门之人，皆服窄紫，有官者公服。禁治四墙红门，宜令所司添造关木锁钥，祭毕即令关闭，毋使杂人得入。其稿秸匏爵，事毕合依大德九年例焚之。'壬子，御史台臣言：'祭日，宜敕股肱近臣及诸执事人毋饮酒。'制曰：'卿言甚善，其移文中书禁之'"。② 郊礼中禁止行人，祭坛"外垣东西南棂星门外，设跸街清路诸军，诸军旗服各随其方之色。去坛二百步，禁止行人"。③ 祭祀日禁止吊丧作乐判决罪人等，"散斋日治事如故，不吊丧问疾，不作乐，不判署刑杀文字，不决罚罪人，不与秽恶事。致斋日惟祀事得行，其余悉禁"。④ 这些禁止规定属于国家禁忌。

（二）地方民俗节气禁忌

立春日。山东莱阳人忌挑水和掏灰，据说挑了水一年中精神不振，瞌睡多，掏灰会掏跑好运。⑤ 四川温江地区武阳镇人"禁扫、禁屠 建国（解放）前，家家户户每逢大年初一和打春（立春）之日，不能扫地，就叫'禁扫'，意谓家里不生跳蚤"。⑥

---

① 《新唐书》卷12《礼乐志二》，中华书局1975年标点本，第2册，第331页。
② 《元史》卷72《祭祀志一》，中华书局1976年标点本，第6册，第1791～1792页。
③ 《元史》卷73《祭祀志二》，中华书局1976年标点本，第6册，第1807页。
④ 《元史》卷73《祭祀志二》，中华书局1976年标点本，第6册，第1814页。
⑤ 任骋：《禁忌志》，齐涛主编《中国民俗通志》，山东教育出版社，2005，第353页。
⑥ 《武阳镇志》，1983年铅印本。见丁世良、赵放主编《中国地方志民俗资料汇编·西南卷》，书目文献出版社，1991，第88、89页。

惊蛰日。民国时期，有些地方忌闻雷声，贵州盘县人"惊蛰日不能闻雷声，闻则夏季毒虫必多。谚云：'惊蛰有雷鸣，虫蛇多成群'"。①

春分日。民国时期，四川雅安等地不仅有妇女不做针线活的习俗，更有不动土、不扫地的习俗，"春分日，不事事，兼为酒食聚会之戏。《墨庄录》：'唐、宋社日，妇女皆停针黹，不事女红。'《萝苴录》'社日，人家妇女皆归外家。'名人则'春分''春社'两日悬耒耜，户停针缕，叶戏六博，杂沓州闾。而妇女则着新衣归宁父母"。② 春分日妇女忌做针线的习俗源自唐宋时期，重庆市《巴县志》引文可作说明："立春后五戊为'春社日'。《王志》载旧俗礼后土，演剧，乡村是日祭句芒神。按，《墨庄漫录》：'唐宋社日，人家妇女皆停计，不事女红。'今无演剧之俗，乡村犹有家悬耒耜，户停针缕者。又，新冢必于社前祭扫，俗传新坟不过社也"。③

清明日。民国时期，山东济南人"清明日妇女忌作针黹。东府盛行秋千，是日皆艳妆结队出游、打秋千，谓之踏青。此则戏而近古者"。④ 山东"荣城县人民，在清明节之一日，各家多以面粉制若干小燕，互相赠送。儿童更持香楮、小燕、熟鸡蛋，至土地祠供奉，名曰而脯清。并有一般儿童，匿于土地祠后，伺有人前来，便将小燕及鸡蛋放下，群相夺取，名曰抢清。迨至夜半，方始还家也"。⑤

立夏日。清康熙年间，浙江丽水青田县人有忌坐门槛的习俗，"忌坐门限，言能令人脚骭酸软"。⑥

① 胡朴安：《中华全国风俗志》下编，河北人民出版社，1986，第435页。
② 《名山县新志》，1930年刻本。见丁世良、赵放主编《中国地方志民俗资料汇编·西南卷》，书目文献出版社，1991，第362页。
③ 《巴县志》，1939年刻本。见丁世良、赵放主编《中国地方志民俗资料汇编·西南卷》，书目文献出版社，1991，第40页。
④ 胡朴安：《中华全国风俗志》下编，河北人民出版社，1986，第99页。
⑤ 胡朴安：《中华全国风俗志》下编，河北人民出版社，1986，第112页。
⑥ 《青田县志》，清雍正六年增刻康熙本。见丁世良、赵放主编《中国地方志民俗资料汇编·华东卷》，书目文献出版社，1995，第927页。

夏至日。清朝时，江苏人禁诅咒、戒剃头，《清嘉录》云："夏至日为交时，曰头时、二时、末时，谓之'三时'。居人慎起居，禁诅咒、戒剃头，多所忌讳。"①

立秋日。清光绪年间，北京顺天府人"'立秋日'，相戒不饮生水，曰：呷秋头水，生暑痱子"。② 安徽巢湖无和州人"'立秋'，禁食井水西瓜，防疟痢"。③ 山东莱西一带忌洗澡，否则身上会长秋狗子（即痱子），黄县一带认为洗澡会秋后拉肚子。④

冬至日。浙江等地忌吃白米饭，要吃赤豆粥或红米饭以驱鬼，据说是驱赶共工氏的一个最会作恶事的儿子。⑤ 民国以前，"云南之节令：元旦、清明、端午、七夕、中秋、长至、除夕，风俗与中土相类。人家咸用赤豆作饭。昔共工氏有不才子七人，死而为厉，性畏赤豆，故作羹以祛之。滇俗犹其遗意也"。⑥ 早在南北朝时，这一风俗就已盛行，《荆楚岁时记》云："'冬至日，量日影，作赤豆粥以禳疫'。按共工氏有不才之子。以冬至日死，为疫鬼，畏赤小豆。故冬至日作赤豆粥以禳之。又，晋魏间，宫中以红线量日影。冬至后，日影添长一线。"⑦ 民国以前，四川一些地方忌妇女在冬至日做针线活，四川绵阳直隶绵州人"冬至，家设酒食，谓'过小年'。妇女不动针黹"。⑧ 四川绵阳三台县人"冬至，古'长至节'。家设酒食，为

① （清）顾禄：《清嘉录》，来新夏校点，上海古籍出版社，1986，第95页。
② 《顺天府志》，清光绪二十八年重印本。见丁世良、赵放主编《中国地方志民俗资料汇编·华北卷》，书目文献出版社，1989，第5页。
③ 《直隶和州志》，清光绪二十七年活字本。见丁世良、赵放主编《中国地方志民俗资料汇编·华东卷》，书目文献出版社，1995，第947页。
④ 徐杰舜主编《汉族民间风俗》，中央民族大学出版社，1998，第905页。
⑤ 徐杰舜主编《汉族民间风俗》，中央民族大学出版社，1998，第906页。
⑥ 胡朴安：《中华全国风俗志》下编，河北人民出版社，1986，第414、415页。
⑦ （梁）宗懔：《荆楚岁时记》，宋金龙校注，山西人民出版社，1987，第63页。
⑧ 《直隶绵州志》，清同治十二年刻本。见丁世良、赵放主编《中国地方志民俗资料汇编·西南卷》，书目文献出版社，1991，第97页。

'过小年'。妇女不动针黹"。①

　　上述习俗反映出民间对立春、清明和冬至三个节气最为重视，尤其是冬至，民间有"冬至大如年""肥冬瘦年"的说法。这些习俗都是在国家大文化传统下形成的地方性小传统，从而形成了多元一体的文化格局。

---

① 《三台县志》，清嘉庆二十年刻本。见丁世良、赵放主编《中国地方志民俗资料汇编·西南卷》，书目文献出版社，1991，第 111 页。

第五章
节气与人生礼俗

　　人生仪礼中，节气的影响主要表现在求子和祭祖两大方面。求子关乎着法统的延续和孝的实现，历来都是人生仪礼中的头等大事，备受重视，但在国家传统中的帝王求子和民俗生活中的求子其表现形态出现了明显的分层。在祭祖方面，上层文化中归入礼制，有严格的制度规定和祭典祭仪；民俗生活中大多靠民间记忆在维系，并依靠民俗的规范作用来推动，同时各地的表现形式还存在很大差异。

第一节　帝王求子传统礼制

传统上，帝王有春分日祀高禖，史载也有一些另类的求子仪式。

（一）高禖祭祀来源

祀高禖是帝王祈皇子的主要礼仪，这一传统源自周代。《礼记·月令》云："（仲春之月）是月也，玄鸟至。至之日，以大牢祠于高禖，天子亲往，后妃帅九嫔御。乃礼天子所御，带以弓韣，授以弓矢，于高禖之前。"祀高禖在《后汉书》《晋书》《北史》《隋书》《旧唐书》《宋史》《金史》《明史》等正史中都有记载。

周代还设有媒氏官职，职责之一便是"中春之月，令会男女。于是时也，奔者不禁。若无故而不用令者，罚之"。[1] 传统经学解释"会"为"合"，以礼令合男女之意。

（二）高禖祭祀时间

历史上，高禖祭祀时间不定，多以仲春之月进行。周、汉、晋、隋在仲春之月、玄鸟至时祭祀，唐太宗却在五月祭祀高禖。《逸周书·

---

① 杨天宇：《周礼译注》，上海古籍出版社，2004，第205页。

时训解》云："春分之日，玄鸟至。"① 说明史书所载"玄鸟至"，实指春分日。杨伯峻《春秋左传注》中也说："玄鸟即燕。分谓春分、秋分。燕以春分来，秋分去，故名。"②

南北朝以来，逐渐明确在春分日祀高禖。史书记载，北齐、宋、金都在春分祀高禖，"后齐高禖……每岁春分玄鸟至之日，皇帝亲帅六宫，祀青帝于坛，以太昊配，而祀高禖之神以祈子"。③ 北宋在宋仁宗时建立春分日祀高禖制度，"（仁宗）庆历元年春正月辛亥朔，御大庆殿受朝。己未，加唃厮啰河西节度使。壬申，诏岁以春分祠高禖"。④ 金也规定春分日祀高禖。⑤ 南宋恢复北宋礼制传统，绍兴二十七年（1157），赵构采纳礼部太常寺建言，在前期包括高禖在内的二十三项大祀基础上"乃悉复之"，⑥ 祀高禖时间亦在春分日。明朝嘉靖年间，也曾在春分祀高禖。

（三）高禖祭祀形式

史书记载的高禖祭祀有立祠、建坛和设木台几种形式。

1. 高禖祠

西汉于国都南建有高禖祠，"仲春之月，立高禖祠于城南，祀以特

---

① 黄怀信、张懋镕、田旭东：《逸周书汇校集注·时训解》，上海古籍出版社，1995，第627页。
② 杨伯峻编著《春秋左传注·昭公十七年》（修订本），中华书局1990年第2版，第1387页。
③ 《隋书》卷7《礼仪志二》，中华书局1973年标点本，第1册，第146~147页。
④ 《宋史》卷11《仁宗本纪三》，中华书局1977年标点本，第1册，第211页。
⑤ 《金史》卷29《礼志二》，中华书局1975年标点本，第3册，第722页。
⑥ 《宋史》云："二十七年，礼部太常寺言：'每岁大祀三十六，除天地、宗庙、社稷、感生帝、九宫贵神、高禖、文宣王等已行外，其余并乞寓祠斋宫。'自绍兴以来，大祀所行二十有三而已，至是乃悉复之。"见《宋史》卷98《礼志一》，中华书局1977年标点本，第8册，第2426页。

牲"。① 按照《隋书》说法，汉代兴祀高禖缘于汉武帝喜得太子，"汉武帝年二十九，乃得太子，甚喜，为立禖祠于城南，祀以特牲，因有其祀"。②

2. 高禖坛

北齐、隋、北宋、南宋、金都建高禖坛祭祀，"后齐高禖，为坛于南郊傍，广轮二十六尺，高九尺，四陛三壝……隋制亦以玄鸟至之日，祀高禖于南郊坛。牲用太牢一"。③ 北宋仁宗时建高禖坛，坛的形制为圆形，"为圜坛高九尺，广二丈六尺，四陛，三壝，陛广五尺，壝各二十五步"。熙宁二年（1069），改坛为"青帝坛广四丈，高八尺"。④ 金章宗始筑高禖坛求子，"明昌六年（1195），章宗未有子，尚书省臣奏行高禖之祀，乃筑坛于景风门外东南端，当阙之卯辰地，与圜丘东西相望，坛如北郊之制"。⑤ 南宋延续了北宋建坛祀高禖的传统，"（高宗建炎）十六年……八月辛丑，筑高禖坛"。⑥

3. 设木台

明代曾在城东设木台祀高禖，"（嘉靖九年）已而定祀高禖礼。设木台于皇城东，永安门北，震方"。⑦

（四）高禖祭祀祭品

周代规定，祀高禖用太牢祭品，即一牛、一羊、一猪。

---

① 《后汉书》卷90《礼仪志上》，中华书局1965年标点本，第11册，第3107页。
② 《隋书》卷7《礼仪志二》，中华书局1973年标点本，第1册，第146页。
③ 《隋书》卷7《礼仪志二》，中华书局1973年标点本，第1册，第146~147页。
④ 《宋史》卷103《祀志六》，中华书局1977年标点本，第8册，第2511~2512页。
⑤ 《金史》卷29《礼志二》，中华书局1975年标点本，第3册，第722页。
⑥ 《宋史》卷30《高宗本纪七》，中华书局1977年标点本，第2册，第565页。
⑦ 《明史》卷49《礼志三》，中华书局1974年标点本，第5册，第1276页。

东汉祀高禖祭品为特牲，一说特为一豕（猪），① 一说特指一牛。② 杨伯峻认为，仅一种牲畜叫特。③ 北齐以太牢祀高禖。北宋祀高禖用"青玉、青币，牲用牛一、羊一、豕一，如卢植之说。乐章、祀仪并准青帝，尊器、神坐如勾芒，唯受福不饮，回授中人为异"。④ 金祀高禖祭品为"每位牲用羊一、豕一"。⑤ 明代高禖祭品为牛羊豕各一。

（五）高禖祭坛布置

史书对高禖祭坛布置多有记载。金高禖祭坛布置为："青帝、伏羲氏、女娲氏，凡三位，坛上南向，西上。姜嫄、简狄位于坛之第二层，东向，北上。前一日未三刻，布神位，省牲器，陈御弓矢弓韣于上下神位之右。"⑥

明高禖祭台布置为："台上，皇天上帝南向，骍犊，苍璧。献皇帝配，西向，牛羊豕各一。高禖在坛下西向，牲数如之，礼三献。皇帝位坛下北向，后妃位南数十丈外北向，用帷。坛下陈弓矢、弓韣如后妃嫔之数。"⑦

---

① 《国语》云："子期祀平王，祭以牛俎于王，王问于观射父，曰：'祀牲何及？'对曰：'祀加于举。天子举以大牢，祀以会；诸侯举以特牛，祀以太牢；卿举以少牢，祀以特牛；大夫举以特牲，祀以少牢；士食鱼炙，祀以特牲；庶人食菜，祀以鱼。上下有序，民则不慢。'"韦昭注曰："特，一也。特牲，豕也。"见《国语·楚语下》，上海古籍出版社，1978，第564~565页。
② 陆德明释《礼记·郊特牲》曰："郊者，祭天之名，用一牛，故曰特牲。"见（汉）郑玄注，（唐）孔颖达正义《礼记正义·郊特牲第十一》，吕友仁整理，上海古籍出版社，2008，第1023页。
③ 《春秋左传》云："祈以币更，宾以特牲，器用不作，车服从给。"杨伯峻注："款待贵宾，只用一种牲畜。一牲曰特。"见杨伯峻编著《春秋左传注·襄公十年》（修订本），中华书局1990年第2版，第972页。
④ 《宋史》卷103《礼志六》，中华书局1977年标点本，第2册，第2511页。
⑤ 《金史》卷29《礼志二》，中华书局1975年标点本，第3册，第723页。
⑥ 《金史》卷29《礼志二》，中华书局1975年标点本，第3册，第722~723页。
⑦ 《明史》卷49《礼志三》，中华书局1974年标点本，第5册，第1276页。

（六）高禖祭祀典礼

北齐祀高禖仪式中仅有献祭、送神，不用弓矢弓韣，"其仪，青帝北方南向，配帝东方西向，禖神坛下东陛之南西向。礼用青珪束帛，牲共以一太牢。祀日，皇帝服衮冕，乘玉辂。皇后服袆衣，乘重翟。皇帝初献，降自东陛，皇后亚献，降自西陛，并诣便坐。夫人终献，上嫔献于禖神讫。帝及后并诣槛位，乃送神。皇帝皇后及群官皆拜。乃撤就燎，礼毕而还"。[①]

北宋高禖祀典记载详细，恢复了太牢、弓矢、弓韣等象征物，皇后宫嫔行礼时将香案上的弓矢弓韣交内臣置于箱中，"祀前一日，内侍请皇后宿斋于别寝，内臣引近侍宫嫔从。是日，量地设香案、褥位各二，重行，南向，于所斋之庭以望禖坛。又设褥位于香案北，重行。皇后服袆衣，褥位以绯。宫嫔服朝贺衣服，褥位以紫。祀日有司行礼，以福酒、胙肉、弓矢、弓韣授内臣，奉至斋所，置弓矢等于箱，在香案东；福酒于坫，胙肉于俎，在香案西。内臣引宫嫔诣褥位，东上南向。乃请皇后行礼，导至褥位，皆再拜。导皇后诣香案位，上香三，请带弓韣，受弓矢，转授内臣置于箱，又再拜。内臣进胙，皇后受讫，转授内臣。次进福酒，内臣曰：'请饮福。'饮讫，请再拜。乃解弓韣，内臣跪受置于箱。导皇后归东向褥位。又引宫嫔最高一人诣香案，上香二，带弓韣，受弓矢，转授左右，及饮福，解弓韣，如皇后仪，唯不进胙。又引以次宫嫔行礼，亦然。俟俱复位，内侍请皇后诣南向褥位，皆再拜退"。[②]

金祀高禖，皇帝命后妃嫔执弓向东射箭。"其斋戒、奠玉币、进

① 《隋书》卷7《礼仪志二》，中华书局1973年标点本，第1册，第147页。
② 《宋史》卷103《礼志六》，中华书局1977年标点本，第2册，第2511~2512页。

熟，皆如大祀仪。……有司摄三献司徒行事。礼毕，进胙，倍于他祀之肉。进胙官佩弓矢弓韣以进，上命后妃嫔御皆执弓矢东向而射，乃命以次饮福享胙。"①

明代与北宋的不同之处是，皇后妃嫔接到女官授的弓矢后纳于弓韣，"祭毕，女官导后妃嫔至高禖前，跪取弓矢授后妃嫔，后妃嫔受而纳于弓韣"。②

（七）帝王祈嗣其他仪式

北宋时向赤帝像祈皇嗣。宋仁宗景祐四年（1037），祭祀高禖之后，"是岁，宫中又置赤帝像以祈皇嗣"。③《宋史·仁宗本纪》记载了这次祈皇嗣的具体日期，为"（景祐四年二月）乙丑，置赤帝像于宫中祈嗣"。④

北宋兴建上帝宫殿祈嗣。其实这只为建玉清昭应宫的托词，"大中祥符初，议封禅，未决，帝问以经费，谓（注：丁谓）对'大计有余'，议乃决。因诏谓为计度泰山路粮草使。初，议即宫城乾地营玉清昭应宫，左右有谏者。帝召问，谓对曰：'陛下有天下之富，建一宫奉上帝，且所以祈皇嗣也。群臣有沮陛下者，愿以此论之。'王旦密疏谏，帝如谓所对告之，旦不复敢言"。⑤

明代有臣子建醮祈皇嗣。《明史》记载了一件所谓臣下建醮为嘉靖皇帝祈皇嗣的荒唐事，嘉靖皇帝竟枉顾事实，打击正直，政坛上由此兴起诽谤之风，"赵府辅国将军祐椋招亡命杀人劫敓，积十余年莫

---

① 《金史》卷29《礼志二》，中华书局1975年标点本，第3册，第722~723页。
② 《明史》卷49《礼志三》，中华书局1974年标点本，第5册，第1276页。
③ 《宋史》卷103《礼志六》，中华书局1977年标点本，第2册，第2511页。
④ 《宋史》卷10《仁宗本纪》，中华书局1977年标点本，第2册，第202页。
⑤ 《宋史》卷283《丁谓列传》，中华书局1977年标点本，第27册，第9567页。

敢发。仪偕巡抚吴山奏之，夺爵禁锢。会仪出为苏州知府。甫三月，祐椋潜入都，奏仪拥撼，并讦都御史毛伯温以私憾入己罪。且言'臣尝建醮祈皇嗣，为知府王天民讪笑'，请并按问。帝心知祐椋罪，而悦其建醮语，为遣使覆按，解仪、伯温任，下天民狱。使者奏仪不诬，第祐椋罪在赦前，宜轻坐。帝终怜祐椋爱己，竟复其爵，除仪名，伯温、山、天民皆得罪。终嘉靖世多以诽谤斋醮获重祸，由祐椋讦奏始"。①

---

① 《明史》卷203《王仪列传》，中华书局1974年标点本，第18册，第5374页。

第二节　传统节气求子习俗

南北朝时，春分日有撒筷子求子习俗，"（春分日）妇人以一双竹箸掷之，以为令人有子，盖其遗俗（《宝典》卷二）"。[①]

民国以前，长江中下游地区有清明求子习俗。胡朴安记述道："丙辰清明，适逢阴历三月初三日，芜人谓之为真清明，为百年罕遇。据故老相传，乏子嗣者，备一南瓜，于真清明日，全瓜入锅烂煮，于午时取出，陈诸案上，夫妻并肩坐，同时举箸，尽量食之，必然得子。故是日市中南瓜极昂，每个有卖至七八元者。按此风不特芜湖有之，长江流域各处，殆皆有此种传说。"[②] 据周锦调研，"'在江宁，三月地方官日曰上巳，若是日适为清明，江宁妇女之渴望生子者，必以野菜合瓜而煮食之'。俗以为，瓜有两种含义：一种说法为男子性器的象征，一经接触，即可怀孕生子；另一种说法是瓜形似女阴而多子，同样也具有使人怀孕生子的神力"。[③]

---

① （梁）宗懔：《荆楚岁时记》，宋金龙校注，山西人民出版社，1987，第94页。
② 胡朴安：《中华全国风俗志》下编，河北人民出版社，1986，第271页。
③ 周锦：《民国时期南京地区的求子习俗》，《江苏地方志》2007年第4期。

第三节　宋代清明成年礼俗

宋代时，东京（今洛阳）、临安（今杭州）等地人们多在清明寒食行成年礼，称为"上头"。寒食在清明节前两日，虽不是节气日，在文献中多记载于清明节条下。北宋时洛阳人"清明节，寻常京师以冬至后一百五日为大寒食，前一日谓之炊熟，用面造枣锢飞燕，柳条串之。插于门楣。谓之子推燕。子女及笄者。多以是日上头"。① 清明节日，南宋临安人"凡官民不论小大家，子女未冠笄者，以此日上头"。②

①　（宋）孟元老：《东京梦华录》卷7，邓之诚注，中华书局，1982，第178页。
②　（南宋）吴自牧：《梦粱录》卷6，见孟元老等著《东京梦华录（外四种）》，古典文学出版社，1956，第148页。

第四节　民间节气婚丧习俗

（一）新婚后遇节气习俗

立春新娘回娘家。清光绪年间，陕西咸阳高陵县人"'立春日'，女新适人者母家归礼焉，曰'迎春'"。[①]

给姑娘女婿送夏、送冬。民国时期，立夏、立冬日，江苏南京人有送夏、送冬习俗，这一习俗仅流行于富有而好礼的人家，"此系富而好礼者方有之。女出阁后，逢第一夏日，即送婿与女各纱罗之衣。第一冬日，即送炭基火盆手炉等"。[②] 这一习俗是否固定于立夏、立冬节气日，文献交代不明，但节气时间应该是个重要参考。

冬至、清明节气日新妇须返回婆家。民国时期，浙江、江苏、辽宁等地习俗冬至日忌出嫁女夜宿娘家。浙江民谚说："娘屋住个冬，夫家去个公。"[③] 习俗认为，冬至出嫁女在娘家过夜会克死公婆。浙江杭州人"是日（冬至日）出嫁之女儿，若在母家，如［必］回夫

---

① 《高陵县志》，清光绪十年刻本。见丁世良、赵放主编《中国地方志民俗资料汇编·西北卷》，书目文献出版社，1989，第 21 页。

② 胡朴安：《中华全国风俗志》下编，河北人民出版社，1986，第 138 页。

③ 任骋：《中国民俗通志·禁忌志》。见齐涛主编《中国民俗通志》，山东教育出版社，2005，第 117 页。

· 220 ·

家。因女儿已嫁人家，倘在母家过年节，母家家道便不兴旺"。① 江苏苏州吴县人"前一夕，曰'冬至夜'，家人团坐燕饮，谓之'节酒'，女嫁而归宁在室者，至是必返婿家"。② 江苏昆山人"唯是日（冬至日）出阁之女，必回夫家。盖俗谓女儿已经出嫁者，遇年节如在母家，母家家道即因之衰落也"。③ 辽宁营口盖平县人"'冬至日'，家家多食面饺，名为'蒸冬'。以后九九之数，由此起首。凡家人娶有少妇未逾三年归宁娘门者，须先日送回夫家，不得在娘门过冬，言犯则主妨乃翁也。虽非比户皆然，而禁忌者居多。不忌之于立冬，而独忌之于冬至，究属何故，无从索解，要亦囿于习俗焉耳"。④ 浙江杭州人即使不是新婚，在清明前出嫁女也要回夫家，"'寒食节'：俗以'清明'前五日为'头寒食'，三日为'二寒食'，一日为'正寒食'。乡人极重其日，祀神敬谨，倍于年节。入夜，家不留宿异客，出嫁女亦回夫家"。⑤

清明新妇上花坟。有些地方民俗中，清明日新妇必须要同去上坟，称为"上花坟"，也是新婚后一种地方性礼俗。民国时期，江苏吴县人"'清明'前后数日，士庶并祭祖墓，谓之'上坟'。远则泛舟具馔，近则提壶担盒，增新土，烧楮钱，祭山神，奠坟邻，皆向来旧俗也。凡新娶妇必挈以同行，谓之'上花坟'"。⑥ 上海张堰人"'清明节'，无论贫富，皆祭其先，曰'过清明'。士夫之家并出祭

① 胡朴安：《中华全国风俗志》下编，河北人民出版社，1986，第227页。
② 《吴县志》，1933年苏州文新公司铅印本。见丁世良、赵放主编《中国地方志民俗资料汇编·华东卷》，书目文献出版社，1995，第383页。
③ 胡朴安：《中华全国风俗志》下编，河北人民出版社，1986，第175页。
④ 《盖平县志》，1930年铅印本。见丁世良、赵放主编《中国地方志民俗资料汇编·东北卷》，书目文献出版社，1989，第145页。
⑤ 《杭县志稿》，1936年至1938年修、1987年杭州图书馆复印。见丁世良、赵放主编《中国地方志民俗资料汇编·华东卷》，书目文献出版社，1995，第599页。
⑥ 《吴县志》，1933年苏州文新公司铅印本。见丁世良、赵放主编《中国地方志民俗资料汇编·华东卷》，书目文献出版社，1995，第379页。

祖先坟墓，曰'上坟'；挂纸钱，曰'标墓道'。凡新娶妇必挈以同行，曰'上花坟'"。①

（二）清明日的丧葬礼俗

民间重视丧葬礼仪，必选吉日吉时办丧事下葬，称为"合日子"，独于清明日不用"合日子"。民国时期，山西晋中灵石县人"'清明节'展墓，邑人重之，甚至客死他乡者，亦多归祭，并于墓地栽植松柏等树"。② 陕西延安安定县人"'清明'，士女服春衣，簪柏叶，群游郊外踏青，乡俗多于此日殡葬父母，不另择吉"。③

青海西宁湟中区共和镇一带，农家庄廓院正中建有花园，清明日妇女可以进花园打扫，其他日子忌妇女进花园。旧时，清明日移坟、埋葬等都不需要"合日子"，其他日子中禁忌较多，需要向"老师傅"④"合日子"。

---

① 《重辑张堰志》，民国9年金山姚氏松韵草堂铅印本。见丁世良、赵放主编《中国地方志民俗资料汇编·华东卷》，书目文献出版社，1995，第41页。

② 《灵石县志》，1934年铅印本。见丁世良、赵放主编《中国地方志民俗资料汇编·华北卷》，书目文献出版社，1989，第583页。

③ 《安定县志》，民国抄本。见丁世良、赵放主编《中国地方志民俗资料汇编·西北卷》，书目文献出版社，1989，第113页。

④ 当地对道教正一派的称谓。

第五节　传统节气祭祖习俗

（一）祭祖节气

1. 帝王祭祖节气

古代帝王祭祖大致有三种形式，一是在天地祭祀等国家吉礼中，祖先作为配祀；二是宗庙祭祀；三是荐陵庙，也称为时享。

（1）配祀

配祀之制，始于周代，后世论起，多追溯《礼记》为据："必以顺古而行，实谓从周为美"。[①] 各朝代配祀帝王不同，讨论纷纷，时有改换。仅以唐玄宗二十年祭祀配祀为例，"冬至，祀昊天上帝于圆丘，高祖神尧皇帝配。""孟夏，雩祀昊天上之帝于圆丘，以太宗配。""夏至，礼皇地祇于方丘，以高祖配。""立冬，祭神州于北郊，以太宗配。"[②] 祖先配祀的节气日与国家大祀节气日一致，其中尤以冬至、夏至、春分、秋分日最为重要。

（2）宗庙祭祀

帝王宗庙祭祀多规定在四立节气日。北宋太平兴国六年（981）十二月，鉴于已在"冬至亲礼太庙"。故宋太宗听从太常礼院意见停

---

① 《旧唐书》卷 21《礼仪志一》，中华书局 1975 年标点本，第 3 册，第 829 页。
② 《旧唐书》卷 21《礼仪志一》，中华书局 1975 年标点本，第 3 册，第 833~834 页。

了腊日荐享之礼。^① 明朝"洪武元年定宗庙之祭。每岁四孟及岁除，凡五享"。^② 明洪武二年（1369），定以清明、冬至等节气日行祭祖陵。^③ 清朝规定，"四孟享太庙，岁暮袷祭"。^④

（3）荐陵庙（时享）

东汉在立秋日荐陵庙，"立秋之日，（自）〔白〕郊礼毕，始扬威武，斩牲于郊东门，以荐陵庙"。^⑤ 后世帝王节气祭祖时间安排不一，有过反复和演变。唐朝原来在春分、秋分、冬至、夏至祭寝，后废春分，加入元日，一年仍为四祭。^⑥ 宋朝规定，"宗庙之礼。每岁以四孟月及季冬，凡五享，朔、望则上食、荐新"。^⑦ 辽时，皇帝在立春日拜先帝御容。^⑧ 元朝在清明、冬至等节气祭祖。^⑨ 明嘉靖"十五年复定庙袷制。立春犆享，各出主于殿。立夏、立秋、立冬出太祖、成

① 《宋史》云："太宗太平兴国六年十二月，太常礼院言：'今月二十三日，腊享太庙。缘孟冬已行时享，冬至又尝亲祀。按礼每岁五享，其禘袷之月即不行时享，虑成烦数，有爽恭虔。今请罢腊日荐享之礼，其孝惠别庙即如式。'从之。"见《宋史》卷108《礼志十一》，中华书局1977年标点本，第8册，第2593页。
② 《明史》卷51《礼志五》，中华书局1974年标点本，第5册，第1322页。
③ 《明史》云："熙祖陵，每岁正旦、清明、中元、冬至及每月朔望，本署官供祭行礼。"见《明史》卷60《礼志十四》，中华书局1974年标点本，第5册，第1472页。
④ 《清史稿》卷82《礼志一》，中华书局1977年标点本，第10册，第2485页。
⑤ 《后汉书》卷90《志第五》，中华书局1965年标点本，第11册，第3123页。
⑥ 《新唐书》云："其后不卜日，而筮用亥。祭寝者，春、秋以分，冬、夏以至日。若祭春分，则废元日。然元正，岁之始，冬至，阳之复，二节最重。祭不欲数，乃废春分，通为四。"见《新唐书》卷13《礼乐志三》，中华书局1975年标点本，第2册，第346页。
⑦ 《宋史》卷107《礼志十》，中华书局1977年标点本，第8册，第2579页。
⑧ 《辽史》云："立春仪：皇帝出就内殿，拜先帝御容，北南臣僚丹墀内合班，再拜。"见《辽史》卷53《礼志六》，中华书局1974年标点本，第2册，第876页。
⑨ 《元史》云："神御殿，旧称影堂。所奉祖宗御容，皆纹绮局织锦为之。……其祭之日，常祭每月初一日、初八日、十五日、二十三日，节祭元日、清明、蕤宾、重阳、冬至、忌辰。其祭物，常祭以蔬果，节祭忌辰用牲。祭官便服，行三献礼。加荐用羊羔、炙鱼、馒头、餲子、西域汤饼、圞米粥、砂糖饭羹。"见《元史》卷75《祭祀志四》，中华书局1976年标点本，第6册，第1875~1876页。

祖七宗主，飨太祖殿，为时祫"。① 清朝也在清明、冬至等节气日有祭奠。② 由此可知，国家祭祀中立春、清明、立夏、夏至、立秋、立冬、冬至等节气为传统的祭祖日。

2. 民间祭祖节气

（1）立春

民国时期，云南思茅（今普洱）景东县人"'立春'，各家具辛盘、春酒以祀祖"。③

（2）春分

清道光年间，重庆綦江县人"春分，宜祀先于家，设祭迎主，邑无举行者"。④ 四川万县忠州直隶州人"'春分日'，祀先于家，设祭迎主，举行者不过数家"。⑤

民国时期，贵州安顺平坝县人"'春分节'，建有祠堂者聚其族，祭宗祠"。⑥ 广东广州花县人"'春分日'，礼先于家庙，谓之'祭春分'"。⑦ 旧时，青海西宁湟中区共和镇等地田社上坟。田社（或天社）为"九尽十一社"，九九结束后的第十一天为田社。20 世纪六七十年代"人民公社化"时期，社员向生产队长请假上坟时间不一，

① 《明史》卷 51《礼志五》，中华书局 1974 年标点本，第 5 册，第 1322 页。

② 《清史稿》云："大祭如初祭仪。毕，帝升殿，延见群臣。清明、中元、冬至、岁除，并以时致奠。"见《清史稿》卷 92《礼志十一》，中华书局 1977 年标点本，第 10 册，第 2692 页。

③ 《景东县志稿》，1923 年石印本。见丁世良、赵放主编《中国地方志民俗资料汇编·西南卷》，书目文献出版社，1991，第 813 页。

④ 《綦江县志》，清道光六年刻本。见丁世良、赵放主编《中国地方志民俗资料汇编·西南卷》，书目文献出版社，1991，第 52 页。

⑤ 《忠州直隶州志》，清道光六年刻本。见丁世良、赵放主编《中国地方志民俗资料汇编·西南卷》，书目文献出版社，1991，第 293 页。

⑥ 《平坝县志》，1932 年贵阳文通书局铅印本。见丁世良、赵放主编《中国地方志民俗资料汇编·西南卷》，书目文献出版社，1991，第 561 页。

⑦ 《花县志》，1924 年铅印本。见丁世良、赵放主编《中国地方志民俗资料汇编·中南卷》，书目文献出版社，1991，第 689 页。

影响了集体生产，有的队长规定春分统一放假上坟，此后相互借鉴这一新规定，逐渐普及开来，延续至今。

（3）清明

清明上坟是全国性的民俗仪礼。清代时，北京人"清明扫墓，倾城男女，纷出四郊，担酌挈盒，轮毂相望。各携纸鸢线轴，祭扫毕，即于坟前施放纸胜"。① 清康熙年间，河南郑州开封人"'清明'，家出上坟，增新土，携牲醴拜墓，谓之'拜扫'"。② 清嘉庆年间，山西晋中介休县人"'清明'，富家设牲醴鼓吹省墓；贫民亦造面饼，如盘蛇状，陈酒醴祭冢，归则曝面饼于篱棘上，俟干而后食，或谓取象龙蛇，寒食之遗也"。③ 湖南长沙善化县人"'寒食'、'清明'上冢，用本色纸剪缠竹枝，谓之'春条'，插冢上祭拜"。④ 清咸丰年间，海南文昌县人"'清明'，拜坟添土，剪荆棘"。⑤ 清同治年间，湖北襄樊谷城县人"'清明'扫墓，戴柳枝，喧鼓乐，放风鸢。携酒食祭先人墓，祭毕席地聚饮"。⑥

民国时期，辽宁沈阳人"'清明'，人家上冢，折柳枝置门侧，有插柳纪年遗意"。⑦ 陕西延安洛川县人"'清明'前一日，子姓同拜扫坟墓，以冷面食供祭品，尚有寒食遗意。按，俗言上坟，皆前一

① （清）潘荣陛：《帝京岁时纪胜》，北京古籍出版社，1981，第16页。
② 《开封府志》，清康熙三十四年刻本。见丁世良、赵放主编《中国地方志民俗资料汇编·中南卷》，书目文献出版社，1991，第16页。
③ 《介休县志》，清嘉庆二十四年刻本。见丁世良、赵放主编《中国地方志民俗资料汇编·华北卷》，书目文献出版社，1989，第593页。
④ 《善化县志》，清嘉庆二十三年刻本。见丁世良、赵放主编《中国地方志民俗资料汇编·中南卷》，书目文献出版社，1991，第476页。
⑤ 《文昌县志》，清咸丰八年刻本。见丁世良、赵放主编《中国地方志民俗资料汇编·中南卷》，书目文献出版社，1991，第1115页。
⑥ 《谷城县志》，清同治六年刻本。见丁世良、赵放主编《中国地方志民俗资料汇编·中南卷》，书目文献出版社，1991，第462页。
⑦ 《沈阳县志》，民国六年铅印本。见丁世良、赵放主编《中国地方志民俗资料汇编·东北卷》，书目文献出版社，1989，第49页。

日携笼盛供菜、酒、楮之类祭于坟前；新葬三年内，并于坟头插柳，俗称'花树子'。忌女子上坟。女子上坟者，回家后须以烧余之纸钱剪成门形，贴于门上。是日不动火。每家备荞麦凉粉冷食。且蒸有大馍，俗称'罐儿'，馍四周作成鸟蛇之形，俗谓介子推上绵山时有鸟蛇护之，故以为纪念。此馍依家中人数，每人必有一枚；馍顶一大盘形：男者盘中作成文具、耕具之类；女者盘中作成剪刀之类；余为祭馍，盘中作成豆、麦之类"。① 四川温江新繁县人"清明节，县俗以是日上冢。人家多采稚艾，捣米粉为糍，以祭其先人，亦有馈遗亲友者。又，此日妇孺多戴杨柳"。② 江苏泰县有一种特别风俗，"清明日，乡下农人咸备大船几艘，每船约有二十余人立船之两边，咸执撑篙，在空旷河道比赛，称为撑会船。各船争先恐后，拼命前进，遇岸上孤坟，即焚化纸锭，至晚尽欢而散"。③ 20 世纪 50 年代以前，广东韶关南雄人"'清明节'，闾阎扶老携幼，或并偕妇女上坟，修筑致祭，冢间遍挂纸钱。祭毕，餍饫而归"。④ 广西南宁宾阳县人"'清明节'，人家扫墓，培土挂纸，谓之'拜清扫墓'"。⑤ 青海西宁湟中区民间清明日多不上坟，只在外野祭。

（4）立夏

清朝时，江苏苏州人立夏祀先，"立夏日，家设樱桃、青梅、糯麦，供神享先，名曰'立夏见三新'"。⑥ 清光绪年间，浙江杭州分

---

① 《洛川县志》，1944 年泰华印刷厂铅印本。见丁世良、赵放主编《中国地方志民俗资料汇编·西北卷》，书目文献出版社，1989，第 129 页。

② 《新繁县志》，1937 年铅印本。见丁世良、赵放主编《中国地方志民俗资料汇编·西南卷》，书目文献出版社，1991，第 69 页。

③ 胡朴安：《中华全国风俗志》下编，河北人民出版社，1986，第 198 页。

④ 《南雄府志》，1958 年广东省中山图书馆油印本。见丁世良、赵放主编《中国地方志民俗资料汇编·中南卷》，书目文献出版社，1991，第 714 页。

⑤ 《宾阳县志》，1961 年广西壮族自治区档案馆铅印本。见丁世良、赵放主编《中国地方志民俗资料汇编·中南卷》，书目文献出版社，1991，第 899 页。

⑥ （清）顾禄：《清嘉录》，来新夏校点，上海古籍出版社，1986，第 67 页。

水县人"'立夏',荐先"。①

民国时期,浙江富阳人"'立夏日'须祭祖先,并遍尝新鲜之物,俗称'尝新'"。②

(5)夏至

明万历年间,浙江杭州人"'夏至',乡村设奠祀祖先,盖重'二至'之意,城郭则否(《万历志》)"。③

清道光年间,重庆綦江县人"谚云:'夏至无云三伏热。'是日宜祀先于家"。④ 清光绪年间,浙江嘉兴人"'夏至'祀先"。⑤

民国时期,浙江绍兴嵊县人"'夏至':祀先祖,荐新面"。⑥

(6)秋分

《中华全国风俗志》引《宁波府志》云,浙江宁波定海县人"祭祀特重宗祠,春秋二分,冬夏二至,在祠合享。清明及十月朔,则祭于墓,祭毕共饮馂余。其岁时令节,各祭于家,行三献礼,丰俭则称其有无云"。⑦

(7)霜降

清光绪年间,陕西商洛孝义人"'霜降日',凡黄冈县人于祠堂教行祭礼,以祀先人。祭毕分胙,谓之'食祖德'。于是日议谱焉"。⑧ 这是

---

① 《分水县志》,清光绪三十二年刻本。见丁世良、赵放主编《中国地方志民俗资料汇编·华东卷》,书目文献出版社,1995,第637页。

② 《浙江新志》,1936年杭州正中书局铅印本。见丁世良、赵放主编《中国地方志民俗资料汇编·华东卷》,书目文献出版社,1995,第559页。

③ 《杭州府志》,1922年铅印本。见丁世良、赵放主编《中国地方志民俗资料汇编·华东卷》,书目文献出版社,1995,第579页。

④ 《綦江县志》,清道光六年刻本。见丁世良、赵放主编《中国地方志民俗资料汇编·西南卷》,书目文献出版社,1991,第53页。

⑤ 《嘉兴县志》,清光绪三十四年刻本。见丁世良、赵放主编《中国地方志民俗资料汇编·华北卷》,书目文献出版社,1989,第652页。

⑥ 《嵊县志》,1935年铅印本。见丁世良、赵放主编《中国地方志民俗资料汇编·华东卷》,书目文献出版社,1995,第843页。

⑦ 胡朴安:《中华全国风俗志》上编,河北人民出版社,1986,第91页。

⑧ 《孝义厅志》,清光绪九年刻本。见丁世良、赵放主编《中国地方志民俗资料汇编·西北卷》,书目文献出版社,1989,第75页。

一个特例，只有黄冈县移民行之。

（8）冬至

冬至祭祖范围很广。明嘉靖年间，安徽池州府人"'冬至'，郡人设酒馔，焚楮币以祀祖先，盖迎'长至'意也"。①

清康熙年间，河南开封登封县人"'冬至'不出拜，乡里惟祀先祖"。② 清乾隆年间，上海人"'冬至'，治花糕，粉圆祀先，冠带相贺，名'分冬酒'"。③ 山东潍坊潍县人"'冬至'前一日，夜间各祀其先"。④ 清同治年间，四川万县人"'冬至'，有祠堂者祭始祖，合族观谱分胙"。⑤ 清光绪年间，浙江舟山定海人"'冬至'，士族有宗祠者具牧醴作乐祭始祖及其昭穆，退而行礼如'元旦'"。⑥ 广东广州花县人"'冬至'，则士夫相庆贺。以日初长至，民俗祀祖燕客，比他节尤重。以粉团供馔，谓之'团冬'"。⑦

民国以前，四川广安州人"'冬至'，祀先祖、宗祠，受胙饮福，合族属观谱，添注丁口"。⑧ 民国时期，重庆巴县人"'冬至'，《梦

① 《池州府志》，1962年上海古籍书店据宁波天一阁藏明嘉靖刻本影印。见丁世良、赵放主编《中国地方志民俗资料汇编·华东卷》，书目文献出版社，1995，第1038页。
② 《登封县志》，清康熙三十五年刻本。见丁世良、赵放主编《中国地方志民俗资料汇编·中南卷》，书目文献出版社，1991，第29页。
③ 《上海县志》，清乾隆四十九年刻本。见丁世良、赵放主编《中国地方志民俗资料汇编·华东卷》，书目文献出版社，1995，第9页。
④ 《潍县志》，清乾隆二十五年刻本。见丁世良、赵放主编《中国地方志民俗资料汇编·华东卷》，书目文献出版社，1995，第206页。
⑤ 《万县志》，清同治五年刻本。见丁世良、赵放主编《中国地方志民俗资料汇编·西南卷》，书目文献出版社，1991，第275页。
⑥ 《宁海厅志》，清光绪十一年黄树藩刻本。见丁世良、赵放主编《中国地方志民俗资料汇编·华东卷》，书目文献出版社，1995，第805页。
⑦ 《花县志》，清光绪十六年刻本。见丁世良、赵放主编《中国地方志民俗资料汇编·中南卷》，书目文献出版社，1991，第686页。
⑧ 《广安州新志》，1927年重印本。见丁世良、赵放主编《中国地方志民俗资料汇编·西南卷》，书目文献出版社，1991，第308页。

华录》云：'此日更易新衣，备办饮食，享祀先祖。'今县士夫'冬至'祀祖先，即其遗俗。而宗褐则聚族祭飨。家温饱者则于是日宰猪腌肉"。① 辽宁丹东安东县人"'冬至日'，是为'冬节'，各机关、学校均放假一日，宴饮为乐，夜祭先祖，亦有不祭者"。② 四川江津合川县人"'冬至'，士庶家建有宗祠者，必择日聚族人备牲醴、庶馐以祭祖先，谓之'冬至会'"。③ 四川温江新繁县人"'冬至节'，人家皆出城扫墓，谓之'上冬坟'。有宗祠者，合族为祭，谓之'冬至会'"。④ 台湾树杞林人"'冬至日'，则以米粉合糖为丸祀先祖"。⑤ 20世纪70年代，台湾云林县人"'冬至节'，家家户户作红白糯米丸祀神祭祖，门扇器物皆粘一丸，谓之'饷耗'。前晚，家有儿童者，以粳米面做成飞禽走兽、瓜果、鱼虾等样，染色蒸熟为玩，称曰'做鸡母狗仔'。早晨，米丸礼毕，全家围而食，谓之'添岁'。中午，备牲醴祀神"。⑥

（9）大寒、小寒

清道光年间，四川万县忠州直隶州人"'大、小寒日'，是日民间祭扫祖墓"。⑦ 清光绪年间，陕西商洛孝义人"'大寒'后，挑土垒坟"。⑧

① 《巴县志》，1939年刻本。见丁世良、赵放主编《中国地方志民俗资料汇编·西南卷》，书目文献出版社，1991，第42页。
② 《安东县志》，1931年安东铅印本。见丁世良、赵放主编《中国地方志民俗资料汇编·华东卷》，书目文献出版社，1995，第166~167页。
③ 《合川县志》，1921年刻本。见丁世良、赵放主编《中国地方志民俗资料汇编·西南卷》，书目文献出版社，1991，第209页。
④ 《新繁县志》，1947年铅印本。见丁世良、赵放主编《中国地方志民俗资料汇编·西南卷》，书目文献出版社，1991，第71页。
⑤ 《树杞林志》，抄本。见丁世良、赵放主编《中国地方志民俗资料汇编·华东卷》，书目文献出版社，1995，第1556页。
⑥ 《云林县志稿》，1977年至1983年铅印本。见丁世良、赵放主编《中国地方志民俗资料汇编·华东卷》，书目文献出版社，1995，第1745页。
⑦ 《忠州直隶州志》，清道光六年刻本。见丁世良、赵放主编《中国地方志民俗资料汇编·西南卷》，书目文献出版社，1991，第295页。
⑧ 《孝义厅志》，清光绪九年刻本。见丁世良、赵放主编《中国地方志民俗资料汇编·西北卷》，书目文献出版社，1989，第75页。

（二）传统祭品

1. 官方祭祖祭品

历代帝王极重视祖宗祭祀，荐陵庙为礼制规定。东汉用貙刘之礼荐陵庙，"其仪：乘舆御戎路，白马朱鬣，躬执弩射牲。牲以鹿麛。太宰令、谒者各一人，载〔以〕获车，驰（驷）送陵庙。〔于是乘舆〕还宫，遣使者赍束帛以赐武官。武官肄兵，习战阵之仪、斩牲之礼，名曰貙刘。兵、官皆肄孙、吴兵法六十四阵，名曰乘之"。①

《大唐开元礼》规定："昊天上帝、五方帝、皇地祇、神州及宗庙列为大祀。"② 唐玄宗开元二十年进行了一场载于史书的国家大祀，"冬至，祀昊天上帝于圆丘，高祖神尧皇帝配，中官加为一百五十九座，外官减为一百四座。其昊天上帝及配帝二座，每座笾、豆各用十二，簋、簠、甀、俎各一。上帝则太樽、著樽、牺樽、象樽、壶樽各二，山罍六。配帝则不设太樽及壶樽，减山罍之四，余同上帝。……立冬，祭神州于北郊，以太宗配。二座笾、豆各十二，簋、簠、甀、俎各一。自冬至圆丘已下，余同贞观之礼"。③ 可见列入国家大祀的祖先受到的祭品数量及规格之高。在宗庙祭祀中，笾和豆的数量也为最高规格，唐高宗显庆元年（656），太尉长孙无忌与礼官等奏请"祭宗庙，笾、豆各十二"。得到高宗同意，并附为礼令。④

明代对献供笾豆内盛放的祭品作了规定，"凡笾豆之实，用十二者，笾实以形盐、薧鱼、枣、栗、榛、菱、芡、鹿脯、白饼、黑饼、糗饵、粉餈。豆实以韭菹、醓醢、菁菹、鹿醢、芹菹、兔醢、笋菹、

---

① 《后汉书》卷90《礼仪志中》，中华书局1965年标点本，第11册，第3123页。
② 《旧唐书》卷21《礼仪志一》，中华书局1975年标点本，第3册，第819页。
③ 《旧唐书》卷21《礼仪志一》，中华书局1975年标点本，第3册，第833~834页。
④ 《旧唐书》卷21《礼仪志一》，中华书局1975年标点本，第3册，第825页。

鱼醢、脾析、豚胉、饐食、糁食"。笾豆数量都有明文规定,同时规定"簠簋各二者,实以黍稷、稻粱。各一者,实以稷粱。登实以太羹,铏实以和羹"。①

清朝皇太极崇德建元,立太庙盛京抚近门东,规定宗庙"定祭品,牛一,羊一,豕一,簠、簋各二,笾、豆各十有二,炉一,镫二,各帛一,登、铏、尊各一,玉爵三,金匕一,金箸二。帛共篚,牲共俎。尊实酒,疏布幂勺具。阶前设乐部,分左、右悬。祀日陈法驾卤簿"。②清顺治八年(1651),"定亲飨制,饮福、受胙如圜丘。奏乐备文、武《佾舞》"。③

在国家礼制中,宗庙祭祀属礼乐文化,祭典、祭仪、祭品都有着严格的礼制规定,并得到国家力量的维护,进行着周期性的检验。

2. 民间传统祭品

(1) 猪羊鸡鹅

清乾隆年间,浙江丽水缙云县人"清明、寒食,家做青粿,前后十日备牲礼(醴)祭扫于墓坛,不论长幼尊卑齐集,大则猪羊,小则鹅肉,即于所祭处分颁会食,名曰'散清'。其丰约各从祭田所出,即无祭田者亦必竭力营办。重报本,且以收族也"。④冬至时,缙云县人也宰猪羊,"'冬至节',备猪羊、馒首等物,合族属拜祭于祠堂,上治祖祢,旁治昆弟,下治子孙,此其遗意。又家做金团,陈酒肴,祭祖先于其室"。⑤清道光年间,陕西咸阳县人"'冬至',家

---

① 《明史》卷51《礼志一》,中华书局1974年标点本,第5册,第1237页。
② 《清史稿》卷86《礼志五》,中华书局1977年标点本,第10册,第2573~2574页。
③ 《清史稿》卷86《礼志五》,中华书局1977年标点本,第10册,第2580页。
④ 《缙云县志》,清乾隆三十二年刻本。见丁世良、赵放主编《中国地方志民俗资料汇编·华东卷》,书目文献出版社,1995,第929页。
⑤ 《缙云县志》,清乾隆三十二年刻本。见丁世良、赵放主编《中国地方志民俗资料汇编·华东卷》,书目文献出版社,1995,第929页。

设酒烹肉荐先，尤重拜师及友生"。^① 清光绪年间，浙江宁波鄞县人上坟也用鹅，"'清明'祭墓，以鼓乐前导，祭品用鹅（《钱志》）"。^② 清光绪年间，贵州遵义仁怀一带人"（冬至日）以是日祭祖先祠墓，宰羊猪"。^③

民国时期，贵州安顺平坝县人"'清明日'，晨起门首插杨柳，午间祭扫先茔。大家族人家，则合族祭扫其始祖之茔（祭时，先祭后龙，后祭墓，多用牲鸡、肴馔、香帛、酒、烛、炮竹等，合族尊长排前，卑幼排后，一次行跪拜礼）"。^④ 贵州黔东南黄平县人"'清明'前后各五日，士民均躬至祖茔拜扫，或以猪羊，贫者亦必鸡黍致祭。祭后，即于茔前饮食，以昭爱敬"。^⑤ 云南红河建水人"'清明日'，户插柳省墓，合郡士民祭北敌义冢，具猪羊、酒果，其西北三处，以牲醴分祭。祭品皆出义田"。^⑥ 浙江绍兴嵊县人"'清明'：缘门插柳。用粘米采菁苗为糍，刲羊豚祭先茔，挂纸加土。祭毕聚人宴饮，谓之'清明酒'。或偕少长游赏郊外，谓之'踏青'"。^⑦

21 世纪初，青海西宁湟中区共和镇等地在春分上坟（原在田社上坟，20 世纪六七十年代"人民公社化"时期，生产队为不耽误集

① 《咸阳县志》，清道光十六年重刻本。见丁世良、赵放主编《中国地方志民俗资料汇编·西北卷》，书目文献出版社，1989，第 12 页。

② 《鄞县志》，清光绪三年刻本。见丁世良、赵放主编《中国地方志民俗资料汇编·华东卷》，书目文献出版社，1995，第 766 页。

③ 《增修仁怀厅志》，清光绪二十八年刻本。见丁世良、赵放主编《中国地方志民俗资料汇编·西南卷》，书目文献出版社，1991，第 451 页。

④ 《平坝县志》，1932 年贵阳文通书局铅印本。见丁世良、赵放主编《中国地方志民俗资料汇编·西南卷》，书目文献出版社，1991，第 561 页。

⑤ 《黄平县志》，民国间稿本·1965 年贵州省图书馆油印本。见丁世良、赵放主编《中国地方志民俗资料汇编·西南卷》，书目文献出版社，1991，第 622 页。

⑥ 《建水州志》，1933 年汉口道新印书馆铅印本。见丁世良、赵放主编《中国地方志民俗资料汇编·西南卷》，书目文献出版社，1991，第 831 ~ 832 页。

⑦ 《嵊县志》，1935 年铅印本。见丁世良、赵放主编《中国地方志民俗资料汇编·华东卷》，书目文献出版社，1995，第 842 页。

体生产而改为春分放假一天，逐渐统一为春分上坟），坟头（祭礼轮流操办者）运送坟猪（大家族有的献两只坟猪，小家族有的只带一猪头）上坟献祭。青海海东市乐都区芦化乡的汉族群众清明祭墓时必带一只鸡，祭毕现场分食，之后回家聚会。

（2）酒

清道光年间，江苏苏州昆新两县人"'寒食'至'清明节'中，各携酒果、冥镪，并剪纸作长缕，名'挂钱'，往祭先茔，曰扫墓"。[①]民国时期，浙江黄岩人"（清明）是日门前均插柳枝，青年男女并编柳枝为球戴发上，谓今世戴杨柳，下世有娘舅。以米粉和艾汁制青团，曰'清明团'。男女大小必食海蛳，谓能明目。各家均备酒菜上山祭扫社茔，并以海蛳散撒墓上，谓能繁盛子孙"。[②]浙江宁波人"'冬至'：是日祭视（祀）祖先，有祠堂者亦必备酒菜举行祀礼，祭毕族人聚食，谓之'冬至酒'"。[③]酒也是青海民间上坟的必带祭品之一。

（3）献新韭、新笋、新茗、冷面

清乾隆年间，山东泰安宁阳县人"'清明'，插柳，上坟扫墓，挂纸，荐韭。放纸鸢，架秋千，踏青"。[④]清嘉庆年间，陕西汉中西乡县人"'清明日'，男妇上坟，各进新韭、笋、茗，奠酒焚帛"。[⑤]清光绪年间，陕西渭南蒲城县人"'清明'前二日，携冷面祭坟"。[⑥]

---

① 《昆新两县志》，清道光六年刻本。见丁世良、赵放主编《中国地方志民俗资料汇编·华东卷》，书目文献出版社，1995，第407页。

② 《浙江新志》，1936年杭州正中书局铅印本。见丁世良、赵放主编《中国地方志民俗资料汇编·华东卷》，书目文献出版社，1995，第559页。

③ 《浙江新志》，1936年杭州正中书局铅印本。见丁世良、赵放主编《中国地方志民俗资料汇编·华东卷》，书目文献出版社，1995，第560页。

④ 《宁阳县志》，清乾隆八年刻本。见丁世良、赵放主编《中国地方志民俗资料汇编·华东卷》，书目文献出版社，1995，第280页。

⑤ 《汉南续修府志》，清嘉庆十九年刻本。见丁世良、赵放主编《中国地方志民俗资料汇编·西北卷》，书目文献出版社，1989，第145页。

⑥ 《蒲城县新志》，清光绪三十一年刻本。见丁世良、赵放主编《中国地方志民俗资料汇编·西北卷》，书目文献出版社，1989，第58页。

（4）献茶献汤（奠酒奠茶）

青海西宁市湟中区共和镇一带的汉族上坟要带献汤（也称为献茶。称为茶，却是煮的大米汤，不放盐），当地不产大米，以前米比较珍贵，人们千方百计留下一点，专用来煮上坟用的献汤。同时还带酒，在坟前祭洒。

（5）鹅蛳粥粿

清光绪年间，浙江杭州淳安县人"'清明'插柳，用狮鹅粥粿以标墓"。① 民国时期，浙江杭州遂安县人"'清明'，门檐插柳枝，儿童亦戴于首，鹅蛳粥粿祭墓。'谷雨'，染彩粉，制鱼鸟，设位安土"。②

（6）春饼

20 世纪六七十年代，台湾彰化县人"'清明节'是自'冬至'第一百零五日，暮春三月为节日，大约在四月五、六日。漳籍做'三日节'，而泉籍做'清明节'。各户备办春饼（润饼，亦称轮饼）祭祖上坟。往时乘此郊游行乐，曰'踏青'"。③

（7）青龙圆

20 世纪 50 年代以前，上海人"'清明'，以草汁作粉团，曰'青龙圆'，以供祭祀。有到墓野祭，剪纸钱以挂之，谓之'标墓'。又有迎神赛会，观者如堵"。④

（8）樱笋荔枝

清光绪年间，浙江舟山定海人"'立夏'，以豇豆合秫米煮饭，

① 《淳安县志》，清光绪十年刻本。见丁世良、赵放主编《中国地方志民俗资料汇编·华东卷》，书目文献出版社，1995，第 631 页。
② 《遂安县志》，民国十九年铅印本。见丁世良、赵放主编《中国地方志民俗资料汇编·华东卷》，书目文献出版社，1995，第 632 页。
③ 《彰化县志稿》，1958 年至 1976 年油印本。见丁世良、赵放主编《中国地方志民俗资料汇编·华东卷》，书目文献出版社，1995，第 1636 页。
④ 《寒圩小志》，1962 年铅印《上海史料丛编》本。见丁世良、赵放主编《中国地方志民俗资料汇编·华东卷》，书目文献出版社，1995，第 19 页。

用樱笋荐先祖。笋截三四寸许，谓之'脚骨笋'"。^① 民国时期，广东广州增城县人"'夏至日'，掰荔荐祖考，磔犬以辟阴气"。^②

（9）青糍黑饭

青糍黑饭是浙江宁波、舟山等地清明祀祖的祭品，在明清时期尤为盛行。兹举如此：明嘉靖年间，浙江宁波定海县人"'清明'，各家为青糍黑饭，牲醴祭墓，封土，插竹，挂纸钱于颠。门壁皆插柳或簪于首"；^③ 浙江宁波人"清明，各家为青糍黑饭，牲醴祭墓，封土插竹，挂纸钱于颠。门户皆插柳，或簪于首"。^④ 到清乾隆年间，这一习俗仍在保持。^⑤

清乾隆年间，浙江宁波奉化县人"'清明'早起，以青螺撒屋上，俗曰'撒青'。户插柳枝，或簪于首。为青糍乌饭，牲醴，封土插竹，挂纸钱"。^⑥ 浙江宁波镇海人"清明，各家为青糍黑饭，牧醴祭墓，封土，插竹，挂纸钱于颠。门户皆插柳或簪于首。（旧志）立夏，以赤小豆和米煮'立夏饭'。（俗以乌笋煮羹食之，谓之'接脚骨'）又，各权人轻重以卜一岁壮迈，并驱疾疠。按，初夏黄鱼起发，谓之渔期。渔船出洋，乘潮捕鱼，不避风浪（《雍正府志》)"。^⑦

---

① 《宁海厅志》，清光绪十一年黄树藩刻本。见丁世良、赵放主编《中国地方志民俗资料汇编·华东卷》，书目文献出版社，1995，第804页。

② 《增城县志》，民国十年刻本。见丁世良、赵放主编《中国地方志民俗资料汇编·中南卷》，书目文献出版社，1991，第693页。

③ 《定海县志》，明嘉靖四十二年刻本。见丁世良、赵放主编《中国地方志民俗资料汇编·华东卷》，书目文献出版社，1995，第783页。

④ 《宁波府志》，明嘉靖三十九年刻本。见丁世良、赵放主编《中国地方志民俗资料汇编·华东卷》，书目文献出版社，1995，第763页。

⑤ 《宁波府志》，清乾隆六年色超补刻本。见丁世良、赵放主编《中国地方志民俗资料汇编·华东卷》，书目文献出版社，1995，第764页。

⑥ 《奉化县志》，清乾隆三十八年刻本。见丁世良、赵放主编《中国地方志民俗资料汇编·华东卷》，书目文献出版社，1995，第769页。

⑦ 《镇海县志》，清乾隆四十五年周樽增补印本。见丁世良、赵放主编《中国地方志民俗资料汇编·华东卷》，书目文献出版社，1995，第784页。

清雍正年间，浙江宁波慈溪县人清明祭墓用青糍黑饭。① 清光绪年间，浙江舟山定海人"清明，各家为青糍黑饭，牲醴祭墓，封土，插竹，挂纸钱于颠。门壁皆插柳或簪于首"。② 民国时期，浙江宁波南田县人"清明，节前三四五日，封土于墓，插竹挂纸钱，以酒肴致祭。采菁和米粉为糍，名曰'菁麻糍'，祭毕，樵牧之在墓所者皆分给之。是日插柳于门，妇女采花柳以簪髻"。③

广东人用乌饭祭祖。清康熙年间，广东韶关曲江县"'清明'扫墓，制乌饭以祀先"。④

（10）清明粑

20世纪五六十年代以前，贵州兴义兴仁县人"（清明）是日，取清明草叶捣茸和糯米面为饼，名'清明粑'，又以黄栀子染糯米为饭，祀祖先。由此日始，以白纸作长幡挂于墓上，谓之'标坟'，又谓之'挂青'。至于新埋之坟，则挂青必于'社日'。谚云：'新坟不过社。''社日'，即'立春节'后第五戊日是也。挂青之日，贫家以清明粑、黄糯米饭杂他食品供于墓门；富室巨族置有'清明田'，又名'上坟田'者，则刑牲祭之，约戚里而团宴于墓侧，红男绿女，纸灰白蝶。在贵阳谓之'玩山'，县境谓之'上坟'，即唐人诗'清明拜扫'之意也"。⑤

（11）汤圆、米丸、粉果

汤圆也称为冬至圆。胡朴安释曰："冬至团。比户磨粉为团，以

---

① 《慈溪县志》，清雍正八年刻本。见丁世良、赵放主编《中国地方志民俗资料汇编·华东卷》，书目文献出版社，1995，第789页。

② 《定海厅志》，清光绪十一年黄树藩刻本。见丁世良、赵放主编《中国地方志民俗资料汇编·华东卷》，书目文献出版社，1995，第804页。

③ 《南田县志》，1930年铅印本。见丁世良、赵放主编《中国地方志民俗资料汇编·华东卷》，书目文献出版社，1995，第781页。

④ 《重修曲江县志》，清康熙二十六年刻本。见丁世良、赵放主编《中国地方志民俗资料汇编·中南卷》，书目文献出版社，1991，第702页。

⑤ 《兴仁县志》，1965年贵州省图书馆油印本。见丁世良、赵放主编《中国地方志民俗资料汇编·西南卷》，书目文献出版社，1991，第478页。

糖、肉、菜、果、豇豆沙、芦菔丝等为馅，为祀先祭灶之品，并以馈赠，名曰冬至团。"① 汤圆是长江中下流一带冬至祭祖的传统祭品。

清乾隆年间，福建泉州永春县人"'冬至'粉米为圆祀先，又粘门楣、果树，取其圆以达阳气"。② 清道光年间，浙江宁波象山县人"'冬至'，各家具香烛礼神祇及祖考，惟仕宦家有具牲醴以祀其先者。（《嘉靖志》）'冬至'，屑米为丸，谓之'冬至圆'（《毛志》）"。③ 到民国时期，象山县人的这一习俗仍在延续，"'冬至日'，各家礼神及祖先，惟仕宦家有具牲醴以祀其先者。各家屑米为丸，谓之'冬至圆'。（《嘉靖府志》）造赤豆糜浮丸子荐先，亲戚互相馈遗，以祝团圆之意。儿童谓吃丸子即添一岁。是日丐头带（戴）钟馗巾，红须持剑，至街上驱鬼逐疫，向各铺敛钱，俗谓'跳灶王'，即古傩礼，又曰'打野狐'（《樵歌》注）"。④ 清同治年间，上海人"'冬至'，治花糕，粉圆祀先，冠带相贺，名'分冬酒'。⑤ 清光绪年间，浙江宁波宁海县人"'冬至'屑糯米粉作汤圆，以赤小豆作馅礼神及祖考"。⑥

民国时期，浙江宁波南田县人"'冬至'，人家各具酒馔，以糯米为汤圆享祖先，烧纸钱于路以资游魂"。⑦ 广西南宁龙州县人"'冬

① 胡朴安：《中华全国风俗志》下编，河北人民出版社，1986，第167页。
② 《永春州志》引《大田志》，清乾隆五十二年刻本。见丁世良、赵放主编《中国地方志民俗资料汇编·华东卷》，书目文献出版社，1995，第1299页。
③ 《象山县志》，清道光十四年刻本。见丁世良、赵放主编《中国地方志民俗资料汇编·华东卷》，书目文献出版社，1995，第776页。
④ 《象山县志》，1927年宁波天胜印刷公司铅印本。见丁世良、赵放主编《中国地方志民俗资料汇编·华东卷》，书目文献出版社，1995，第779页。
⑤ 《上海县志》，清同治十年刻本。见丁世良、赵放主编《中国地方志民俗资料汇编·华东卷》，书目文献出版社，1995，第9页。
⑥ 《宁海县志》，清光绪二十八年刻本。见丁世良、赵放主编《中国地方志民俗资料汇编·华东卷》，书目文献出版社，1995，第799页。
⑦ 《南田县志》，1930年铅印本。见丁世良、赵放主编《中国地方志民俗资料汇编·华东卷》，书目文献出版社，1995，第782页。

至日'，晨家家制汤圆奉祀祖先。及晚，得办酒席致祭，祭毕家宴，谓之'汤圆节'"。① 浙江宁波南田县人"冬至，人家各具酒馔，以糯米为汤圆享祖先，烧纸钱于路以资游魂"。② 江苏瓜洲人"'冬至节'，敬神祀祖，供米粉圆子，俗称'大冬大是年，贺节如三节'"。③ 20 世纪 60 年代以前，台湾彰化县人"'冬至节'，家作米丸祀先；门户器物皆粘一丸，谓之'饷耗'。前一夕，小儿将米丸塑为犬豕等物，谓之'添岁'，即古所谓'亚岁'也"。④ 广东广州龙门人"'冬至'，作粉果祀先，来岁之粉悉于'冬至'前为之，名曰'冬前粉'，人多食脍"。⑤

（12）馄饨、水饺

宋代时，浙江杭州人用馄饨祀先，宋代《乾淳岁时记》有载。到民国时期仍有此俗，"'冬至'享先以馄饨，有'冬馄饨'之谚。贵家求奇，一器凡十作色，名之曰'百味馄饨'。（《乾淳岁时记》）按，今俗仍然，惟购之市中素馅，以备祭品之一，又名曰'健馄饨'"。⑥ 南宋时临安（今杭州）人"享先则以馄饨，有'冬馄饨，年'之谚。贵家求奇，一器凡十余色，谓之'百味馄饨'"。⑦ 清乾隆年间，陕西渭南同州府人"'冬至日'，以馄饨祀先。白水惟焚素

① 《龙州县志》，1927 年修纂，1957 年广西壮族自治区博物馆油印本。见丁世良、赵放主编《中国地方志民俗资料汇编·中南卷》，书目文献出版社，1991，第 922 页。
② 《南田县志》，1930 年铅印本。见丁世良、赵放主编《中国地方志民俗资料汇编·华东卷》，书目文献出版社，1995，第 782 页。
③ 《瓜洲续志》，1927 年瓜洲于氏凝晖堂铅印本。见丁世良、赵放主编《中国地方志民俗资料汇编·华东卷》，书目文献出版社，1995，第 497 页。
④ 《彰化县志》，1968 年《台湾方志汇编》本。见丁世良、赵放主编《中国地方志民俗资料汇编·华东卷》，书目文献出版社，1995，第 1654～1655 页。
⑤ 《龙门县志》，1936 年广州汉元楼铅印本。见丁世良、赵放主编《中国地方志民俗资料汇编·中南卷》，书目文献出版社，1991，第 697 页。
⑥ 《杭州府志》，1922 年铅印本。见丁世良、赵放主编《中国地方志民俗资料汇编·华东卷》，书目文献出版社，1995，第 587 页。
⑦ （宋）四水潜夫辑《武林旧事》，西湖书社，1981，第 46 页。

纸，曰'送段'"。① 清嘉庆年间，河南安阳浚县人"'长至日'相贺，交馈糍饵，家家食馄饨。馄饨始于元时，所谓'秀州城外鸭馄饨'是也"。② 民国时期，河南周口滩阳县人"'冬至'祀先，烹水饺"。③

（13）糍糕

冬至日，浙江一带有用糍糕祀先的习俗。清光绪年间，浙江杭州富阳县人"'冬至'，城乡皆作糍糕、粉饼祀神、享祖先，亦有上墓展拜者"。④ 民国时期，浙江杭州余杭人"'冬至'，谓之'亚岁'，以糍糕奠其先。凡新丧之家，亲邻各持白烛拜灵，丧家丰酒馔待之"。⑤ 浙江杭州萧山人"'冬至'，城乡皆作糍糕、粉饼祀神、享祖先。又揉糯米粉为团面，施胡麻以饷家众，谓之'糊口团'，食此团后言语须多喜庆。俗谓之'冬至大如年'"。⑥

（14）小米果、姜饧

清康熙年间，浙江丽水青田县人"'至日'，家为小米果，调以姜饧祀其先。共相劝食，为延年之祝"。⑦

（15）鱼肉

清康熙年间，江苏苏州太仓州人"（清明）墓祭必设脍残鱼，合

---

① 《同州府志》，清乾隆五年刻本。见丁世良、赵放主编《中国地方志民俗资料汇编·西北卷》，书目文献出版社，1989，第51页。
② 《浚县志》，清嘉庆七年刻本。见丁世良、赵放主编《中国地方志民俗资料汇编·中南卷》，书目文献出版社，1991，第119页。
③ 《滩阳县志》，1934年铅印本。见丁世良、赵放主编《中国地方志民俗资料汇编·中南卷》，书目文献出版社，1991，第146页。
④ 《富阳县志》，清光绪三十二年刻本。见丁世良、赵放主编《中国地方志民俗资料汇编·华东卷》，书目文献出版社，1995，第610页。
⑤ 《余杭县志》，1919年吴兰孙铅印本。见丁世良、赵放主编《中国地方志民俗资料汇编·华东卷》，书目文献出版社，1995，第608页。
⑥ 《萧山县志稿》，1935年铅印本。见丁世良、赵放主编《中国地方志民俗资料汇编·华东卷》，书目文献出版社，1995，第644页。
⑦ 《青田县志》，清雍正六年增刻康熙本。见丁世良、赵放主编《中国地方志民俗资料汇编·华东卷》，书目文献出版社，1995，第928页。

家至墓所，曰'挂墓'"。① 清同治年间，江苏苏州茜泾人"'清明'，家祀祖先，必设脍残鱼（即面鱼），携纸钱上冢，插标悬之，曰'挂墓'。食螺蛳、金花菜，云明目"。② 民国时期，江苏昆山人"冬至前数日，各家备鱼肉，至是日烹鱼肉，煮蔬菜，先祭祖先，然后宴亲友，名曰过冬至节，又名过年节"。③

（16）献子

献子即白面馒头，较普通馒头要大。作为祭品，馒头在献神时被称为白盘，也被统称为献子，在数量上也有一定讲究，有12个、13个或15个为一副之说。青海民间在正月初三和春分（田社）两次上坟时要献献子，放鞭炮。春分（田社）上坟最为隆重，要献坟猪、献子（上坟献子一副为12个）、时果小吃，另外还要奠酒奠茶（多为米汤）、焚香烧纸等，这些程式每次上坟都相同。在青海西宁市湟中区松木石村，汉族用白面做献子，藏族中殷姓等家族上坟用馒头花卷各6个。据殷姓老人说，自改天葬为土葬后，不知道献子有数量规定，只做了6个白面馒头，上坟时看到汉族献的馒头堆大，派人去讨教后，临时又补了6个花卷，以后成为家族规定。④

（三）城隍出巡

城隍信仰始自周代，各地的城隍往往对应某位历史人物，树其为

---

① 《太仓州志》，清康熙十七年补刻本。见丁世良、赵放主编《中国地方志民俗资料汇编·华东卷》，书目文献出版社，1995，第411页。

② 《茜泾记略》，清同治九年增补抄本。见丁世良、赵放主编《中国地方志民俗资料汇编·华东卷》，书目文献出版社，1995，第421页。

③ 胡朴安：《中华全国风俗志》下编，河北人民出版社，1986，第174页。

④ 参见霍福《多元村落民俗文化研究——以青海苏木世村落为个案》，中国社会科学出版社，2012。

本地城隍。① 明初朱元璋分封城隍,② 城隍仪式成为国家大传统,明代城隍列为国家中祀。③ 清明日官方有城隍厉坛祭孤,民间称为城隍出巡,其中上海、江苏、山东、四川、山西、河南、青海等地的城隍出巡有其典型性。

明洪武三年(1370),始定城隍祭厉,由官方组织祭祀"无祀鬼神"。《明史》作了详细记载,④ 其中主要规定有三项:一是分级设坛祭祀,王国祭国厉,府州祭郡厉,县祭邑厉。二是祭厉之前官方要给城隍发"檄文"征召。三是郡邑厉、乡厉每年祭厉三次,分别在清明日、七月十五日、十月一日进行。城隍出巡是民间称谓,该仪式是国家主导下的大传统与当地民俗文化相结合形成的,因而极具地方

---

① 《中华全国风俗志》云:"(江苏)城隍会。邑庙城隍,俗谓故信国公文天祥。每年有出巡三次之例,清明日、七月望及十月朔。相传明季郑成功占据台湾时,由吴淞口直入长江,势如破竹,所向披靡。直至芜湖,始为两江制府祁如虎设伏于金陵神策门,要而击之,死者数万,成功狼狈遁去。自是以后,神策门外,冤魂怨魄,聚而为厉,数十里内,十无安堵,必使城隍至其地亲祭之,其祟乃止。由是一年三次,遂沿为长例矣。"见胡朴安《中华全国风俗志》下编,河北人民出版社,1986,第141页。

② 《明史》云:"(洪武二年)乃命加以封爵。京都为承天鉴国司民升福明灵王,开封、临濠、太平、和州、滁州皆封为王。其余府为鉴察司民城隍威灵公,秩正二品。州为鉴察司民城隍灵佑侯,秩三品。县为鉴察司民城隍显佑伯,秩四品。衮章冕旒俱有差。命词臣撰制文以颁之。三年诏去封号,止称其府州县城隍之神。又令各庙屏去他神。定庙制,高广视官署厅堂。"见《明史》卷49《礼志三》,中华书局1974年标点本,第5册,第1286页。

③ 《明史》卷47《礼志一》,中华书局1974年标点本,第5册,第1225页。

④ 《明史》云:"厉坛。泰厉坛祭无祀鬼神。《春秋传》曰'鬼有所归,乃不为厉',此其义也。《祭法》云,'王祭泰厉,诸侯祭公厉,大夫祭族厉。'《士丧礼》云'疾病祷于厉',《郑注》谓'汉时民间皆秋祠厉',则此祀达于上下矣,然后世皆不举行。洪武三年定制,京都祭泰厉,设坛玄武湖中,岁以清明及十月朔日遣官致祭。前期七日,檄京都城隍。祭日,设京省城隍神位于坛上,无祀鬼神等位于坛下之东西,羊三,豕三,饭米三石。王国祭国厉,府州祭郡厉,县祭邑厉,皆设坛城北,一年二祭如京师。里社则祭乡厉。后定郡邑厉、乡厉,皆以清明日、七月十五日、十月朔日。"见《明史》卷50《礼志四》,中华书局1974年标点本,第5册,第1311页。

特色。

1. 官府的厉坛祭孤

厉坛为官方祭祀建筑，厉坛祭孤前，官府还要给城隍发牒文，这些都是明代规定的礼制程序。明代时，上海就有城隍出巡仪式，据《华亭县志》引《郭府志》云："城隍神诣厉坛，郡民执香拥导甚众，至晚复以华灯迎归。七月十五日、十月一日皆如之。按，明初每年三节，府例以鼓乐送城隍神主出郊坛祭无祀鬼魂钱鹤皋等。嘉靖年，郡民甘清刻一木像，面目机发如生人者，易去木主。出会日，旗灯华丽，幡皆珠穿，鼓乐烟火无算，至今犹沿故习。见《据目钞》"。①

清康熙年间，浙江杭州钱塘县"（清明）是日，朝廷命城隍之神行祀孤之礼于鬼神坛，士民往迎于吴山［酬愿者各为神扈从，官吏卫卒，香花幡仗，笙箫鼓吹，绵亘数里。自吴山迎到虎林门外鬼神坛，巳（已）事而归。中亦装演故事，其童男幼女之婴锢疾者服罪人服，用纸具作三木状，随行街市，以求解免］"。② 清乾隆年间，四川宜宾屏山县"清明日，士庶家插柳于门，展墓祭扫。迎城隍神于城外，设祭于厉坛"。③ 上海金山县清明日"城隍神诣邑厉坛，乡民多执香拥导"。④ 清嘉庆年间，上海松江府"（清明节）先节三日，郡牒城隍神至期诣厉坛，仗卫整肃，郡民执香花拥导者甚众，至晚复以华灯迎归。七月十五日、十月一日皆如之"。⑤ 四川凉山马边厅

① 《华亭县志》，清光绪五年刻本。见丁世良、赵放主编《中国地方志民俗资料汇编·华东卷》，书目文献出版社，1995，第17页。
② 《钱塘县志》，清康熙五十七年刻本。见丁世良、赵放主编《中国地方志民俗资料汇编·华东卷》，书目文献出版社，1995，第593~594页。
③ 《屏山县志》，清乾隆四十三年刻本。见丁世良、赵放主编《中国地方志民俗资料汇编·西南卷》，书目文献出版社，1991，第170页。
④ 《金山县志》，清乾隆十七年刻本。见丁世良、赵放主编《中国地方志民俗资料汇编·华东卷》，书目文献出版社，1995，第37页。
⑤ 《松江府志》，清嘉庆二十二年刻本。见丁世良、赵放主编《中国地方志民俗资料汇编·华东卷》，书目文献出版社，1995，第3~4页。

"（清明日）迎城隍于城外，设祭于厉坛"。① 四川成都华阳县"（清明）都人士异府县城隍像出北郭墦间，谓之'祭孤'"。② 四川温江汉州"'清明'立坛，北郊城隍神出城赏孤"。③ 四川温江县"清明前三日，邑命用牒文赴庙行香，请城隍像诣北坛赏孤，备猪羊各一，香烛、钱楮，戒牒斋供，命僧道唪经致祭无祀孤魂。邑令亲临行香，礼毕仍送城隍回庙"。④ 清道光年间，上海川沙抚民厅"'清明日'，迎城隍神至厉坛赈济，仪卫整肃，吏民执香花拥导，以次设行馆于东、南、北三门内，至晚以华灯导归。七月十五日、十月初一日亦如之"。⑤ 清同治年间，上海县"'清明日'，祭邑厉坛，县牒城隍神诣坛赈济各义冢幽孤，名'祭坛会'，舆从骈集，亘四五里（亦名'三巡会'，以七月望、十月朔皆有此举也）"。⑥ 四川成都县"（清明日）都人异府县城隍神出北郭，厉坛祭孤，七月中旬、十月朔日皆然"。⑦ 清光绪年间，上海青浦县"是日，奉城隍诣邑坛赈济各义冢幽孤，名'祭坛'，至晚复以华灯迎归"。⑧ 江苏南京六合县"（清明日）县知事主祭厉坛于北郊，命属官赍文，请城隍神监坛，民俗即具鼓乐、

① 《马边厅志略》，清嘉庆十二年刻本。见丁世良、赵放主编《中国地方志民俗资料汇编·西南卷》，书目文献出版社，1991，第414页。
② 《华阳县志》，清嘉庆二十一年刻本。见丁世良、赵放主编《中国地方志民俗资料汇编·西南卷》，书目文献出版社，1991，第7页。
③ 《汉州志》，清嘉庆二十二年刻本。见丁世良、赵放主编《中国地方志民俗资料汇编·西南卷》，书目文献出版社，1991，第62页。
④ 《温江县志》，清嘉庆二十年刻本。见丁世良、赵放主编《中国地方志民俗资料汇编·西南卷》，书目文献出版社，1991，第54~55页。
⑤ 《川沙抚民厅志》，清道光十六年刻本。见丁世良、赵放主编《中国地方志民俗资料汇编·华东卷》，书目文献出版社，1995，第20页。
⑥ 《上海县志》，清同治十年刻本。见丁世良、赵放主编《中国地方志民俗资料汇编·华东卷》，书目文献出版社，1995，第7~8页。
⑦ 《重修成都县志》，清同治十二年刻本。见丁世良、赵放主编《中国地方志民俗资料汇编·西南卷》，书目文献出版社，1991，第2页。
⑧ 《青浦县志》，清光绪五年尊经阁刻本。见丁世良、赵放主编《中国地方志民俗资料汇编·华东卷》，书目文献出版社，1995，第46页。

盛仪卫以迎送"。① 四川温江灌县"邑人舁城隍神像诣北门外厉坛祭孤，七月中旬、十月朔日皆然"。②

民国以前，四川南充广安州人"寒食、清明前后数日……舁城隍神至厉坛祭孤，秋冬亦如之"。③ 山东惠民县人"又清明、七月望日、十月朔，举城隍神像，导以旗仗，至厉坛而还，谓之城隍出巡"。④

2. 民俗仪式各异

城隍出巡仪式中各地的形式不尽相同，形成了地方性表述。胡朴安说，民国时期山东济南人"清明日、中元节、十月朔，为三冥节。城隍出巡，仪仗甚丰，妓等白衣白裙，手捧练索，扮作女囚，若戏中所演之苏三者，乘敞轿随行，谓借以谶除罪恶。殊属可笑！此风吴下盛行之，不意此间亦有，甚有莲瓣纤纤，步行竟日者，其遇诚亦自难得"。⑤

民国时期，江苏金山有清明赛会，"旧历清明节，金山有赛会之举，其神即为城隍。此种风俗，由来已久。当清明节前一夜，庙中出十数人，手持钢叉（俗称小鬼），周行街市，名曰巡街。巡街已毕，复有收台之举。所谓收台者，有阴台、阳台之别。收阴台，即至荒野，见有朽烂棺木，尸身暴露，即将其骸髅取回。收阳台，预先探明乡人姓氏，及至收台之时，唤乡人名字，如阿三阿四等名，如有人答应，即燃放爆竹，以为收台已著也。迨回庙中，收阴台者，将骸髅抛入土偶座下。收阳台者，将灵魂捉入木桶之中。此种荒谬举动，不合

---

① 《六合县志》，清光绪六年修十年刻本。见丁世良、赵放主编《中国地方志民俗资料汇编·华东卷》，书目文献出版社，1995，第365页。

② 《增修灌县志》，清光绪十二年刻本。见丁世良、赵放主编《中国地方志民俗资料汇编·西南卷》，书目文献出版社，1991，第58页。

③ 《广安州新志》，1927年重印本。见丁世良、赵放主编《中国地方志民俗资料汇编·西南卷》，书目文献出版社，1991，第306页。

④ 胡朴安：《中华全国风俗志》下编，河北人民出版社，1986，第106页。

⑤ 胡朴安：《中华全国风俗志》下编，河北人民出版社，1986，第99~100页。

人道。而乡人迷信，且以为灵验也。清明日下午即举行神会，乡人无论老幼男女，空室出往观。人山人海，异常拥挤。当未出会前，有许多劣童至庙中，扮七伤、八将、十二员、疯子等戏，乡人扮刽子手、街队小鬼等。其最惨无人道者，有人袒胸裸臂，臂穿许多钢针，针连绒绳，绳系香炉，炉重有数斤者，有重至十数斤者，系之而行，不以为楚。是盖曾许愿者，今特尽其应尽之义务，以了愿心耳。其愚可笑亦可怜也！出会时，鸣锣击鼓，为神开道，异神巡游街市，东至杨爷庙，与杨爷相会。巡行一周，还驾入庙，入庙时，抬驾者举步疾驰。名曰抢轿。是时脚步声，呼喝声，铜叉声，声声相应，极一时之热闹也"。① 安徽安庆桐城县人"枞阳'清明日'城隍出巡（卤簿甚盛，并装各鬼神与牛头，两旁诸厅诡状，管笛钲鼓迭奏），城中三月二十七日东岳大帝出巡［与棕（枞）阳'地隍神会'略同，孔城亦然］"。②

20世纪50年代以前，青海丹噶尔（今西宁市湟源县城关镇）有一项特殊民俗，清明日、丧事中或亲人忌日，当地人们到城隍庙烧纸祭祖，有新坟者也在庙中哭祭，而不去墓祭。③ 他们认为，亡人先被收到城隍庙中，经城隍审判后交给地狱的。清明出巡中，城隍会将所有鬼魅魂灵都收到城隍庙中，以免他们与不干不净的祟邪混杂在一起，引起冰雹等自然灾害，伤害庄稼牲畜和人类，因此到十月一日再放其出去。每年清明的城隍出巡仪式中，城隍轿要抬到"行宫"停留一会儿，僧人和居士们要诵经一翻再巡回到城隍庙中。"行宫"为观音菩萨建筑，属于汉传佛教修行场地。城隍属于道教，二者融合发展，这是河湟地方文化的一大特色。

① 胡朴安：《中华全国风俗志》下编，河北人民出版社，1986，第202～203页。
② 《续修桐城县志》，1940年铅印本。见丁世良、赵放主编《中国地方志民俗资料汇编·华东卷》，书目文献出版社，1995，第964页。
③ 霍福：《丹噶尔城隍文化的小传统——2012年清明节丹噶尔城隍出巡仪式的考查与思考》，《青藏高原论坛》2014年第2期。

第六节　人生礼俗节气符号

（一）春分国家礼制符号

1. 弓韣弓矢

春分祭祀高禖祈皇嗣礼中一个代表性符号是向嫔妃授弓韣弓矢。祈皇子为什么要带弓韣，《后汉书》注引《月令章句》曰："高，尊也。禖，祀也。吉事先见之象也。盖为人所以祈子孙之祀。玄鸟感阳而至，其来主为孚乳蕃滋，故重其至日，因以用事。契母简狄，盖以玄鸟至日有事高禖而生契焉。故《诗》曰：'天命玄鸟，降而生商。'韣，弓衣也。祀以高禖之命，饮之以醴，带以弓衣，尚使得男也。"又引卢植注云："玄鸟至时，阴阳中，万物生，故于是以三牲请子于高禖之神。居明显之处，故谓之高。因其求子，故谓之禖。以为古者有媒氏之官，因以为神。"① 清孙希旦《礼记集解》引《王居明堂礼》云："带以弓韣，礼之禖下，其子必得天材。"② 因为祀高禖可求得"天材"，遂成为帝王专有的祈子仪式。

2. 禖坛石

禖坛石是高禖祭祀中的重要标志物。高禖坛石出现于晋代，"晋惠

---

① 《后汉书》卷94《礼仪志上》，中华书局1965年标点本，第11册，第3107~3108页。
② （清）孙希旦：《礼记集解·月令第六之一》，沈啸寰、王星贤点校，中华书局，1989，第425页。

帝元康六年（296），禖坛石中破为二。诏问，石毁今应复不？博士议：'《礼》无高禖置石之文，未知造设所由；既已毁破，可无改造。'更下西府博议。而贼曹属束皙议：'以石在坛上，盖主道也。祭器弊则埋而置新，今宜埋而更造，不宜遂废。'时此议不用。后得高堂隆故事，魏青龙中，造立此石，诏更镌石，令如旧，置高禖坛上。埋破石入地一丈。案梁太庙北门内道西有石，文如竹叶，小屋覆之，宋元嘉中修庙所得。陆澄以为孝武时郊禖之石。然则江左亦有此礼矣"。①

北宋禖坛石用青石。宋仁宗景祐四年（1037）二月，礼官说："以禖从祀，报古为禖之先也。以石为主，牲用太牢，乐以升歌，仪视先蚕，有司摄事，祝版所载，具言天子求嗣之意。……主用青石，长三尺八寸，用木生成之数，形准庙社主，植坛上稍北，露其首三寸。"② 其后的史书中少见有禖坛石记载，大概自元代以后，禖坛石便已不存。

（二）清明传统民俗符号

清明在人生礼俗中属于一个特殊的节气，在全国形成了形式多样的民俗符号。

1. 标墓

清明上坟形成了一些特殊语言符号，以指称某些仪式过程，如标墓、挂墓、拜扫、挂青、挂帛、标柏等。

标墓一词是上海人的典型称谓。清乾隆年间，上海人"'清明'扫墓，以竹悬纸钱，谓之'标墓'"。③ 清嘉庆年间，上海松江府人

---

① 《隋书》卷7《礼仪志二》，中华书局1973年标点本，第1册，第146页。
② 《宋史》卷103《礼志六》，中华书局1977年标点本，第2册，第2511页。
③ 《上海县志》，清乾隆四十九年刻本。见丁世良、赵放主编《中国地方志民俗资料汇编·华东卷》，书目文献出版社，1995，第6页。

"'清明节'，拜扫先茔，县纸钱，谓之'标墓'"。① 清同治年间，上海县人"'清明节'扫墓，悬纸钱为标墓"。② 新中国成立以前，上海月浦人"'清明日'，士女并出祭墓，曰'上坟'；以纸钱标树上，曰'挂墓'"。③

标墓、挂青在有些地方可以互称，但也有些地方仅称为挂青。清光绪年间，四川江津铜梁县人"'清明'，具酒食扫墓祭祖，标白纸幡于垄首，曰'挂青'。城中士民相率为张襄宪公扫墓，饮福于襄宪祠"。④ 民国时期，重庆巴县人"'清明节'，是日宜晴。旧俗祭墓，主人备酒馔饷客，客馈冥楮、爆竹、烟火。平人插竹缥于冢，曰'挂青'。妇女哭新坟。出城者塞阗满郭，往来如织。近年拓市移坟，此风遂歇"。⑤ 四川南充广安人"'寒食'、'清明'前后数日，四郊上冢者累累，挈男女，邀亲友，设祭馂余，席地团饮。放纸鸢、围鼓，大炮声闻远近。五色纸为幡标插坟首，曰'挂青'"。⑥ 20世纪50年代前，贵州兴义地区兴仁县人"（清明）由此日始，以白纸作长幡挂于墓上，谓之'标墓'，又谓之'挂青'"。⑦ 20世纪80年代，四川温江武阳镇人称为挂帛，"农历三月（公历4月5日前后）为'清

① 《松江府志》，清嘉庆二十二年刻本。见丁世良、赵放主编《中国地方志民俗资料汇编·华东卷》，书目文献出版社，1995，第3页。

② 《上海县志》，清同治十年刻本。见丁世良、赵放主编《中国地方志民俗资料汇编·华东卷》，书目文献出版社，1995，第7页。

③ 《月浦志》，1962年铅印《上海史料丛编》本。见丁世良、赵放主编《中国地方志民俗资料汇编·西南卷》，书目文献出版社，1991，第80页。

④ 《铜梁县志》，清光绪元年刻本。见丁世良、赵放主编《中国地方志民俗资料汇编·西南卷》，书目文献出版社，1991，第197页。

⑤ 《巴县志》，1939年刻本。见丁世良、赵放主编《中国地方志民俗资料汇编·西南卷》，书目文献出版社，1991，第41页。

⑥ 《广安州新志》，1927年重印本。见丁世良、赵放主编《中国地方志民俗资料汇编·西南卷》，书目文献出版社，1991，第306页。

⑦ 《兴仁县志》，1965年贵州省图书馆油印本。见丁世良、赵放主编《中国地方志民俗资料汇编·西南卷》，书目文献出版社，1991，第474页。

明节'，节日前后几天内进行扫墓。是日，家家户户携带酒肉食品到祖先坟前祭奠，烧香烛，焚纸钱，挂坟标（名为'挂帛'）以示不忘根本。建国后，每逢'清明节'前后，各机关、学校及人民团体前往纯阳观侧烈士墓园进行扫墓，敬献花圈，缅怀先烈，以示悼念。而祖坟祭扫，焚化纸钱的风俗仍然存在"。① 民国时期，四川雅安一带曾称为标柏，"清明上冢。《宛署记》云：'清明携酒扫墓，插竹于冢，挂以楮钱，谓之标柏。'县俗乡农子弟喜谒先茔，而士绅家且宰羊冢，鸣鼓吹以谒陵扫墓；毕，合族聚饮，列序尊卑，亦风俗朴厚之一端也"。②

上坟时还有清扫荆棘等习俗，称为拜扫。清光绪年间，贵州遵义仁怀厅人"'清明节'，前后十日，人各上坟，挂纸于祖坟上，谓之'挂青'。富者携妇女及小儿同祭。坟上或左右有荆刺（棘）必砍之，谓之'拜扫'"。③

2. 草鬓

草鬓是旧时上海人清明墓祭的一种祭品。清道光年间，上海川沙抚民厅人"'寒食'、'清明'扫墓，以稻草编作平底鬓式，实以锭帛，至墓焚之，或插竹悬纸钱于墓，曰'标插'，又曰'挂墓（俗音莓）'。亲戚亦以纸钱、草鬓相往来"。④ 民国时期，上海川沙县人"清明扫墓，以稻草编作平底鬓式，实以锭帛，至墓焚之，此物曰'草鬓'。北乡无之，惟插竹悬纸钱于墓，曰'挂墓'"。⑤

---

① 《武阳镇志》，1983 年铅印本。见丁世良、赵放主编《中国地方志民俗资料汇编·西南卷》，书目文献出版社，1991，第 81 页。

② 《名山县新志》，1930 年刻本。见丁世良、赵放主编《中国地方志民俗资料汇编·西南卷》，书目文献出版社，1991，第 363 页。

③ 《增修仁怀厅志》，清光绪二十八年刻本。见丁世良、赵放主编《中国地方志民俗资料汇编·西南卷》，书目文献出版社，1991，第 450 页。

④ 《川沙抚民厅志》，清道光十六年刻本。见丁世良、赵放主编《中国地方志民俗资料汇编·华东卷》，书目文献出版社，1995，第 20 页。

⑤ 《川沙县志》，1937 年上海国光书局铅印本。见丁世良、赵放主编《中国地方志民俗资料汇编·华东卷》，书目文献出版社，1995，第 25 页。

3. 添坟土

清乾隆年间，在华东、东北、西北都有清明日坟头添土的习俗。青海东部地方在田社、春分上坟时添坟土。还有些地方在立冬日上坟添土，如清同治年间，湖北郧阳郧西县人"'立冬'后，上冢增土，始修筑塘堰"。① 其中清明添坟土为主流习俗。

清乾隆年间，山东潍坊高密县人"季春之月'清明日'，插柳踏青，好事者为风鸢之戏，闺人竖秋千。前期墓祭，挂楮钱，添新土"。② 山东昌邑县人"'清明'扫墓，添坟头土。女作秋千戏，士出郊游，谓之'踏青'"。③ 河南新乡辉县人"'清明节'，门插新柳，或戴之头上。祭先祠，祭墓，墓上皆添新土"。④ 陕西商洛雒南县人"'清明节'，家家上坟祭扫，新冢添土"。⑤ 清道光年间，陕西安康人"'清明'前一日，谓之'寒食节'。各家具牲醴诣先祖、父母墓祭扫。土著人谓之'标坟'；附籍人谓之'挂青'"。⑥ 清道光年间，陕西榆林神木县人"'清明'前数日，男妇持冥镪出郊墓祭，冢头添土；家中树秋千架，谓之'闪眼明'"。⑦

民国时期，甘肃甘南洮州人"'清明日'，各家备钱纸、酒馔祭

① 《郧西县志》，清同治五年刻本。见丁世良、赵放主编《中国地方志民俗资料汇编·中南卷》，书目文献出版社，1991，第457页。
② 《高密县志》，清乾隆十九年刻本。见丁世良、赵放主编《中国地方志民俗资料汇编·华东卷》，书目文献出版社，1995，第213页。
③ 《昌邑县志》，清乾隆七年刻本。见丁世良、赵放主编《中国地方志民俗资料汇编·华东卷》，书目文献出版社，1995，第205页。
④ 《辉县志》，清乾隆二十二年刻本。见丁世良、赵放主编《中国地方志民俗资料汇编·中南卷》，书目文献出版社，1991，第78页。
⑤ 《雒南县志》，清乾隆五十二年增刻本。见丁世良、赵放主编《中国地方志民俗资料汇编·西北卷》，书目文献出版社，1989，第73页。
⑥ 《宁陵厅志》，清道光九年刻本。见丁世良、赵放主编《中国地方志民俗资料汇编·西北卷》，书目文献出版社，1989，第156页。
⑦ 《神木县志》，清道光二十一年刻本。见丁世良、赵放主编《中国地方志民俗资料汇编·西北卷》，书目文献出版社，1989，第90页。

墓，各冢覆土"。① 甘肃平凉灵台县人"'清明'拜扫，古礼如此。俗多于节前三日或五日不等，共备牲醴、香烛、纸锞，由族长率领合族之大小男丁同谒祖宗坟墓，拜扫祭奠，并同时依次分赴各昭、各穆之坟，标纸幡，化纸钱，俗谓'上坟'。祭毕，还享馂余，敦行和睦，称为'清明坟头会'。又，多于此日填坟土、正穴向，认为百无禁忌，存殁平安"。② 辽宁营口盖平县人"'清明日'，人家皆上冢，焚香楮祭奠，扫墓添土。自民国纪元，以清明为'植树节'，令各校学生以次栽树，即标记此树为某某植，亦盛事也"。③ 辽宁丹东安东县人"'清明'，此节不定在二月或三月。是日，拜扫先墓，添土筑坟，谓之"上坟"。汉人按坟头压纸，满、蒙则剪彩纸押坟上，名'佛头'。或迁葬，云无禁忌。民国以来，定是日为'植树节'"。④ 青海河湟地区田社上坟时也要添土。大家族（称为户间大）坟多的先一日添土，次日清明（或田社）再上坟墓祭。据说以前每座坟只添三锨土，现在背一背斗，扣在坟头上。有的在坟头压一张黄烧纸，称为'烧天盖地'，也有的仅添土不压纸。河南新乡阳武县人"'清明节'，各神位及主前均供柳，并插门上，曰为介子推招魂也。家家上坟祭扫，男子行拜跪礼，女子则不论年久近皆哭。葬已过三年者，复益土丘垄，曰'添坟'"。⑤

4. 插柳、簪柳或戴柳

清明日，民间有插杨柳、簪柳枝、戴柳圈习俗，妇女簪柳叶于

① 《洮州厅志》，抄本。见丁世良、赵放主编《中国地方志民俗资料汇编·西北卷》，书目文献出版社，1989，第217页。
② 《重修灵台县志》，1935年南京东华印书馆铅印本。见丁世良、赵放主编《中国地方志民俗资料汇编·西北卷》，书目文献出版社，1989，第182页。
③ 《盖平县志》，1930年铅印本。见丁世良、赵放主编《中国地方志民俗资料汇编·东北卷》，书目文献出版社，1989，第144页。
④ 《安东县志》，1931年安东铅印本。见丁世良、赵放主编《中国地方志民俗资料汇编·东北卷》，书目文献出版社，1989，第165页。
⑤ 《阳武县志》，1936年铅印本。见丁世良、赵放主编《中国地方志民俗资料汇编·中南卷》，书目文献出版社，1991，第84页。

鬓，称为柳叶符。

（1）插柳

南宋时，杭州城中清明节有家家插柳习俗，"清明节。清明交三月，节前两日谓之'寒食'，京师人从冬至后数起至一百五日，便是此日，家家以柳条插于门上，名曰'明眼'"。① 清明插柳习俗在民间流传最为广泛。

明嘉靖年间，浙江定海县人"（清明）门壁皆插柳或簪于首"。② 清康熙年间，河南开封登封一带"清明，折柳枝插门左右"。③ 安徽安庆府人"'清明'墓祭，贵贱毕行。遍挂纸钱条于冢上，谓之'拜扫'。是日，家家折柳枝插于门"。④ 清乾隆年间，浙江镇海县人"（清明）门户皆插柳或簪于首（旧志）"。⑤ 浙江丽水松阳人有"清明，门户插柳枝，扫墓挂纸"习俗。⑥ 河南开封祥符县人在清明上坟之后"攀折柳条，攒捆成束，载于乘车，归插屋檐，且佩带焉，下逮犬猫不遗"。⑦ 河南开封中牟县人"'清明'，士庶之家插柳于门，簪柳叶，祭扫先茔"。⑧ 河南郑州荥阳县人"'清明节'，黎明插柳于

① 吴自牧：《梦粱录》卷3，见孟元老等《东京梦华录（外四种）》，古典文学出版社，1956，第148页。
② 《定海县志》，明嘉靖四十二年刻本。见丁世良、赵放主编《中国地方志民俗资料汇编·华东卷》，书目文献出版社，1995，第783页。
③ 《登封县志》，清康熙三十五年刻本。见丁世良、赵放主编《中国地方志民俗资料汇编·中南卷》，书目文献出版社，1991，第28页。
④ 《安庆府志》，清康熙二十二年刻本。见丁世良、赵放主编《中国地方志民俗资料汇编·华东卷》，书目文献出版社，1995，第954页。
⑤ 《镇海县志》，清乾隆四十五年周樽增补印本。见丁世良、赵放主编《中国地方志民俗资料汇编·华东卷》，书目文献出版社，1995，第784页。
⑥ 《松阳县志》，清乾隆三十四年刻本。见丁世良、赵放主编《中国地方志民俗资料汇编·华东卷》，书目文献出版社，1995，第931页。
⑦ 《祥符县志》，清乾隆四年刻本。见丁世良、赵放主编《中国地方志民俗资料汇编·中南卷》，书目文献出版社，1991，第18页。
⑧ 《中牟县志》，清乾隆十九年刻本。见丁世良、赵放主编《中国地方志民俗资料汇编·中南卷》，书目文献出版社，1991，第37页。

户"。① 山东潍坊高密县人"季春之月'清明日',插柳踏青,好事者为风鸢之戏,闺人竖秋千"。② 四川宜宾屏山县人"清明日,士庶家插柳于门,展墓祭扫"。③ 清嘉庆年间,上海松江人"(清明节)是日,折柳插檐"。④ 四川成都华阳县人"'寒食'、'清明',比户插杨柳"。⑤ 四川凉山马边人有"清明日,士庶家插柳于门,展墓祭扫"习俗。⑥ 宁夏人"(清明日)插柳枝户上,妇女并戴于首"。⑦ 直到民国时期,宁夏人"(清明)厥日,插柳户上,并戴之首"。⑧ 清道光年间,浙江宁波象山人"(清明)凡门户皆插柳枝,或簪于首",⑨至民国年间仍有此俗。⑩ 清同治年间,四川温江郫县人"清明,沿门插柳,男女亦有簪柳叶者,携樽揭盒至先墓拜扫"。⑪ 清光绪年间,重庆长寿县人"清明设祭,祖墓前剪纸挂竹枝插冢上,古人插

① 《荥阳县志》,清乾隆十二年刻本。见丁世良、赵放主编《中国地方志民俗资料汇编·中南卷》,书目文献出版社,1991,第 9 页。

② 《高密县志》,清乾隆十九年刻本。见丁世良、赵放主编《中国地方志民俗资料汇编·华东卷》,书目文献出版社,1995,第 213 页。

③ 《屏山县志》,清乾隆四十三年刻本。见丁世良、赵放主编《中国地方志民俗资料汇编·西南卷》,书目文献出版社,1991,第 170 页。

④ 《松江府志》,清嘉庆二十二年刻本。见丁世良、赵放主编《中国地方志民俗资料汇编·华东卷》,书目文献出版社,1995,第 3~4 页。

⑤ 《华阳县志》,清嘉庆二十一年刻本。见丁世良、赵放主编《中国地方志民俗资料汇编·西南卷》,书目文献出版社,1991,第 7 页。

⑥ 《马边厅志略》,清嘉庆十二年刻本。见丁世良、赵放主编《中国地方志民俗资料汇编·西南卷》,书目文献出版社,1991,第 414 页。

⑦ 《宁夏府志》,清嘉庆三年刻本。见丁世良、赵放主编《中国地方志民俗资料汇编·西北卷》,书目文献出版社,1989,第 233 页。

⑧ 《宁夏新志》,抄本。见丁世良、赵放主编《中国地方志民俗资料汇编·西北卷》,书目文献出版社,1989,第 231 页。

⑨ 《象山县志》,清道光十四年刻本。见丁世良、赵放主编《中国地方志民俗资料汇编·华东卷》,书目文献出版社,1995,第 775 页。

⑩ 《象山县志》,1927 年宁波天胜印刷公司铅印本。见丁世良、赵放主编《中国地方志民俗资料汇编·华东卷》,书目文献出版社,1995,第 778 页。

⑪ 《郫县志》,清同治九年刻本。见丁世良、赵放主编《中国地方志民俗资料汇编·西南卷》,书目文献出版社,1991,第 56 页。

柳之遗"。① 浙江舟山定海人"（清明）门壁皆插柳或簪于首"。② 上海青浦县人"'清明节'，折柳插檐"。③

民国以前，河南郑州郑县"人家插柳满檐，青倩可爱，士女咸戴之。谚云：'清明不带（戴）柳，红颜成皓首'"。④ 辽宁营口盖平县"自民国纪元，以清明为'植树节'，令各校学生以次栽树，即标记此树为某某植，亦盛事也"。⑤ 湖南宁远人"清明，各家门户上必插杨柳一枝"。⑥ 江苏吴中人有插杨柳习俗，"清明日，满街叫卖杨柳。人家买之，插于门上。农人以插柳日晴雨占水旱，若雨主水。谚云：'檐前插青柳，农夫休望晴'"。⑦ 浙江临安人"清明节（自冬至数至一百五日，即为清明）前两日谓之寒食。人家插柳满檐，青蒨可爱，男女亦咸戴之。有'清明不带柳，红颜成皓首'之谚"。⑧ 浙江宁波南田县人"（清明）是日插柳于门，妇女采花柳以簪髻"。⑨ 浙江宁波象山县人"（清明）至日门户皆插柳或簪于首"。⑩ 安徽安庆桐城县人"'清明'扫墓，长幼咸集，设馔以祭，系白纸条于冢

① 《重修长寿县志》，清光绪元年刻本。见丁世良、赵放主编《中国地方志民俗资料汇编·西南卷》，书目文献出版社，1991，第21页。
② 《定海厅志》，清光绪十一年黄树藩刻本。见丁世良、赵放主编《中国地方志民俗资料汇编·华东卷》，书目文献出版社，1995，第804页。
③ 《青浦县志》，清光绪五年尊经阁刻本。见丁世良、赵放主编《中国地方志民俗资料汇编·华东卷》，书目文献出版社，1995，第46页。
④ 《郑县志》，1916年刻本。见丁世良、赵放主编《中国地方志民俗资料汇编·中南卷》，书目文献出版社，1991，第4页。
⑤ 《盖平县志》，1930年铅印本。见丁世良、赵放主编《中国地方志民俗资料汇编·东北卷》，书目文献出版社，1989，第144页。
⑥ 胡朴安：《中华全国风俗志》下编，河北人民出版社，1986，第333页。
⑦ 胡朴安：《中华全国风俗志》下编，河北人民出版社，1986，第157页。
⑧ 胡朴安：《中华全国风俗志》下编，河北人民出版社，1986，第230页。
⑨ 《南田县志》，1930年铅印本。见丁世良、赵放主编《中国地方志民俗资料汇编·华东卷》，书目文献出版社，1995，第781页。
⑩ 《象山县志》，1917年宁波天胜印刷公司铅印本。见丁世良、赵放主编《中国地方志民俗资料汇编·华东卷》，书目文献出版社，1995，第778页。

上。是日皆戴柳叶，并插柳条于门"。① 福建泉州人"清明。家祀先祖，屋檐插柳枝（《泉州府志》）"。② 广东人"清明插柳于门，其前五日始"。③ 云南人"清明插柳祭墓"。④

（2）簪柳或戴柳

清嘉庆年间，四川乐山地区洪雅县人"（清明）是日，妇女贴胜于发，名'柳叶符'"。⑤ 洪雅县在明嘉靖年间尚没有迎春、土牛、柳叶符、冬至等习俗记载。⑥ 四川温江汉州人"'清明'立坛，北郊城隍神出城赏孤。士女上冢毕，即以此日踏青，各戴柳尖，携酒郊饮。按旧俗，以柳枝插门者，沿江淮故事，今簪于首，风尚各别如此"。⑦ 清道光年间，山东烟台招远县人"'清明'：男女簪柳枝。士人携榼尊招饮，野外寻乐，为之踏青"。⑧ 清同治年间，四川乐山地区嘉定府人"'清明'，担榼佩壶以扫墓，或以踏青。妇女贴胜于鬓，名'柳叶符'"。⑨ 民国时期，四川乐山县人"'清明'，首插柳枝，又瓶贮之献于佛神前。妇女贴胜于鬓，名'柳叶符'，今无"。⑩ 山东

---

① 《续修桐城县志》，1940 年铅印本。见丁世良、赵放主编《中国地方志民俗资料汇编·华东卷》，书目文献出版社，1995，第 964 页。

② 胡朴安：《中华全国风俗志》上编，河北人民出版社，1986，第 140 页。

③ 胡朴安：《中华全国风俗志》上编，河北人民出版社，1986，第 245 页。

④ 胡朴安：《中华全国风俗志》上编，河北人民出版社，1986，第 332 页。

⑤ 《洪雅县志》，清嘉庆十八年刻本。见丁世良、赵放主编《中国地方志民俗资料汇编·西南卷》，书目文献出版社，1991，第 177 页。

⑥ 《洪雅县志》，1963 年上海古籍书店据宁波天一阁藏明嘉靖本影印。见丁世良、赵放主编《中国地方志民俗资料汇编·西南卷》，书目文献出版社，1991，第 176 页。

⑦ 《汉州志》，清嘉庆二十二年刻本。见丁世良、赵放主编《中国地方志民俗资料汇编·西南卷》，书目文献出版社，1991，第 63 页。

⑧ 《招远县志》，清道光二十六年刻本。见丁世良、赵放主编《中国地方志民俗资料汇编·华东卷》，书目文献出版社，1995，第 230 页。

⑨ 《嘉定府志》，清同治三年刻本。见丁世良、赵放主编《中国地方志民俗资料汇编·西南卷》，书目文献出版社，1991，第 171 页。

⑩ 《乐山县志》，1934 年铅印本。见丁世良、赵放主编《中国地方志民俗资料汇编·西南卷》，书目文献出版社，1991，第 173 页。

济南邹县人"三月清明节：男女簪柳，以柳枝插檐，迎乙鸟，出郭踏青"。①

戴柳习俗在唐代时已较盛行，《酉阳杂俎》云："（唐中宗景龙中）三月三日，赐侍臣细柳圈，言带之免虿毒。"② 民国时期，江苏吴中人"戴杨柳球。妇女结杨柳球戴鬓畔，云红颜不老"。③ 辽宁奉天（今沈阳）人"（清明日）插柳门首，小儿女皆嫩柳，曲作连环簪头上，名曰'柳树狗'。今以是日为'植树节'"。④

5. 清明会

民国时期，四川万县地区云阳县人"清明上冢，以纸钱连缀，状如幢节，插之墓上，曰'坟标'。族人清明会，上始祖以下大宗之墓，别子支庶上本房祖父及伯叔兄弟之墓。侈者或以羊、豕，次则鸡、豚、干鱼之属，盛之方楎，并香楮、纸爆异登丘垄，鼓乐舆马，遍祭乃归"。⑤ 四川达县地区渠县人"清明前后十日，均为上冢之期，各姓集会，名为'清明会'，又名'人伦会'。上冢期内，凡侨居异地，离祖茔较远者，特备楮帛，就近邻丛葬处望风祭酹，名为'野祭'"。⑥

青海西宁湟中区共和镇南村至今还有清明会，该村汉藏杂居，参加清明会不分民族，多为成年人，以老年人居多。旧时有男性清明会和女性清明会之分，入会者给会头交一升面，作为会费。20 世纪 80年代恢复了女性清明会，每年清明日在会头家聚会，参会者随意带些

---

① 胡朴安：《中华全国风俗志》下编，河北人民出版社，1986，第 108 页。
② （唐）段成式：《酉阳杂俎·忠志》，方南生点校，中华书局，1981，第 2 页。
③ 胡朴安：《中华全国风俗志》下编，河北人民出版社，1986，第 157 页。
④ 《奉天通志》，1934 年铅印本。见丁世良、赵放主编《中国地方志民俗资料汇编·东北卷》，书目文献出版社，1989，第 25 页。
⑤ 《云阳县志》，1935 年铅印本。见丁世良、赵放主编《中国地方志民俗资料汇编·西南卷》，书目文献出版社，1991，第 288 页。
⑥ 《渠县志》，1932 年铅印本。见丁世良、赵放主编《中国地方志民俗资料汇编·西南卷》，书目文献出版社，1991，第 341 页。

馒头、花花（一种面炸食品）、包子等食品。在会头家宰杀坟猪，将整猪抬至野外，选一地方献猪、献一副献子（献子即馒头，上坟献子一副 12 个），与会者集体烧纸祭奠磕头后，抬猪回会头家，解猪煮肉，吃菜、吃肉，最后吃饭（面食）后散会。坟猪的两只前脚是下一年会头的，其他猪体全部入锅，吃不完部分按会众打份子带走。村民们认为，清明会是给没有后人的孤魂野鬼烧纸。

第七节　人生仪礼分层解读

节气中人生仪礼表现出明显的分层，祀高禖成为帝王专用的求子礼仪，民间几乎无所闻。国家祭祀中特定节气的祭祖属吉礼，民间祭祖时间则受国家传统的影响，但在构建节气人生仪礼中，各地表现出了不同的地方性特征。

（一）上层检验礼制文化

在传统社会中，上层的人生礼仪被纳入礼乐文化，成为国家传统中的"吉礼"。祭祀传统依据周礼，因国家重建及帝王对礼乐的理解不同，礼文化时有变更，但其基本框架和理念一直延续到清代。

1. 高禖礼

祀高禖专为祈皇嗣，史书记载时有时无，皆因皇帝之需而设。正如《明史》所言："明嘉靖时，皇后享先蚕，祀高禖，皆因时特举者也"。[①]

西汉立高禖祠祭祀，但《后汉书》对此记述简略，"仲春之月，立高禖祠于城南，祀以特牲"。[②]《晋书》对西汉立高禖的原因作了详细记载："及武帝，以李少君故，始祠灶；及生戾太子，始立高禖。……

---

① 《明史》卷47《礼志一》，中华书局1974年标点本，第5册，第1226页。
② 《后汉书》卷90《礼仪志上》，中华书局1965年标点本，第11册，第3107页。

又云，常以仲春之月，立高禖祠于城南，祀以特牲。"到西晋惠帝，"元康时，洛阳犹有高禖坛，百姓祠其旁，或谓之落星。是后诸祀无闻。江左以来，不立七祀，灵星则配飨南郊，不复特置焉"。① 东晋时可能没有高禖。

宋、金时期，高禖地位突然提高，均为皇帝无嗣所致。北宋时，高禖被列为四十二项大祀之一，大祀需礼乐并行。南宋因之。金章宗承安元年（1196）"二月甲子，命有司祀高禖如新仪"。第二年"六月乙巳日，又命礼部尚书张暐报祀高禖"。②

在国家传统中，由于礼制规范，祀高禖前要寻找依据，最终依周代《礼记》记载，再进行礼文化建构，形成高禖典礼。由于典礼属于重构，因而祀高禖有时用弓矢弓韣，有时又不用。北宋"宝元二年，皇子生，遣参知政事王鬷以太牢报祠，准春分仪，惟不设弓矢、弓韣，著为常祀，遣两制官摄事。庆历三年，太常博士余靖言：'皇帝嗣续未广，不设弓矢、弓韣，非是。'诏仍如景祐之制。熙宁二年，皇子生，以太牢报祀高禖，惟不设弓矢，弓韣"。③

2. 祭祖、荐陵庙

礼制规范中，祭典程序相当严格。东汉荐陵庙有"貙刘之礼"，程序为："祠先虞，执事告先虞已，烹鲜时，有司〔告〕乃逡巡射牲。获车毕，有司告事毕"。④

宗庙祭祀不仅有严格的典礼，还有雅乐。唐代自黄巢之乱后，"宗庙悉为煨烬，乐工沦散，金奏几亡"。⑤ 直到唐昭宗时才得以恢复雅乐，"古制，雅乐宫县之下，编钟四架，十六口。近代用二十四

① 《晋书》卷19《礼志上》，中华书局1974年标点本，第3册，第597页。
② 《金史》卷10《章宗本纪二》，中华书局1975年标点本，第1册，第238，242页。
③ 《宋史》103《祀志六》，中华书局1977年标点本，第8册，第2512页。
④ 《后汉书》卷90《志第五》，中华书局1965年标点本，第11册，第3123页。
⑤ 《旧唐书》卷33《音乐志二》，中华书局1975年标点本，第4册，第1081页。

口，正声十二，倍声十二，各有律吕，凡二十四声。登歌一架，亦二十四钟。雅乐沦灭，至是复全"。①

明嘉靖九年（1530），"时七庙既建，乐制未备，礼官因请更定宗庙雅乐"。后定各庙乐章不同，下引嘉靖十五年（1536）孟春九庙特享之"仁宗庙"乐章：

> 迎神，《太和之曲》：明明我祖，盛德天成。至治诇谟，遹骏有声。专奠致享，惟古经是程。春祀有严，以迓圣灵。惟陟降在庭，以赍我思成。

> 初献，《寿和之曲》：币牲在陈，金石在悬。清酒方献，百执事有虔。明神洋洋，降歆自天。俾我孝孙，德音孔宣。

> 亚献，《豫和之曲》：中诚方殷，明神如存。醴齐孔醇，再举罍尊。福禄穰穰，攸介攸臻。追远报酬，罔极之恩。

> 终献，《宁和之曲》：乐比声歌，佾舞婆娑。称彼玉爵，酒旨且多。献享维终，神听以和。孝孙在位，受福不那。

> 彻馔，《雍和之曲》：牷牲在俎，稷黍在簋。孝享多仪，格我皇祖。称歌进彻，耄士臑臑。孝孙受福，以敷锡于下土。

> 还宫，《安和之曲》：犆享孔明，物备礼成。于昭在天，以莫不听。神明即安，维华寝是凭。肇祀迄今，百世祗承。

> 宣庙、英庙、宪庙俱与仁庙同。②

明嘉靖十八年（1539），增加宗庙乐舞，"初增七庙乐官及乐舞生，自四郊九庙暨太岁神祇诸坛，乐舞人数至二千一百名。后稍裁革，存其半"。③

---

① 《旧唐书》卷33《音乐志二》，中华书局1975年标点本，第4册，第1083页。
② 《明史》卷62《礼志二》，中华书局1974年标点本，第5册，第1545页。
③ 《明史》卷51《礼志一》，中华书局1974年标点本，第5册，第1515页。

（二）民间形成地方知识

节气人生仪礼在民俗生活中较多变化，同一民俗事象的地方差异性也比较明显。节气人生仪礼的一大特征是深受上层文化影响，从正史资料看，帝王在立春、春分、清明、夏至、立秋、秋分、冬至等节气日祭祖荐陵庙，民间在春分、清明、夏至、秋分、冬至等节气日祀先便是基本对照了上层的规定。所谓地方性知识，是指同一民俗事象，各地的表述内容有所差异，有些事象仅为某个地方所独有。这从"清明"上坟祭祖中各地所带祭品就可见一斑，略举如下，见表 5 - 1。

表 5 - 1　各地方祭祀习俗

地方名称	历史时间	代名词	祭品	特殊仪轨	文献来源
北京	明万历	标柏	酒、楮钱		《宛署记》
山东潍坊	清乾隆		挂楮钱	添新土	《高密县志》
辽宁营口	民国以前	扫墓	香楮	添土	《盖平县志》
辽宁丹东（汉）	民国以前	上坟		添土筑坟、坟头压纸	《安东县志》
辽宁丹东（满、蒙古）		佛头		剪彩纸押坟上	《安东县志》
江苏、上海	清嘉庆	标墓		悬纸钱	《松江府志》
四川江津	清光绪	挂青	酒食	标白纸幡于垄首	《铜梁县志》
贵州兴义	20 世纪 50 年代以前	标墓、挂青	清明粑、黄栀子染糯米为饭	白纸作长幡挂于墓上	《兴仁县志》
重庆	民国以前	挂青	冥楮、爆竹、烟火	插竹缥于冢	《巴县志》
上海川沙	清道光	标插、挂墓	纸钱、草鬏	插竹悬纸钱于墓	《川沙抚民厅志》
陕西西乡	民国以前		新韭、新笋、新茗		《西乡县志》
浙江镇海	清乾隆	祭墓	青糍黑饭	封土，插竹，挂纸钱于颠	《镇海县志》
浙江丽水	清乾隆	祭扫	猪羊鹅肉		《缙云县志》
浙江杭州	民国以前	上坟	带菜肴、香烛和酒		《中华全国风俗志》
上海	民国以前	标墓	青龙圆	剪纸钱以挂之	《寒圩小志》

　　青海西宁市湟中区一带对春分上坟（也有的田社上坟）最为重视，除添坟土外，祭品有坟猪、献子、奠酒奠茶（实为米汤）、香、烧纸（现有银票）、龙票、时果小吃等。可以看出，各地仅在时间上遵从了国家规定，但对具体的民俗事象各地都有地方化的解释，因而无法实现一统功能，必须仰仗上层文化的统领。国家规定往往会转化成为节气人生仪礼的地方性表述，从而成为地方性知识的重要标识。

　　节气日民俗事象的地方性特色最为突出。民国时期，浙江湖州德清县"'立夏日'，群儿最乐，有就野煮饭，饭后称人之举。成人咸赞助之，故权体重不限于儿童"。[①] 20 世纪七八十年代以前，青海黄南同仁地区藏族中也流传野外做饭习俗。

---

① 《德清县新志》，1932 年铅印本。见丁世良、赵放主编《中国地方志民俗资料汇编·华东卷》，书目文献出版社，1995，第 744 页。

第六章
节气与农耕生产

　　节气是我国古人一项伟大创举。实际上，在科学发达的今天，计算出精确的二十四节气也并不容易。据张培瑜等人介绍，现代二十四节气算法分为两个步骤：先按一定的时间间距计算出太阳黄经，再根据得到的太阳黄经，利用逆内插公式，求出节气时刻。要准确计算长时期的节气时刻比较困难。[①] 古人用日晷测出的真太阳时，各地交节时间会有不同。圭表测日和候气等知识既专业又复杂，统治者掌握着与天地"沟通"的"权力"和"能力"，普通老百姓不懂得候气，所以节气历来是由国家确立并发布，称为"敬授民时"。由于各地交节时间不同直接导致农业生产秩序不同，因而形成了不同的地方性知识系统。

---

① 　张培瑜、黄洪峰：《中历及二十四节气时刻计算》，《广西科学》1994 年第 3 期。

第一节 传统农业离不开节气

节气是一套时间制度。古代所谓不误农时是指"春不夺农时，夏不夺蚕工"。① 历史上因战事而频误农时，北宋与金之间的一场战争使边民们直到农历四月还没有播种，当年自然没有了收成，"（金章宗泰和七年）宋人以叛亡驱掠散在州县，一旦拘刷，未易聚集。今已四月，农事已晚，边民连岁流离失所，扶携道路，即望复业，过此农时，遂失一岁之望"。②

农时是古代国家治理的根本依据，观察天象以治历、同律度量衡等制度的确立实质上是为了确定正确的农时，解决农业耕作大事。古人对此认识深刻，北魏延昌四年（515）冬天，崔光上表说："《易》称'君子以治历明时'；书云'历象日月星辰'，'乃同律度量衡'；孔子陈后王之法，曰'谨权量，审法度'；《春秋》举'先王之正时也，履端于始'，又言'天子有日官'。是以昔在轩辕，容成作历；逮乎帝唐，羲和察影。皆所以审农时而重民事也。"③

---

① 显庆元年（656），唐高宗问"驭下所宜"，来济讲了一个故事："昔齐桓公出游，见老人，命之食，曰：'请遗天下食。'遗之衣，曰：'请遗天下衣。'公曰：'吾府库有限，安得而给？'老人曰：'春不夺农时，即有食；夏不夺蚕工，即有衣。'由是言之，省徭役，驭下之宜也。"见《新唐书》卷 105《来济列传》，中华书局 1975 年标点本，第 14 册，第 4032 页。
② 《金史》卷 98《完颜匡列传》，中华书局 1975 年标点本，第 7 册，第 2171～2172 页。
③ 《魏书》卷 107《律历志三》上，中华书局 1974 年标点本，第 7 册，第 2660 页。

农业耕作关键要依据农时，国家发布的二十四节气是个总的参照系。由于农耕作物有麦类、豆类、薯类以及蔬菜类等区别，不同作物对播种季节和时间有着特殊的要求，误了农时，作物种早或种晚都没有收成，这是一条基本规律。同时，自然地理等环境条件也形成了农时的差异性，农业耕作不仅要有上层知识指导，更需要一套系统完备的地方知识体系帮助解决实际问题。历史上，中国的宜农区集中于青海日月山以东地区，这里是东部季风所能到达的最西端，从沿海、内地到高原，耕作区有水乡、平原、丘陵、山区等差异，节气反映着这种自然差异性。各地以节气为最重要的参考指标，建立了适应当地的农业生产时间和知识系统，指导着农业播种和农事活动，从而高效地解决了存在的体系性问题。然而民间记忆很不稳固，离开了熟人社会和宗族制度中的知识传承，积累起来的农耕经验和民间记忆维持不过三代人，一旦发生社会动荡，这些知识更易丢失。在自然经济条件下，广大农业民众都是自己养活自己，一旦误了农时，意味着老百姓的生存就会受到威胁。因此，老百姓盼望着官方发布正确的节气时间，以修正记忆错误，调适农耕生产。

节气历法不仅对农业民众非常重要，甚至从事牧业生产的蒙古地区也作为重要参考。民国时期，"蒙古位于塞北，荒鄙未化，向以鸟兽孕乳而别四时，无历法之可言。清代每年由北京颁发黄历四十本。宣统元年，满历停发，蒙民靡所适从，直有'寒尽不知年'之概。近则交通便利，华文历书多输入塞外，蒙民之识华字者（沿边城一带）率遵用汉历，唯以阴历为标准，而不知阳历之为何事"。[1]

---

① 胡朴安：《中华全国风俗志》下编，河北人民出版社，1986，第478页。

第二节　劝农传统与民间时令

（一）史载制度性劝农

古时，官方利用节令指导农事非常具体，这些传统在周代就已形成，成为节气文化的重要内容。试举几条《礼记》的记载：

（孟春之月）是月也，天气下降，地气上腾，天地和同，草木萌动。王命布农事，命田舍东郊，皆修封疆，审端经术。善相丘陵、阪险、原隰，土地所宜，五谷所殖，以教道民，必躬亲之。田事既饬，先定准直，农乃不惑。①

（季春之月）是月也，命司空曰："时雨将降，下水上腾，循行国邑，周视原野，修利堤防，道达沟渎，开通道路，毋有障塞。"②

（孟夏之月）是月也，天子始绨，命野虞出行田原，为天子劳农劝民，毋或失时。命司徒巡行县鄙，命农勉作，毋休

---

① 杨天宇：《礼记译注》上，上海古籍出版社，2007，第176页。
② 杨天宇：《礼记译注》上，上海古籍出版社，2007，第182~183页。

于都。①

（季夏之月）是月也，土润溽暑，大雨时行。烧薙行水，利以杀草，如行热汤。可以粪田畴，可以美土强。②

（仲秋之月）乃命有司趣民收敛，务畜菜，多积聚。乃劝种麦，毋或失时，其有失时，行罪无疑。③

（季秋之月）乃命冢宰："农事备收，举五谷之要，藏帝藉之收于神仓，祗敬必饬。"④

这些记载似乎反映了原始集体生产制的一些原貌。西汉时立春日有遣官吏劝农的传统，西汉元延元年（前12），谷永对皇帝派来的卫尉淳于长发表了一席长篇大论，其中说道："立春，遣使者循行风俗，宣布圣德，存恤孤寡，问民所苦，劳二千石，敕劝耕桑，毋夺农时，以慰绥元元之心，防塞大奸之隙。诸夏之乱，庶几可息。"⑤

官方劝农形式多样，重要的形式有皇帝祈谷、皇帝藉田、皇帝下劝农诏书、设置劝农官等。祈谷属国家大祀，帝王祈谷也是在劝农。东晋初期在立春日祈谷，当时面对"时江东草创，农桑弛废"的局面，熊远建议元帝说："立春之日，天子祈谷于上帝，乃择元辰，载耒耜，帅三公、九卿、诸侯、大夫，躬耕帝藉，以劝农功。"⑥ 帝王

---

① 杨天宇：《礼记译注》上，上海古籍出版社，2007，第186～187页。
② 杨天宇：《礼记译注》上，上海古籍出版社，2007，第194页。
③ 杨天宇：《礼记译注》上，上海古籍出版社，2007，第201页。
④ 杨天宇：《礼记译注》上，上海古籍出版社，2007，第204页。
⑤ 《汉书》卷85《谷永列传》，中华书局1964年标点本，第11册，第3471页。
⑥ 《晋书》卷71《熊远列传》，中华书局1974年标点本，第6册，第1885页。

藉田也是传统的劝农方式，史书屡载不鲜，北宋“端拱初，亲耕籍田，以劝农事”。[①] 历史上皇帝常下诏劝农，汉景帝三年（前154）春正月，皇帝下诏说：“农，天下之本也。黄金珠玉，饥不可食，寒不可衣，以为币用，不识其终始。间岁或不登，意为末者众，农民寡也。其令郡国务劝农桑，益种树，可得衣食物。吏发民若取庸采黄金珠玉者，坐臧为盗。二千石听者，与同罪。”[②]

历史上，国家还设置有劝农使官职。唐玄宗时设有劝农使官职，同时还设有劝农判官官职。[③] 北宋时“劝课农桑，则有劝农使”。[④] 元世祖至元七年（1270），还将司农司改为大司农司，添设了巡行劝农使等职。[⑤] 明代的府尹职能有“宣化和人，劝农问俗”，同时还有立春日迎春、进春，祭礼先农等职能。[⑥] 由于“劝农”二字的特殊意义，以此命名的县名和建筑物都包含着劝农之意，辽在开泰二年（1013）设置了劝农县，[⑦] 湖北省直到清代时仍有劝农亭。[⑧]

国家发布的历法也有劝农之意，并对农业生产产生了实质性的指

---

① 《宋史》卷173《食货志上一》，中华书局1977年标点本，第13册，第4158页。

② 《汉书》卷5《景帝纪第五》，中华书局1964年标点本，第1册，第152～153页。

③ 《新唐书》云：“玄宗以融（宇文融）为覆田劝农使，钩检帐符，得伪勋亡丁甚众。擢兵部员外郎，兼侍御史。融乃奏慕容琦、韦洽、裴宽、班景倩、库狄履温、贾晋等二十九人为劝农判官，假御史，分按州县，括正丘亩，招徕户口而分业之。”见《新唐书》卷134《宇文融列传》，中华书局1975年标点本，第15册，第4557～4558页。

④ 《宋史》卷170《职官志十》，中华书局1977年标点本，第12册，第4078页。

⑤ 《元史》云：“（元世祖七年）十二月丙申朔，改司农司为大司农司，添设巡行劝农使、副各四员，以御史中丞孛罗兼大司农卿。”见《元史》卷7《世祖本纪四》，中华书局1976年标点本，第1册，第132页。

⑥ 《明史》云：“府尹掌京府之政令。宣化和人，劝农问俗，均贡赋，节征徭，谨祭祀，阅实户口，纠治豪强，隐恤穷困，疏理狱讼，务知百姓之疾苦。岁立春，迎春、进春，祭先农之神。”见《明史》卷74《职官志三》，中华书局1974年标点本，第6册，第1816页。

⑦ 《辽史》卷39《地理志三》，中华书局1974年标点本，第1册，第482页。

⑧ 《清史稿》云：“（宜昌府）野山关巡司，后移驻县南劝农亭。”见《清史稿》卷67《地理志十四》，中华书局1977年标点本，第8册，第2182页。

导意义。历法历来都由最高权力机构掌握、制定和发布，指导全国的农事生产秩序。

（二）传统仪式性劝农

1.官方劝农

官方还建立一些仪式，采用象征等手法，表达着以上率下的劝农寓意。这些仪式往往被纳入国家礼制范畴，主要有迎春、立土人土牛等。

（1）迎春击土牛

迎春礼自周代始，后世传承不息。唐玄宗规定在立春日迎春，"开元二十五年十月一日，制自今已后，每年立春之日，朕当帅公卿，亲迎春于东郊。其后夏及秋，常以孟月朝于正殿"。[①] 国家祭礼中礼乐并行，明嘉靖皇帝还亲制祈谷乐章，"九年二月，始祈谷于南郊。帝亲制乐章，命太常协于音谱"。[②] 迎春等劝农礼中自然有礼有乐。在民间而言，迎春仪式中最重要的是击土牛，这一仪式一直延续到民国时期。实际上，击土牛表达着开耕的寓意，国家用特定的仪式进行着劝农。

（2）立土人土牛

东汉时，立春日在田边立土人土牛，以此劝农，到立夏止，"立春之日，夜漏未尽五刻，京师百官皆衣青衣，郡国县道官下至斗食令史皆服青帻，立青幡，施土牛耕人于门外，以示兆民，至立夏"。[③] 王充认为，立土人土牛是以上率下之意，"立春东耕，为土象人，男女各二人，秉耒把锄；或立土牛。〔象人、土牛〕未必能耕也，顺气

---

① 王溥：《唐会要》卷 10 上，中华书局，1955，第 210 页。

② 《明史》卷 61《乐志一》，中华书局 1974 年标点本，第 5 册，第 1509 页。

③ 《后汉书》卷 90《礼仪志上》，中华书局 1965 年标点本，第 11 册，第 3102 页。

应时，示率下也"。①

南宋时，这一习俗仍在州县流传。陈元靓记述道："《嘉泰事类》：诸州县依形色造土牛耕人，以立春日示众，倚郭县不别造。"②又"《艺苑雌黄》：立春日，祀勾芒，决土牛，其来尚矣。然土牛有二说，一曰：以送寒气，一曰：以示农之早晚。予谓二说可合为一，土爰稼穑，牛者稼穑之具，故用之以劝农。冬则水用事，季冬建丑，寒气极矣，土实胜水，故用以送寒。古人制此，良有深意。"③

2. 民俗劝农

立春劝农。民间的说春是古代官方仪式的遗留，也是一种劝农习俗。甘肃陇南礼县的说春词《紧跟节气不误农》④ 便有明确的劝农内容：

立春雨水正月间，提早送粪莫迟延。惊蛰春分备好种，适时播种最关键。

清明谷雨天渐暖，玉米洋芋种田间。四月立夏到小满，麦田管理莫迟缓。

芒种夏至要开镰，秋田锄务赶在前。小暑大暑天正热，防雹防旱防水患。

立秋处暑七月里，抓紧伏耕整麦地。白露秋分农活忙，秋收秋种紧跟上。

寒露霜降收果菜，抓紧冬藏往出卖。立冬小雪天气冷，冻前翻地搞冬耕。

　　大雪冬至结寒冰，积攒肥料要在心。过了小寒和大寒，眼看就要过新年。

　　不误农时最要紧，年年粮食多高产。

　　传统试犁劝农。试犁是古代藉田仪式在民间的遗留。清道光年间，浙江宁波象山县人"'立春'先一日，邑令以彩仗迎春于东郊，至日祭句芒神，试耕种。各家作春盘、春饼，饮春酒"。① 试耕即是"试犁"仪式。民国以前，青海西宁市湟中区共和镇一带在春分日试犁，届时以家族或以住地为单位，人们聚集在打碾场上，架牲象征性犁地，犁出一个圆形，圆中犁一个"十"字形，之后在"十"字心处献献子（馒头）、煨桑，大家磕头后仪式结束。这一民俗告诉大家，从这天起即开始春播，实际上延续着古代的劝农思想。②

　　自然物候劝农。南北朝时，南方农民们看到一种鸟出现在屋上鸣叫，便开始架犁耕地，即"春风日，民并种戒火草于屋上，有鸟如乌，先鸡而鸣，架架格格。民候此鸟则入田，以为候人架犁格也"。③

　　民俗禁忌劝农。民间节气禁忌也有劝农内容，民国时期，江苏吴中一带立夏务蚕桑，届时门上贴红纸以忌人来，"环太湖诸山，乡人比户蚕桑为务，三四月为蚕月。红纸粘门，不相往来，多所禁忌。治其事者自陌上桑柔，提篮采叶，至村中，煮茧、分箔、缫<u>丝</u>，历一月而后驰诸禁。俗目育蚕者曰蚕党。或有畏护种出火辛苦，往往于立夏后，置现成三眼蚕于湖以南之诸乡村。谚云：'立夏三朝开蚕党。'谓开罢蚕船也"。④ 习俗的感召力间接表达着劝农的意义。

---

①　《象山县志》，清道光十四年刻本。见丁世良、赵放主编《中国地方志民俗资料汇编·华东卷》，书目文献出版社，1995，第774页。
②　访谈人：霍福。访谈对象：罗昌英；访谈地点：青海西宁市城中区东方明珠小区（笔者家中）。访谈时间：2020年2月5日。
③　（梁）宗懔：《荆楚岁时记》，宋金龙校注，山西人民出版社，1987，第93页。
④　胡朴安：《中华全国风俗志》下编，河北人民出版社，1986，第158页。

节气劝农。各地总结了一些节气日农桑生活，也成为农桑劳动的指导时间。清嘉庆年间，山东德州庆云县人"'立秋'，棉花去心"。① 民国时期，山东惠民无棣县人"'惊蛰'，二月节。农始耕，莳牟"；"'春分'，二月中，作酒醋，治畦穿井，栽树种蔬"；"'谷雨'，三月中，播谷艺棉，理蚕事"；"'立夏'，四月节。艺黍稷，农始耘"；"'芒种'，五月节。嫁枣登麦"；"'夏至'，五月中，播晚谷"。"'大暑'，六月中，莳荞，种萝卜"；"'立秋'，七月节。芟草治粪，莳苜蓿"；"孟秋之月'立秋'，棉花去心"；"'处暑'，七月中，莳菜"；"'白露'，八月节，登棉"；"'秋分'为八月中，纳禾，剥枣种麦，女始织"；"'寒露'，九月节，刈菽"；"'霜降'，九月中，刈荞"；"'小雪'，十月中，塞向墐户"。② 民国以前，江苏吴中一带有"小满动三车"的俗语，"小满乍来，蚕妇煮茧、治车、缫丝，昼夜操作。郊外采花，至是亦皆结实。取其子，至车坊磨油，以俟估客贩卖。插秧之人，又各带土分科。设遇梅雨注溢，则集桔槔以救之。旱则用连车递引溪河之水，传戽入田，谓之踏水车。号曰'小满动三车'，谓丝车、油车、田车也"。③

（三）民间农耕类月令

月令与节气劝农思想一致，是对特定地区农事生产生活的总结和安排。胡朴安在《中华全国风俗志》中记述了一首山西的农家月令：

> 立春喂耕牛，雨水掳粪土。惊蛰河半开，春分种小麦。清明

---

① 《庆云县志》，清嘉庆十四年刻本。见丁世良、赵放主编《中国地方志民俗资料汇编·华东卷》，书目文献出版社，1995，第157页。

② 《无棣县志》，1925年铅印本。见丁世良、赵放主编《中国地方志民俗资料汇编·华东卷》，书目文献出版社，1995，第162~166页。

③ 胡朴安：《中华全国风俗志》下编，河北人民出版社，1986，第158页。

前后种扁豆，二月清明草不青，三月清明道旁青。谷雨种豌豆，立夏种谷。小满前后，安瓜种豆。芒种忙种，黍子急种谷。芒种见锄刃，夏至见豆花。夏至不种高山黍，还种十日小糜黍。小暑吃大麦。小暑当日回，大暑吃小麦。立秋一十八日，寸草皆齐。处暑不出头，割得喂了牛。白露吃小谷，秋风见谷罗。寒露百草枯，霜降不赔田。立冬不使牛。小雪冻大河，大雪冻小河。冬至不开窖。小寒寒不小，大寒不加冰。①

张宝堃《南京月令》一文编写于 1936 年四月三日，可称为文人月令：

　　一月，小寒大寒前后连，若种早稻须耕田。二月，立春雨水二月到，小麦地里除杂草。三月，三月惊蛰又春分，稻田再耕八寸深。四月，四月谷雨燕子新，油菜花黄麦穗青。五月，五月立夏望小满，割麦插秧不要慢。六月，芒种夏至六月到，黄梅雨中难逍遥。七月，小暑大暑七月中，红日如火热烘烘。八月，八月立秋接处暑，要割高粱玉蜀黍。九月，九月白露又秋分，收稻再把麦田耕。十月，十月寒露霜降临，黄豆白薯都收清。十一月，立冬小雪农家闲，拿出米棉换洋钿。十二月，只等大雪冬至到，把酒围炉新年好。②

2017 年 5 月，陈勤建教授在第 16 届上海市社会科学普及活动周"历史与当下：中国传统文化的智慧"系列讲座中，提到一首流传在安徽江淮流域的谚语："一月有两节，一节十五天。立春天气暖，雨

---

① 胡朴安：《中华全国风俗志》上编，河北人民出版社，1986，第 32 页。
② 张宝堃：《南京月令》，《气象学报》1936 年第 5 期。

水粪送完。惊蛰快耙地，春分犁不闲。清明多栽树，谷雨要种田，立夏点瓜豆，小满不种棉。芒种收新麦，夏至快种田。小暑不算热，大暑是伏天。立秋种白菜，处暑摘新棉。白露要打枣，秋分种麦田。寒露收割罢，霜降把地翻。立冬起菜完，小雪犁耙开。大雪天已冷，冬至换长天。小寒快积肥，大寒过新年。"①

谚语朗朗上口，易学易懂易于传播，教会人们哪些节气应该干什么农活。

节气是播种时间的重要参考。清嘉庆年间，四川宜宾南溪县人"'清明日'宜晴。农家于'春分日'渍种，七日落泥，七日洒芽，故俗语曰：'泡春分，洒清明'"。② 民国时期，湖北监利人"邑居荆州下游，清明断雪，谷雨断霜，故播种早则清明，迟则谷雨。夏至后始盛热，大雨始行，每村陇相望，雨旸各异。俗云夏雨分牛脊"。③ 浙江象山县"俗以'立春'在十二月中为'短春'，在正月中为'长春'，盖以新年为限，推农事之缓急也（《樵歌》注）"。④ 可见节气本身也具有劝农的意义，并且直接指导着农事生产。

（四）地方性节气农谚

地方性节气民谚时间跨度较大，有对自然现象的描述，有说理的，有讲作物种植与收获经验的……指导着当地的农业生产。青海民间有大量的这类民谚。

---

① 徐蓓：《被称"第五大发明"：二十四节气内涵的中国智慧》，凤凰网，https：//guoxue. ifeng. com/a/20170726/51507923_ 0. shtml，2017 年 07 月 26 日。
② 《南溪县志》，清嘉庆十七年刻本。见丁世良、赵放主编《中国地方志民俗资料汇编·西南卷》，书目文献出版社，1991，第 147 页。
③ 胡朴安：《中华全国风俗志》下编，河北人民出版社，1986，第 325 页。
④ 《象山县志》，1927 年宁波天胜印刷公司铅印本。见引自丁世良、赵放主编《中国地方志民俗资料汇编·华东卷》，书目文献出版社，1995，第 777 页。

务农不问节，不如在家歇。（海东）

节气不饶人。（海东）

打蛇打在七寸上，庄稼种在节气上。（海东）

冬至后的天气，一天长一线，十天长一箭。（同仁）

夏至一十八，冬至当日回。（西宁、化隆）

谷雨到立夏，种的萝卜肥又大。

要使萝卜长得大，端午前后把籽下。

谷雨杏花开，菜农忙种菜。

谷雨到立夏，种的萝卜能长大。

种蒜找行家，春分不在家，白露收回家。

春分到了种菠菜，清明前后种甜菜。

白露前后，防前防后。（当地白露前后、白霜前后冰雹频繁，故有此谚）（大通、互助、湟中）

处暑不种田，庄稼人浇菜园。

谷雨杏花开，收拾点瓜菜。

清明的瓜，谷雨的花。

清明的茄子谷雨的瓜。

谷雨杏花开，收拾种白菜。

谷雨前后，种瓜点豆。

谷雨的花两把抓，清明的瓜长斗大。（民和、乐都）

春风菠菜谷雨菜，清明前后种甜菜。

春分不在家，白露不在外。（西宁）

霜降不起葱，越长心越空。

霜降拔葱，不拔就空。（乐都）

霜降不出葱，冻坏你别怪。（乐都）

对日（指中午日光直射时割韭菜易枯萎）不采韭，趁霜不

采葵。（乐都）①

1. 天文节气民谚

分至启闭（立春、春分、立夏、夏至、立秋、秋分、立冬、冬至）八个节气的民谚有：

立春

立春三日百草生，一刻春光值千金。（海东）

春分

春分一到，庄稼汉儿起跳。（大通）

春分节，阴阳两坡拿犁揭。（湟源）

春分在前社在后，高山麦子挖不透；春分在后社在前，高山麦子两手闲。（西宁）

春分麦入土，清明地头青。（海东）

春分前十日不早，春分后十日不迟。

春分麦起身，一刻值千金。（湟源）

春分种麦，十种九得。（乐都）

春分前，十架田。

立夏

要得十分田，立夏一日长高喊。（民和）

早上立了夏，中午虫儿会说话。（乐都）

立夏前后，种麦种豆。（互助）

立夏一日，忙种十日。（大通）

立夏不种高山麦。（湟中）

---

① 摘引自中国民间文学集成全国编辑委员会、中国民间文学集成青海卷编辑委员会《中国谚语集成·青海卷》，中国 ISBN 中心，2007。

立夏种麦子，有牛没辂子。（海东）

立夏种胡麻，到老一朵花；小满种胡麻，到老不还家。

立夏高山糜，小满透地皮。（乐都）

立夏到小满，杂七杂八也不晚。（海东）

青草芽儿顶地皮，立夏时它个家长哩。

夏至

夏至一阴生，冬至一阳生。（民和）

夏至一十八，冬至当日回。（湟中）

夏至长十日，冬至当日回。（乐都）

夏至天，早上的青柴晚上干。（东乡族、回族，民和）

夏至三个庚，必在庚日午，伏不离庚，庚不离伏。（谓入伏日必在庚子、庚寅、庚午）（民和）

夏至五月头，不种菜籽也得油。

夏至五月中，十个油坊九个空。

夏至五月底，十个油坊五个挤（乐都）

夏至五月头，不吃馍馍光喝油；夏至五月中，十座油坊九座空；夏至五月尾，十座油坊九座闲。（西宁）

夏至一十八，一月里不种庄稼。（西宁）

夏至一十八，青稞结疙瘩。（互助）

夏至不起蒜，必定散了瓣。（海东）

夏至响雷三伏旱，三秋响雷草堆面。（民和）

夏至响雷三伏旱，晒了夏天晒秋天。（乐都）

夏至犁地有三好，虫死、草死、土变了。（海东）

立秋

早晨立了秋，晚夕凉飕飕。（湟中）

立秋一暑晒死牛（湟中）

立秋三日，百草结籽。（民和）

立秋三天，晒死秋田（西宁）

立秋无雨万人愁，二十四个火老虎。（民和）

立秋摘花椒，白露打核桃。（撒拉族，循化）

秋分（无）

立冬

立冬立冷，交九交热。（西宁）

立冬前十天，先冻南阴山。（乐都）

立冬三场白（雪），猪狗吃个肥。（湟中）

冬至晴，百物成。（互助）

冬至

冬至接连三日晴，来年米谷价公平；冬至接连三日阴，来年米谷贵如金。（民和）

十冬腊月的冬至节，老小人都添一岁哩。

2. 地文节气民谚

有关雨水、惊蛰、谷雨、白露、寒露、霜降、小雪、大雪等八个地文节气的民谚有：

雨水

雨水早谷雨迟，春分种麦正当时。（西宁）

惊蛰

惊蛰寒，冷半年。（民和、湟中）

惊蛰不离九九三。（乐都）

早上是惊蛰，午后拿犁撬。（乐都、民和）

惊蛰早清明迟，春分种麦正当时。（海东）

惊蛰一犁土，春分地气通。（海东）

惊蛰十日地门开，梁上格子拿下来。（民和）

过了惊蛰节，下种不能歇。（海东）

惊蛰前，十架田。（海东）

天社前，十架田。（海东）

川里不离惊蛰，山里不离清明。（乐都）

惊蛰解冻川里忙，庄稼人儿快下炕。（海东）

过了惊蛰节，犁地不用歇。（湟中）

惊蛰闻雷，小满发水。

惊蛰寒了冷半年。（土族，民和）

土旺临头，收拾种田，

土旺打破头（下大雨），二十一天架不上牛。（民和）

谷雨

谷雨过，种青稞。（化隆）

谷雨一罢，忙种胡麻。（湟源）

谷雨种胡麻，七股八形式杈；立夏种胡麻，花儿开的摆不下；立夏过了种胡麻，个家哄个家。（海南）

谷雨夹土旺，谷子胡麻一场扬（指谷子胡麻可以合种）。（湟中）

谷雨种豆儿，贴骨挨肉儿。（湟中）

谷子种在谷雨头，走走站站不发愁。（民和）

土旺一十八，收拾种胡麻。（湟中，互助）

谷雨种谷子，立夏种糜子。（乐都）

谷雨前三后四，正是梨花开满枝。

谷雨前三后五日，正是果树扬花时。

白露

白露麦根死。（西宁）

白露一到，满地核桃。（撒拉族，循化）

白露的雨，憋了秕。（回族，化隆）

白露秋风夜，一夜凉一夜。（互助）

白露早寒露迟，秋分种麦正当时。（海东）

七月白露八月种，八月白露不敢等。（指冬小麦播种期）（西宁）

白露霜降，镰刀挂在梁上。（海东）

白露霜降，佛爷撂到房上。（意思是冰雹期已过，勿需再求神挡雨了）（土族，互助）

白露霜降，格子架到梁上。（回族，化隆）

白露前三后四收雨粮（湟中苏木世）

寒露（无）

霜降

霜降霜降，洋芋地里不敢放。

霜降不出菜，冻坏你莫怪。

霜降过日子短，梳头洗脸要半天。（互助）

小雪、大雪

小雪站磨，大雪站桥。（指结冰）（民和）

小雪雪满天，来年是丰年。（互助）

3. 人文节气民谚

清明、小满、芒种、小暑、大暑、处暑、小寒、大寒等八个人文节气的民谚有：

清明

清明前，十架田。（湟源）

清明前后，种麦种豆。（湟中）

清明翻地，立夏种田。（海北）

清明到立夏，土旺种胡麻。（乐都）

要想洋芋大，种在清明到立夏。（湟中）

要叫豆儿圆，种在清明前。（民和）

清明前的豌豆，躲过伏里的日头。（民和）

清明谷雨紧相连，忙种晚田莫迟延。（海东）

清明对立夏，今年的庄稼白没啥。（无收成的意思）（西宁）

清明种乱田，同样推下面。（民和）

清明前，麦种完。（湟中）

二月清明在后，三月清明在前（指种田的时间在清明节气的前或后）（湟中）

二月清明麦在后，三月清明麦在头。（回族，海北）

清明对立夏，红杆儿（荞麦）成不了。（乐都）

清明对立夏，牛羊上不去洼（乐都、民和）

清明断雪，谷雨断霜。（民和）

清明前后下透雨，强如锅里下了米。（民和）

清明前后一场雨，强如秀才中了举。（海东）

二月清明不见青，三月清明满川青。（湟中）

清明要晴，谷雨要淋。（湟中）

清明十日闻土旺。（民间传说中的节日，一年四个，立夏前十八天叫春土旺）

清明的辣子谷雨的瓜，播种别让时节差。（海东）

清明过了羊不怕，夏至过了牛不怕。（撒拉族，循化）

小满

小满，不种即晚。（互助）

小满糜，顶地皮。（民和）

小满，山上燕麦头报。（西宁）

小满糜子芒种谷，没米秕籽守着哭。（民和）

芒种

芒种糜，拿手提。（民和）

芒种芒种，过了不种。（化隆）

芒种芒种，再迟不牢。（乐都）

芒种燕麦夏至菜。（互助）

芒不种豆。（西宁）

芒不种青稞（大通）

四月芒种种在后，五月芒种种在前。（回族，海北）

小暑、大暑

小暑掐，大暑拔。

小暑见个，大暑见垛。（民和）

小暑见颗吃，大暑见捆子。（西宁）

小暑吃饱，大暑割倒。（乐都）

小暑过了烧着吃，大暑过了打着吃。（撒拉族，循化）

大暑小暑，灌死老鼠。（回族 化隆）

小暑到大暑，十有九天雹雨走。（大通）

处暑

处暑的雨，憋了的秕。（湟中）

处暑对白露，冬麦种植好时候。（互助）

处暑白露，冬麦时候。（海东）

小寒、大寒

大寒小寒，冻死老汉。（回族，西宁、化隆）

大寒小寒，冻死炕上的老汉。（湟源）

江苏扬州瓜洲一带农谚说："春甲子雨，蚕死麦烂根；夏甲子雨，撑船入市；秋甲子雨，禾生双耳；冬甲子雨，牛羊冻死。"① 胡

---

① 《瓜洲续志》，1927 年瓜洲于氏凝晖堂铅印本。见丁世良、赵放主编《中国地方志民俗资料汇编·华东卷》，书目文献出版社，1995，第 498 页。

朴安《中华全国风俗志》记述了不少民国时期江苏崇明的节气谚语，反映的内容与青海不同，如：

> 小暑一声雷，倒转黄霉十八天。
>
> 惊蛰闻雷米如泥。（言预兆年丰也）
>
> 未蛰先蛰，人吃狗食。（言惊蛰前闻雷，兆凶年也）
>
> 小暑日西南风，三车勿动。（三车即油车、轧车、碾米之风车也。是日西南风。主歉收也）
>
> 处暑若还天不雨，纵然结实也无收。
>
> 白露日雨，到一处坏一处。
>
> 白露前是雨，白露后是鬼。
>
> 白露日西北风，十个铃子九个空。白露日东北风，十个铃子九个脓。（棉实如桃开裂，崇人谓之铃子）①

分析上述节气民谚，发现天文节气在民间几乎失去了神圣性。节气在民俗语境中，更多的是人们通过观察当地自然界的变化，预测农业，归纳农业生产的一般性规律，总结自然灾害等常识。在地方性知识中，节气已经完全变成了当地农事和生活的补充。

---

① 胡朴安：《中华全国风俗志》下编，河北人民出版社，1986，第 203～205 页。

第三节　节气祈丰收仪式传统

（一）帝王行祈谷礼仪

二十五史中，官方祈谷的记载屡见不鲜。行祭时间有所不同，例举见表 6 – 1。

表 6 – 1　官方祈谷时间、地点

朝代	时间	祈谷地点	备注
晋	立春	熊远建议，时议美之	《晋书》卷 71
隋、明嘉靖	惊蛰		《隋书》卷 6、《明史》卷 48
唐	冬至、上辛	汾阴后土	《新唐书》卷 11
五代	上辛祈谷		《旧五代史》卷 30
北宋	立春后上辛	圆丘	《宋史》礼三
金	正月上辛		《金史》卷 94
明	春正月辛卯 春正月辛未 春二月丁未 冬至、夏至（嘉靖十一年更定）	大祀殿 圆丘 玄极宝殿	《明史》卷 47

祈谷为官方进行的祈丰收礼仪。传统上以冬至、孟春上辛为两个祈谷时间。明代时，礼官认为藉田也有祈谷之意，明隆庆元年（1567），礼臣对皇帝说："先农亲祭，遂耕藉田，即祈谷遗意。"[1] 祈

---

① 《明史》卷 48《礼志二》，中华书局 1974 年标点本，第 5 册，第 1256 页。

谷属于国家大祀，北宋政和年间制定的《祈谷仪》，较能窥见古代国家祈谷礼全貌：

> 政和《祈谷仪》：前期降御札，以来年正月上辛祈谷，祀上帝。前祀十日，太宰读誓于朝堂，刑部尚书莅之；少宰读誓于太庙斋房，刑部侍郎莅之。皇帝散斋七日，致斋三日。前祀一日，服通天冠、绛纱袍，乘玉辂，诣青城。祀日，自斋殿服通天冠、绛纱袍，乘舆至大次，服衮冕，执圭，入正门，宫架《仪安之乐》作。礼仪使奏请行事，宫架作《景安之乐》，《帝临降康之舞》六成，止。太常升烟，礼仪使奏请再拜。盥洗，升坛上，登歌《嘉安之乐》作。皇帝搢大圭，执镇圭，诣上帝神位前，北向，奠镇圭于缫藉，执大圭，俯伏，兴。又奏请搢大圭，跪，受玉币。尊讫，诣太宗神位前，东向，奠币如上仪，登歌作《仁安之乐》。皇帝降阶，有司进熟，礼仪使奏请执大圭，升坛，登歌《歆安之乐》作。皇帝诣上帝神位前酌献，执爵祭酒，读册文讫，奏请皇帝再拜。诣太宗神位前酌献，并如上仪，登歌作《绍安之乐》。皇帝降阶，入小次，文舞退，武舞进，宫架《容安之乐》作。亚献酌献，宫架作《隆安之乐》，《神保锡羡之舞》。终献如之。礼仪使奏请皇帝诣饮福位，宫架《禧安之乐》作。皇帝受爵。又请再拜。有司彻俎，登歌《成安之乐》作。送神，宫架《景安之乐》作。皇帝诣望燎位。礼毕，还大次。①

上述记载较完整地展示了古代祈谷礼的全貌。

---

① 《宋史》卷100《礼志三》，中华书局1977年标点本，第8册，第2458～2459页。

（二）民间祈丰收习俗

民间祈求丰收习俗比较普遍，形式多样。清乾隆年间，陕西渭南富平县有清明游水风俗，实际上是杀牲祭神，祈求风调雨顺，五谷丰登，"（清明）至期，每户请名山之泉源水共礼一神，刑牲祷丰，曰'游水'"。[①] 清同治年间，浙江丽水县人"'夏至日'，农家具酒肉祭田间，曰'做田福'。是日见禾颖先茁者，曰'挂榜'"。[②] 清光绪年间，陕西榆林靖边人"'立春日'，署中鞭春毕，小民争抢春牛，得撮土即调水涂灶，或剥得牛身席片，用纸糊为器，谓岁收必丰，年运必达"。[③] 民国时期，陕西周至县"又，刑牲祷丰年，金鼓、伞旗具备，曰'游水'"。[④] 浙江金华东阳人"'夏至'，凡治田者必具酒肉祭土谷之神，束草立标插诸田间就而祭之，谓'祭田婆'"。[⑤] 实际上，旧时民间的此类民俗比比皆是，故不赘述。

① 《富平县志》，清乾隆四十三年刻本。见丁世良、赵放主编《中国地方志民俗资料汇编·西北卷》，书目文献出版社，1989，第46页。

② 《丽水县志》，清同治十三年刻本。丁世良、赵放主编《中国地方志民俗资料汇编·华东卷》，书目文献出版社，1995，第918页。

③ 《靖边志稿》，清光绪二十五年刻本。见丁世良、赵放主编《中国地方志民俗资料汇编·西北卷》，书目文献出版社，1989，第85页。

④ 《盩厔县志》，1925年西安艺材印书社铅印本。见丁世良、赵放主编《中国地方志民俗资料汇编·西北卷》，书目文献出版社，1989，第38页。

⑤ 《东阳县志》，1914年东阳商务石印公司石印本。见丁世良、赵放主编《中国地方志民俗资料汇编·华东卷》，书目文献出版社，1995，第880页。

第四节　节气日的保庄稼习俗

这类民俗以夏至撒菊灰、惊蛰咒雀较为典型。

清嘉庆年间，湖北人"'夏至'节日食粽。是日取菊为灰，以止小麦蠹。"① 在南北朝时期，今湖北等地就有"夏至撒菊灰"习俗，宗懔记述道："夏至节日，食粽。是日，取菊为灰，以止小麦蠹。"② 宋金龙校注时引"《御览》卷二三引于'麦''蠹'间多一虫字"，《御览》为明代作品，推测明代时撒菊灰习俗大概还有流传。民国时期，安徽寿春人"夏至日，取野菊为灰，以止麦蠹"。③ 湖南人也在"夏至节日食粽，是日取菊为灰，以止小麦蠹（《岁时记》）"。④ 湖北也有撒菊花灰的习俗。⑤

民国以前，云南宣威人有惊蛰咒雀的习俗，"是日清晨，农家之家长听见雀鸣，即唤起牧童往田间咒雀。牧童得命，手提铜器一具，急忙跑至田间，顺着田埂而行，随行随敲，随敲随唱咒雀词曰：'金嘴雀，银嘴雀，我今朝来咒过，吃着我的谷子烂嘴壳，咒

---

① 《湖北通志》，清嘉庆九年刻本。见丁世良、赵放主编《中国地方志民俗资料汇编·中南卷》，书目文献出版社，1991，第318页。
① 《湖北通志》，清嘉庆九年刻本。见丁世良、赵放主编《中国地方志民俗资料汇编·中南卷》，书目文献出版社，1991，第318页。
② （梁）宗懔：《荆楚岁时记》，宋金龙校注，山西人民出版社，1987，第52页。
③ 胡朴安：《中华全国风俗志》下编，河北人民出版社，1986，第284页。
④ 胡朴安：《中华全国风俗志》上编，河北人民出版社，1986，第178页。
⑤ 胡朴安：《中华全国风俗志》上编，河北人民出版社，1986，第148页。

呕。'其意盖谓今日咒过，迨到谷熟之时，鸟雀便不敢来啄。必须将自家所有之田埂走遍，始可回家。若田地众多之家，须至日没，才能返家"。①

---

① 胡朴安：《中华全国风俗志》下编，河北人民出版社，1986，第 423 页。

第五节　节气与传统农事占候

（一）依据古籍占候

民间占候往往重视古代经验。宋代《岁时广记》"占气候"引《四时纂要》云："立春日，鸡鸣丑时，艮上有黄气出，乃艮气也。宜大豆，艮气不至，万物不成。应在冲，冲乃七月也。"[①] 又"占人食"条引《四时纂要》云："以冬至日数至正月上午日，满五十日，人食长一日，即除一月，食少一日，即少一月食也。此最有据。"[②]这些占候习俗对后世影响很大。

明代徐光启《农政全书》记载了一些节气与农作物的占候，如"清明：午前晴，早蚕熟；午后熟，晚蚕熟。清明日，喜晴。""若清明寒食前后，有水而浑，主高低田禾大熟，四时雨水调。谷雨日雨，主鱼生。谷雨前一两朝霜，主大旱。是日雨，则鱼生，必主多雨。""夏至日风色，看交时最要紧。屡验。立夏日，看日晕，有则主水。谚云：'一番晕，添一番湖塘。'是夜雨，损麦。谚云：'二麦不怕神共鬼，只怕四月八夜雨。'""夏至日雨落，谓淋时雨，主久雨。其年

---

①　陈元靓：《岁时广记》卷8，见王云五主编《丛书集成初编》，商务印书馆，1939年12月初版，第85页。

②　（南宋）陈元靓编《岁时广记》卷38，（上海）商务印书馆，1939年12月初版，第418页。

必丰。夏至有云三伏热，如吹西南风，急吹急没，慢吹慢没。""立秋日是天晴，万物少得成熟。小雨，吉。大雨，主伤禾。""立冬晴，则一冬多晴。雨，则一冬多雨，亦多阴寒"。①《农政全书》"冬至"条还引《农桑辑要》云："欲知来年五谷所宜，是日取诸种各平量一升，布囊盛之，埋窖阴地，后五日发取量之，（此占候之有理者也）息多者岁所宜也。"②

清代大型类书《广群芳谱·别录·占候》"家塾事亲"条记载了一种占候方法："立冬日，先立一丈竿占影，得一尺大疫、大旱、大暑、大饥，二尺赤地千里，三尺大旱，四尺、五尺低田收，六尺高低田熟，七尺高田收，八尺涝，九尺大水，一丈水入城郭。朔日值立冬主灾异，值小雪有东风，春米贱，西风春米贵。其日用斗量米，若缀在斗，来春陡贵，甚验。"该书引《四时纂要》云："冬至日数至元旦，五十日者，民食足，若不满五十日者，一日减一升，有余日益一升，最验。至前米价长，至后必贱，落则反贵。寒不降五月雷电。朔日值冬至，主年荒岁凶。古占书以朔日冬至为令辰。"又引《历法》云："冬至日中竖八尺表，其晷如度者，其岁美、人和，不则岁恶、人惑，晷进则水，晷退则旱，进一尺则日食，退一尺则月食。历家推朔旦，冬至夜半甲子谓之历元，最难得。"③

（二）民俗经验占候

民俗经验中，立春、惊蛰、清明、立夏、夏至、处暑、霜降等节

① （明）徐光启著《农政全书校注》，石声汉校注，上海古籍出版社，1979，第255～261页。
② （明）徐光启著《农政全书校注》，石声汉校注，上海古籍出版社，1979，第262页。
③ 《广群芳谱·天时谱·冬》，钦定四库全书影印本，康熙四十七年五月，第14、19、20页。

气日的天气状况往往对年景及作物具有重要的占候意义。旧时迎春仪式中的土牛色彩也作为卜测年景，预测农业收成的依据。民俗占候多为谚语、民谣，如清嘉庆年间，河北唐山滦州民谚云："春甲子雨，遍地生火；夏甲子雨，乘船入市；秋甲子雨，五谷生芽；冬甲子雨，百鸟无食。"①

1. 立春占候

清光绪年间，四川宜宾叙州人认为："（立春）是日宜晴。谚曰：'立春晴一日，农夫不用力'"。②

民国时期，陕西临潼县民谚云："立春日，早风成早禾，晚风成晚禾。前八日晴，诸事皆吉。得辛日，小麦成。（《临潼县志》）"又陕西城固县人认为："春日喜晴厌雨。歌曰：'但得立春晴一日，农夫不用力耕田。'（《城固县志》）"③ 河南民谣云："立春清明又和暖，农人鼓腹皆翘天，倘若风阴与昏暗，五谷不登人不安。"④ 清末，广州从化县民谚云："（立春）是日喜晴，或微寒。谚云：'春阴百日阴，春晴百日晴。'又云：'春寒春暖，春暖春寒。'是也。"⑤ 贵州盘县人认为："立春日宜晴；是日晴，则以后常有雨也。谚云：'立春晴一日，四月农人不用力。'"⑥ 河北唐山滦县民谚云："春见春，四蹄贵如金。（凡一年两见立春，牲畜价必昂贵）"⑦

---

① 《滦州志》，清嘉庆十五年刻本。见丁世良、赵放主编《中国地方志民俗资料汇编·华北卷》，书目文献出版社，1989，第261页。

② 《叙州府志》，清光绪二十二年刻本。见丁世良、赵放主编《中国地方志民俗资料汇编·西南卷》，书目文献出版社，1991，第142页。

③ 胡朴安：《中华全国风俗志》上编，河北人民出版社，1986，第215页。

④ 徐杰舜主编《汉族民间风俗》，中央民族大学出版社，1998，第904页。

⑤ 《从化县新志》，清宣统元年刻本。见丁世良、赵放主编《中国地方志民俗资料汇编·中南卷》，书目文献出版社，1991，第694页。

⑥ 胡朴安：《中华全国风俗志》下编，河北人民出版社，1986，第435页。

⑦ 《滦县志》，1927年铅印本。见丁世良、赵放主编《中国地方志民俗资料汇编·华北卷》，书目文献出版社，1989，第274页。

2. 惊蛰占候

民国以前，江苏吴中人有以惊蛰日雷声卜测收成的风俗，胡朴安记述道："土俗以惊蛰闻雷，主岁有秋。谚云：'惊蛰闻雷米似泥。'若雷动于未交惊蛰之前，则主岁歉。谚云："未蛰先蛰，人吃狗食'"。① 广西象县农谚云："雷打惊蛰，谷米贱如泥。（谓惊蛰鸣雷，主年丰也）夏至鸣雷三伏旱。雷打秋，晚禾折半收。"② 贵州盘县人认为："惊蛰日不能闻雷声，闻则夏季毒虫必多。谚云：'惊蛰有雷鸣，虫蛇多成群。'"③

3. 清明占候

民国时期，贵州盘县人认为："清明日天阴，则谷雨日不雨。谚云：'清明不明，谷雨不霖。'"④ 江苏吴中人"清明日，满街叫卖杨柳。人家买之，插于门上。农人以插柳日晴雨占水旱，若雨主水。谚云：'檐前插青柳，农夫休望晴'"。⑤ 浙江人认为清明日天气晴好，庄稼会有收成，谚语云："清明又清又明，种田人足有收成"。⑥

4. 立夏占候

清乾隆年间，河北唐山永平府人看风占候捕鱼，"立夏日，入海捕鱼，视西南风则多获，东北风不利"。⑦ 清光绪年间，贵州遵义仁怀厅人以雨占候农事，"'立夏日'，谚云：'立夏不下，犁耙高挂。'宜雨"。⑧ 云南宣威人旧时立夏占年习俗，"宣威人民，每以立夏之阴

---

① 胡朴安：《中华全国风俗志》下编，河北人民出版社，1986，第 155 页。
② 胡朴安：《中华全国风俗志》上编，河北人民出版社，1986，第 410 页。
③ 胡朴安：《中华全国风俗志》下编，河北人民出版社，1986，第 435 页。
④ 胡朴安：《中华全国风俗志》下编，河北人民出版社，1986，第 435 页。
⑤ 胡朴安：《中华全国风俗志》下编，河北人民出版社，1986，第 157 页。
⑥ 徐杰舜主编《汉族民间风俗》，中央民族大学出版社，1998，第 905 页。
⑦ 《永平府志》，清乾隆三十九年刻本。见丁世良、赵放主编《中国地方志民俗资料汇编·华北卷》，书目文献出版社，1989，第 225 页。
⑧ 《增修仁怀厅志》，清光绪二十八年刻本。见丁世良、赵放主编《中国地方志民俗资料汇编·西南卷》，书目文献出版社，1991，第 450 页。

晴,而占一年之丰歉。谚云:'立夏不下,高田不坝。'又云:'立夏无雨,碓头无米。'盖谓立夏无雨,将主干旱,秋收必需减色也"。①

5. 夏至占候

清同治年间,天津人以风占天气,"以夏至日东风为水征,曰'初伏浇,末伏烧'"。② 清光绪年间,贵州遵义仁怀厅人认为:"'夏至日'宜雨。谚云:'夏至见青天,有雨到秋边。'又云:'夏至无云三伏热。'"③

6. 小暑占候

清乾隆年间,上海奉贤县人认为:"'小暑日'雷,主雨多。谚云:'小暑一声雷,翻转作黄霉。'"④

7. 立秋占候

清同治年间,天津人以雨占天气,"七月,以立秋日雨为涝之兆,不雨秋晴之兆"。⑤ 江苏吴中人认为:"立秋日雷鸣,主秀不实。谚云:'秋谷碌,收粃谷。'又以稻秀时浓云大作,中有白虹横贯者,俗呼白鲞,亦主获粃谷,谓之天收。蔡云《吴歈》云:'雨洒风飘日又晴,先秋十日借秋声。雪瓜火洒迎新爽,怕听天边玉虎鸣。'"⑥ 清光绪年间,贵州遵义仁怀厅人"'立秋日',忌雷鸣"。⑦

---

① 胡朴安:《中华全国风俗志》下编,河北人民出版社,1986,第423~424页。

② 《天津县续志》,清同治九年刻本。见丁世良、赵放主编《中国地方志民俗资料汇编·华北卷》,书目文献出版社,1989,第48页。

③ 《增修仁怀厅志》,清光绪二十八年刻本。见丁世良、赵放主编《中国地方志民俗资料汇编·西南卷》,书目文献出版社,1991,第450页。

④ 《奉贤县志》,清乾隆二十三年刻本。见丁世良、赵放主编《中国地方志民俗资料汇编·华东卷》,书目文献出版社,1995,第36页。

⑤ 《天津县续志》,清同治九年刻本。见丁世良、赵放主编《中国地方志民俗资料汇编·华北卷》,书目文献出版社,1989,第48页。

⑥ 胡朴安:《中华全国风俗志》上编,河北人民出版社,1986,第163页。

⑦ 《增修仁怀厅志》,清光绪二十八年刻本。见丁世良、赵放主编《中国地方志民俗资料汇编·西南卷》,书目文献出版社,1991,第450页。

8. 处暑占候

清光绪年间，四川宜宾叙州人认为："'处暑日'宜雨。谚云：
'处暑若还天不雨，纵然结实也无收'"。① 青海湟中民谚说："处暑
的雨，憋了的秕。"人们认为，处暑下雨，会连阴带下四十天，这时
麦类庄稼已经成熟，穗头较重，久雨大风会使麦杆倒伏，空气湿热又
会造成麦粒在穗中发芽，只能收获秕麦。

9. 白露占候

清乾隆年间，上海奉贤县民谚云："白露日，雨到一处坏一处。"
白露这天下雨主损菜。②

10. 秋分占候

清乾隆年间，上海奉贤县民谚云："'秋分'在'社日'前，则
田有收，而谷贱；'社日'在'秋分'前，则田无收，而谷贵。谚
云：'分了社，白米编（遍）天下；社了分，曰（白）米如锦
墩。'"③ 清光绪年间，四川宜宾叙州人认为："秋分日宜小雨，天阴
主岁稔。是日宜在社前。谚云：'分后社，谷米遍天下；社后分，谷
米上锦墩。'霜降日，农人涤末耜于室，谓之'洗泥'"。④

11. 霜降占候

清乾隆年间，上海奉贤县人以霜占米价，"'霜降'见霜米
贵"。⑤ 旧时，云南宣威人以霜占候，"霜降卜来年之丰歉，以有霜无

① 《叙州府志》，清光绪二十二年刻本。见丁世良、赵放主编《中国地方志民俗资料
汇编·西南卷》，书目文献出版社，1991，第142页。

② 《奉贤县志》，清乾隆二十三年刻本。见丁世良、赵放主编《中国地方志民俗资料
汇编·华东卷》，书目文献出版社，1995，第36页。

③ 《奉贤县志》，清乾隆二十三年刻本。见丁世良、赵放主编《中国地方志民俗资料
汇编·华东卷》，书目文献出版社，1995，第9页。

④ 《叙州府志》，清光绪二十二年刻本。见丁世良、赵放主编《中国地方志民俗资料
汇编·西南卷》，书目文献出版社，1991，第142页。

⑤ 《奉贤县志》，清乾隆二十三年刻本。丁世良、赵放主编《中国地方志民俗资料汇
编·华东卷》，书目文献出版社，1995，第36页。

霜为断。谚曰：'霜降无霜，碓头没糠。'盖犹古人所云雪兆丰年之遗意也"。①

12. 立冬占候

清光绪年间，贵州遵义仁怀厅人认为："'立冬日'，西北风，来年大熟。"②

13. 小雪占候

清乾隆年间，上海奉贤县人以霜占米价，"'小雪'见霜米贱"。③

14. 冬至占候

清乾隆年间，上海奉贤县人以雪占丰稔，"'冬至'后三成（戌）为腊。腊前三番雪，名曰'三白'，菜麦大熟。谚云：'若要麦，见三白。'亦主来岁丰稔"。④民国以前，陕西临潼人有"冬至向巴山看雪，以占来岁丰歉。（《西乡县志》）"习俗。⑤湖北谚语云："立冬无雨看冬至，冬至无雨一冬晴。"意为主旱。⑥江苏吴中人"俗以冬至前后逢雨雪，主年夜晴；若冬至晴，则主年夜雨雪，道途泥泞。谚云：'干净冬至邋遢年。'"⑦北京怀柔县人"'冬至'量日影，以占丰凶；次日算九九，以占寒暖"。⑧

---

① 胡朴安：《中华全国风俗志》下编，河北人民出版社，1986，第424页。
② 《增修仁怀厅志》，清光绪二十八年刻本。见丁世良、赵放主编《中国地方志民俗资料汇编·西南卷》，书目文献出版社，1991，第450页。
③ 《奉贤县志》，清乾隆二十三年刻本。丁世良、赵放主编《中国地方志民俗资料汇编·华东卷》，书目文献出版社，1995，第36页。
④ 《奉贤县志》，清乾隆二十三年刻本。丁世良、赵放主编《中国地方志民俗资料汇编·华东卷》，书目文献出版社，1995，第36页。
⑤ 胡朴安：《中华全国风俗志》上编，河北人民出版社，1986，第221页。
⑥ 徐杰舜主编《汉族民间风俗》，中央民族大学出版社，1998，第906页。
⑦ 胡朴安：《中华全国风俗志》下编，河北人民出版社，1986，第167页。
⑧ 《怀柔县新志》，1935年铅印本。见丁世良、赵放主编《中国地方志民俗资料汇编·华北卷》，书目文献出版社，1989，第19页。

15. 土牛色彩占候

清同治年间，湖北监利人"'立春'先一日，官师班春于庙，农人皆趋观焉，以土牛采色占水旱等灾，以句芒鞋〔帽〕占寒燠晴雨。啖春饼、生菜，亲朋会饮，谓之'春台席'"。[①] 山东烟台《宁海州志》引包桂《海阳志》云："俗以牛头红白占水旱，以句芒鞋帽占时（晴）雨寒燠。"又引《群芳谱》占验云："土牛色黄主熟，又专主菜麦大熟。青春瘟，赤春旱，黑春水，白春多风。身主上乡，蹄主下乡。田家以此占，颇验。"[②] 清光绪年间，山东烟台登州人"以土牛头红白占水旱，芒神鞋帽占晴雨寒燠"。[③] 广州人"立春日，有司逆勾芒、土牛。勾芒名拗春童。著帽则春暖，否则春寒。土牛色红则旱，黑则水。竞以红豆五色米洒之，以消一岁之疾疹（《粤东笔记》）"。[④]

民国时期，江苏苏州太仓人"田家以春牛占岁事。头黄主熟，又专主菜、麦大熟，青主瘟，赤主旱，黑主水，白主多风。身色主上乡，蹄色主下乡"。[⑤] 广东广州人"立春日，有司逆勾芒、土牛。勾芒名拗春童。着帽则春暖，否则春寒。土牛色红则旱，黑则水。竞以红豆五色米洒之，以消一岁之疾疹。以土牛泥泥灶，以肥六畜（《粤东笔记》）"。[⑥] 以土牛卜测也是青海民间旧时的传统，并以芒儿牵牛或骑牛来预测年景。芒儿即牧童（策牛人），现在印在历书上，以前

---

① 《监利县志》，清同治十一年刻本。见丁世良、赵放主编《中国地方志民俗资料汇编·中南卷》，书目文献出版社，1991，第395页。
② 《宁海州志》，清同治三年刻本。丁世良、赵放主编《中国地方志民俗资料汇编·华东卷》，书目文献出版社，1995，第245页。
③ 《增修登州府志》，清光绪七年刻本。见丁世良、赵放主编《中国地方志民俗资料汇编·华东卷》，书目文献出版社，1995，第220页。
④ 胡朴安：《中华全国风俗志》上编，河北人民出版社，1986，第255页。
⑤ 《太仓州志》，1919刻本。见丁世良、赵放主编《中国地方志民俗资料汇编·华东卷》，书目文献出版社，1995，第415页。
⑥ 胡朴安：《中华全国风俗志》上编，河北人民出版社，1986，第255页。

立春日"迎春会"上，塑造的芒儿是高二尺左右的儿童，全身涂有红、绿、紫、黄、蓝等颜色，农民们观看牛及芒儿的服色和装扮来预测种什么庄稼会丰收。牛与芒儿（牧童）的位置关系也有着重要的象征意义，青海民间认为，芒儿倒骑牛为丰收之兆，牵牛年景次之，跟牛则年景较差。

第六节　节气与民间农事禁忌

（一）忌行走田间

民国以前，春分日，四川雅安人忌在田间行走，"'春分节'，乡农举家休息，诸务停搁，禁赴田畴、菜圃，恐致鸟啄虫蚀诸患。后一日'土蚕会'，种蔬家禁尤严"。[①] 四川雅安荥经县人"'春分日'，居民不履田亩，六畜亦在家饲养，忌犯雀鸟践食五谷"。[②] 四川阿坝松潘县人"'春分日'，居民不履田亩，六畜不外放，犯则五谷多鸟害"。[③]

民国以前，立秋日，云南曲靖宣威人忌在田间行走，"宣威禁忌，以立秋为最大。是日农家禁止家人在田间行走，否则秋收必不佳"。[④]

（二）忌起风雷雨

夏至日忌雨。《清嘉录》云："夏至日为交时，曰头时、二时、

---

① 《雅安县志》1928 年石印本。见丁世良、赵放主编《中国地方志民俗资料汇编·西南卷》，书目文献出版社，1991，第 353 页。

② 《荥经县志》，1915 刻本。见丁世良、赵放主编《中国地方志民俗资料汇编·西南卷》，书目文献出版社，1991，第 366 页。

③ 《松潘县志》，1924 年刻本。见丁世良、赵放主编《中国地方志民俗资料汇编·西南卷》，书目文献出版社，1991，第 387 页。

④ 胡朴安：《中华全国风俗志》下编，河北人民出版社，1986，第 424 页。

末时，谓之'三时'。居人慎起居，禁诅咒，戒剃头，多所忌讳。农人又以每时之末忌雨。谚云：'三时三送，低田白弄。'中时而雷，谓之'腰鼓报'，主大水，谚云：'中时腰报没低田。'又以时中多雨，及时尽而雷，皆主涝，谚云：'时里寒，没竹竿。'又云：'低田只怕送时雷。'"又"'处暑日忌雷鸣'当是'小暑日忌雷鸣'耳。蔡铁翁诗：'怕闻小暑一声雷。'"①

立秋日忌雨。河南、江苏、湖北等地有"（立秋日）一雷波万顷""雷打秋，晚禾折半收""秋甲子忌雨，雨多则涝"等谚语，立秋日忌雷、雨、风。②

（三）忌节气劳动

立春禁忌。立春日，山东莱阳人忌掏灰和挑水，认为掏灰会掏跑好运气，挑水后一年中精神不振瞌睡多。③

春分日，畲族忌挑粪，忌在河中洗衣和晒衣服。④

清明禁忌。浙江一些地方忌全天休息，下午必要下田劳动，并在田间地头插杨柳枝和杜鹃花，据说可免病虫、鸟兽侵害农作物，谚云："清明半天就落田"。⑤清嘉庆年间，山东德州庆云县人"（清明）饭牛，忌用磨"。⑥

立夏禁忌。民国时期，山西运城荣河县人"立夏日，不宜种棉，

---

① （清）顾禄：《清嘉录》，来新夏点校，上海古籍出版社，1986，第95页。这段话记载在《中华全国风俗志》上编第161页。
② 徐杰舜主编《汉族民间风俗》，中央民族大学出版社，1998，第905页。
③ 徐杰舜主编《汉族民间风俗》，中央民族大学出版社，1998，第904~905页。
④ 任骋：《中国民俗通志·禁忌志》，齐涛主编《中国民俗通志》，山东教育出版社，2005，第353页。
⑤ 徐杰舜主编《汉族民间风俗》，中央民族大学出版社，1998，第905页。
⑥ 《庆云县志》，清嘉庆十四年刻本。见丁世良、赵放主编《中国地方志民俗资料汇编·华东卷》，书目文献出版社，1995，第156页。

谚曰'立夏种棉花，有树无圪垯'"。①

小暑日，江苏忌西南风，民谚云："小暑西南风，三车（油车、轧花车、碾米风车）勿动。"意将歉收。②

处暑日，河南鹿邑一带忌雨，谚语云："处暑若逢天下雨，纵然结实也难留。"江苏一带民谚云："处暑若还天不雨，纵然结实也无收。"③

霜降日，彝族忌用牛犁田，否则，认为会致草枯。④

---

① 《荣河县志》，1936 年铅印本。见丁世良、赵放主编《中国地方志民俗资料汇编·华北卷》，书目文献出版社，1989，第 713 页。

② 任骋：《中国民俗通志·禁忌志》，齐涛主编《中国民俗通志》，山东教育出版社，2005，第 355 页。

③ 任骋：《中国民俗通志·禁忌志》，齐涛主编《中国民俗通志》，山东教育出版社，2005，第 355～356 页。

④ 任骋：《中国民俗通志·禁忌志》，齐涛主编《中国民俗通志》，山东教育出版社，2005，第 356 页。

第七章
节气指证及启示

　　节气起源于古代的祭天文化，本质上代表的是礼乐文化，而"一点两线"的文化结构至今仍然是我国传统文化的基本框架。礼乐传统博大精深，历朝历代都把维护礼乐作为正统国家的根本职能。从社会治理而言，利用特定节气日确定出乐律标准，接续并检验礼乐文化传统，并在礼乐的教化中"以上率下"，引领下层并治理全社会，这是中国社会独有而特殊的文化安排。这种"礼乐治国"模式源自周代，影响中国社会数千年，迨至清朝时仍然遵循并践行。探讨礼乐文化传统，有助于认识节气文化的深层内涵和完整意义，也可以彰显出其现实的咨政价值。

第一节　节气指证的礼乐是两大基石

礼和乐是两大文脉，也是传统社会的两大基石。古人对礼乐的功能及特点早就作过深入讨论，给出了明确答案。《礼记》云："故曰：'致礼乐之道，而天下塞焉，举而错之无难矣。'"① 又言："乐者为同，礼者为异。同则相亲，异则相敬。"又说："乐由中出，礼自外作。乐由中出，故静；礼自外作，故文。"② 所以古人说："君子曰：礼乐不可斯须去身。致乐以治心，则易直子谅之心油然生矣。易直子谅之心生则乐，乐则安，安则久，久则天，天则神。天则不言而信，神则不怒而威，致乐以治心者也。"③

孔子说："教民亲爱，莫善于孝。教民礼顺，莫善于悌。移风易俗，莫善于乐。安上治民，莫善于礼。礼者，敬而已矣。故敬其父，则子悦；敬其兄，则弟悦；敬其君，则臣悦；敬一人，而千万人悦。所敬者寡，而悦者众。此之谓要道矣。"④ 荀子说："论礼乐，正身

① （汉）郑玄注，（唐）孔颖达正义《礼记正义·祭义》（十三经注疏），十三经注疏整理委员会整理，北京大学出版社，2000，第 1554 页。
② （清）孙希旦：《礼记集解·乐记第十九之一》，沈啸寰、王星贤点校，中华书局，1989，第 986、987 页。
③ （汉）郑玄注，（唐）孔颖达正义《礼记正义·祭义》（十三经注疏），十三经注疏整理委员会整理，北京大学出版社，2000，第 1554 页。
④ 胡平生译注《孝经译注·广要道章第十二》，中华书局，1999，第 28 页。

行，广教化，美风俗，兼覆而调一，辟公之事也。"① 荀子在《乐论》中更进一步阐发说："且乐也者，和之不可变者也；礼也者，理之不可易者也。乐合同，礼别异。礼乐之统，管乎人心矣。穷本极变，乐之情也；着（著）诚去伪，礼之经也。"② 司马迁说："乐至则无怨，礼到则不争。揖让而治天下者，礼乐之谓也。"③《汉书》引《礼记》文并综而述曰："礼节民心，乐和民声，政以行之，刑以防之。礼乐政刑四达而不悖，则王道备矣。乐以治内而为同，礼以修外而为异；同则和亲，异则畏敬；和亲则无怨，畏敬则不争。揖让而天下治者，礼乐之谓也。二者并行，合为一体。"④

礼很早就被作为国家治理的重要手段。周代人认识到"凡治人之道，莫急于礼。礼有五经，莫重于祭"。⑤ 春秋战国时期，古人认为："礼，经国家，定社稷，序民人，利后嗣者也。"⑥ 古人还认识道，礼不仅是重要的社会治理手段，还在建立国家体系、维系国家传统、整合社会各阶层、形成国民的独立性方面具有举足轻重的作用，废礼将会导致"败国丧家亡人"的严重后果。⑦ 因此，史书将礼乐称为"经邦大典"。⑧ 历史上，礼的内容往往因战乱或朝代更替而发生变迁。二十五史中，对礼制进行讨论重构异常频繁，较为著名的除汉初叔孙通修礼仪外，还有唐朝《大唐开元礼》、北宋《政和五礼新

---

① 《荀子·王制》，安小兰译注，中华书局，2007，第95页。
② 《荀子·乐论》，安小兰译注，中华书局，2007，第205页。
③ 《史记》卷24《乐书第二》，中华书局1959年标点本，第4册，第1188页。
④ 《汉书》卷22《礼乐志》，中华书局1962年标点本，第4册，第1028页。
⑤ （汉）郑玄注，（唐）孔颖达正义《礼记正义·祭统》，十三经注疏整理委员会整理，北京大学出版社，2000，第1570页。
⑥ 李梦生：《左传译注·隐公十一年》，上海古籍出版社，1998，第43页。
⑦ 《隋书》云："故败国丧家亡人，必先废其礼。"见《隋书》卷6《礼仪志一》，中华书局1973年标点本，第1册，第105页。
⑧ 《旧唐书》云："光武受命，始诏儒官，草定仪注，经邦大典，至是粗备。"见《旧唐书》卷21《礼仪志一》，中华书局1975年标点本，第3册，第816页。

仪》等，这些都是当时重构起来的礼文化典范，曾产生过非常深远的影响，追溯其源头，都源自周礼。

乐与礼一样，也是一种社会治理手段。《礼记》云："故礼以道其志，乐以和其声，政以一其行，刑以防其奸。礼、乐、刑、政，其极一也，所以同民心而出治道也。"又云："是故治世之音安以乐，其政和；乱世之音怨以怒，其政乖；亡国之音哀以思，其民困。"[①]《史记》言："知乐则几于礼矣。礼乐皆得，谓之有德。"[②] 同时，国家制定的乐律标准还从深层次上形成了一种社会秩序规范，《史记·律书》开篇就说："王者制事立法，物度规则，壹禀于六律，六律为万事根本焉。"[③] 可见乐律在社会治理中可以发挥根本性的作用。

中国传统文化为"一点两线"结构，以周代为原点，礼和乐是两条文脉，二者共同作用于社会生活，使全社会遵循礼乐文化秩序。《汉书》还从人性角度分析了礼乐功能："人函天地阴阳之气，有喜怒哀乐之情。天禀其性而不能节也，圣人能为之节而不能绝也，故象天地而制礼乐，所以通神明，立人伦，正情性，节万事者也。"[④] 古人认为礼乐可以形成一种人性秩序，并可节制万事。

然而，民国之初，传统礼乐被官方摒除。"民国共和，礼仪渐减，一切官场仪仗，如衔牌等件，亦皆废置，不尚繁文。"[⑤] "立春：旧制迎春典礼，入民国即废，故打春之俗亦不复行。"[⑥] 官方抛弃了礼乐传统，但国家和人民没有得到任何裨益。整个民国时期，国家仅

---

① （清）孙希旦：《礼记集解·乐记第十九》，沈啸寰、王星贤点校，中华书局，1989，第977，978页。

② 《史记》卷24《乐书第二》，中华书局1959年标点本，第4册，第1184页。

③ 《史记》卷25《律书第三》，中华书局1959年标点本，第4册，第1239页。

④ 《汉书》卷22《礼乐志第二》，中华书局1962年标点本，第4册，第1027页。

⑤ 胡朴安：《中华全国风俗志》下编，河北人民出版社，1986，第17页。

⑥ 《同官县志》，1944年铅印本。见丁世良、赵放主编《中国地方志民俗资料汇编·西北卷》，书目文献出版社，1989，第65页。

有形式上的统一，内部军阀混战不休，为外寇入侵提供了可乘之机，使中国人民遭遇了空前的民族灾难。这些残酷史实和血泪灾难为"故败国丧家亡人，必先废其礼"的历史结论作了一个沉重而悲怆的注脚。

第二节　礼主差异，主导着社会秩序

（一）什么是礼

《说文》曰："礼，履也。"从字面意思分析，鞋（履）有一双，表示两者之间才能形成礼。迈步会有先后、高低之别，形成先后、上下、大小、材质等多种关系，同一层次及高低层次之间也有区别，构成了新的社会秩序。鞋的最主要功能是"征"（走路），故礼必须实践、履行，通过一定的形式和仪式才能完成。

关于礼的缘起及本质，司马迁提出了"礼者养也"的观点，《史记》有一段精辟论说："礼由人起。人生有欲，欲而不得则不能无忿，忿而无度量则争，争则乱。先王恶其乱，故制礼义以养人之欲，给人之求，使欲不穷于物，物不屈于欲，二者相待而长，是礼之所起也。故礼者养也。稻粱五味，所以养口也；椒兰芬茝，所以养鼻也；钟鼓管弦，所以养耳也；刻镂文章，所以养目也；疏房床笫几席，所以养体也：故礼者养也。"①唐人也说："故肆觐之礼立，则朝廷尊；郊庙之礼立，则人情肃；冠婚之礼立，则长幼序；丧祭之礼立，则孝慈著；搜狩之礼立，则军旅振；享宴之礼立，则君臣笃。是知礼者，品汇之璿衡，人伦之绳墨，失之者辱，得之者荣，造物已还，不可须

---

① 《史记》卷23《礼书第一》，中华书局1959年标点本，第4册，第1161页。

臾离也。"① 礼是一杆道德的秤，所以唐朝时人们认识到须臾不可
离礼。

没有礼对欲望的规范，人与人之间就会出现"争则乱"的局面，
历史上此类事情屡见不鲜。汉朝建立之初，由于君臣没有形成上下秩
序，将士之间争功没有形成先后秩序，所以朝堂之上一片纷乱，"高
帝悉去秦仪法，为简易。群臣饮争功，醉或妄呼，拔剑击柱，上患
之"。② 后经叔孙通制礼仪，通过一些形式规范秩序，并在汉七年十
月长乐宫朝仪中试用，结果"自诸侯王以下莫不震恐肃敬。至礼毕，
尽伏，置法酒。诸侍坐殿上皆伏抑首，以尊卑次起上寿。觞九行，谒
者言'罢酒'。御史执法举不如仪者辄引去。竟朝置酒，无敢讙哗失
礼者。于是高帝曰：'吾乃今日知为皇帝之贵也。'"③ 对于叔孙通制
礼，史书褒贬不一，《晋书》就不以为然，说："汉兴，始使叔孙通
制礼，参用先代之仪，然亦往往改异焉。"④

（二）礼的秩序

从形式上看，礼似乎是个变量。《史记》称为"礼三本"，即
"天地者，生之本也；先祖者，类之本也；君师者，治之本也。无天
地恶生？无先祖恶出？无君师恶治？三者偏亡，则无安人。故礼，上
事天，下事地，尊先祖而隆君师，是礼之三本也"。⑤《汉书》称有四
礼："人性有男女之情，妒忌之别，为制婚姻之礼；有交接长幼之
序，为制乡饮之礼；有哀死思远之情，为制丧祭之礼；有尊尊敬上之

---

① 《旧唐书》卷 21《礼仪志一》，中华书局 1975 年标点本，第 3 册，第 815 页。
② 《汉书》卷 43《叔孙通列传》，中华书局 1962 年标点本，第 7 册，第 2126 页。
③ 《汉书》卷 43《叔孙通列传》，中华书局 1962 年标点本，第 7 册，第 2128 页。
④ 《晋书》卷 21《礼志下》，中华书局 1974 年标点本，第 3 册，第 649 页。
⑤ 《史记》卷 23《礼书第一》，中华书局 1959 年标点本，第 4 册，第 1167 页。

心，为制朝觐之礼。"① 《晋书》依《周礼》，列出吉、嘉、宾、军、凶"五礼"，② 之后史书相沿不息。即使是礼的主干部分，其"仪"（典礼）的内容也在不断重构，但历朝历代都将周礼奉为圭臬，尤其重视《礼记》。

修礼用的是"损益"之法，即保持礼的主干不变，适当加减时代及民族内容。从历史经验看，修礼最终要由皇帝批准或推动才能完成。西晋武帝太康六年（285），"诏曰：'……今天下无事，宜修礼以示四海。其详依古典，及近代故事，以参今宜，明年施行。'于是蚕于西郊，盖与藉田对其方也。乃使侍中成粲草定其仪"。③ "武帝泰始六年十二月，帝临辟雍，行乡饮酒之礼。诏曰：'礼仪之废久矣，乃今复讲肄旧典。'赐太常绢百匹，丞、博士及学生牛酒。咸宁三年，惠帝元康九年，复行其礼"。④ 唐朝时，太宗诏房玄龄、魏征等人修改旧礼，定著《吉礼》《宾礼》《军礼》《嘉礼》《凶礼》《国恤》。唐玄宗开元二十年（732）九月颁行的《大唐开元礼》，对后世影响深远，尤其在周礼之后，再次将祭礼细分为三个层次，归入大祀、中祀、小祀，⑤ 宋、金、元、明、清诸朝皆仿照之。北宋《政和五礼新仪》也是重要的礼文化典范，是礼乐文化秩序的范本之一。

---

① 《汉书》卷22《礼乐志第二》，中华书局1962年标点本，第4册，第1027～1028页。
② 《晋书》卷19《礼志上》，中华书局1974年标点本，第3册，第580～581页。
③ 《晋书》卷19《礼志上》，中华书局1974年标点本，第3册，第590页。
④ 《晋书》卷21《礼志下》，中华书局1974年标点本，第3册，第670页。
⑤ 参见《旧唐书》卷21《礼仪志一》，中华书局1975年标点本，第3册，第816～819页。

第三节　乐主和，建立社会公平机制

　　古代风、雅、颂三音中，[①] 风为十五国风，指的是民间音乐。颂是宗庙祭祀音乐。雅乐是一种真正的国家教化音乐，非常著名的《韶》乐是雅乐中的不朽篇章，令孔子三月不知肉味，"子在齐闻《韶》，三月不知肉味，曰：'不图为乐之至于斯也。'"[②] 乐对社会的治理功能，早在上古时人们就有深刻认识，舜帝命夔曰："夔，命汝典乐，教胄子，直而温，宽而栗，刚而无虐，简而无傲，诗言志，歌永言，声依永，律和声，八音克谐，无相夺伦，神人以和。"夔曰："于予击石拊石，百兽率舞。"[③] 舜帝对乐的教化功能和实现途径作了认真归纳，乐正就可以实现"神人以和"的理想境界。

（一）传统乐律的产生

　　乐律始自何时，史书语焉不详。《史记》曰："十母，十二子，钟律调自上古。建律运历造日度，可据而度也。合符节，通道德，即

---

① 郑樵说："风土之音曰风，朝廷之音曰雅，宗庙之音曰颂。"转引自程俊英译注《诗经译注·前言》，上海古籍出版社，1985，第 2 页。

② 《论语·述而第七》，张燕婴译注，中华书局，2006，第 91 页。

③ 见（清）皮锡瑞《今文尚书考证》，盛冬铃、陈抗点校，中华书局，1989，第 82～84 页。

从斯之谓也。"①

战国后期,史传有黄帝令伶伦造律:"昔黄帝令伶伦作为律。伶伦自大夏之西,乃之阮隃之阴,取竹于嶰溪之谷,以生空窍厚钧者,断两节间,其长三寸九分,而吹之以为黄钟之宫,吹曰舍少。次制十二筒,以之阮隃之下,听凤皇之鸣,以别十二律。其雄鸣为六,雌鸣亦六,以比黄钟之宫适合。黄钟之宫皆可以生之,故曰'黄钟之宫,律吕之本'"。②汉代时这个传说仍然比较盛行,并载入史册:"其传曰,黄帝之所作也。黄帝使泠纶,自大夏之西,昆仑之阴,取竹之解谷生,其窍厚均者,断两节间而吹之,以为黄钟之宫。制十二筒以听凤之鸣,其雄鸣为六,雌鸣亦六,比黄钟之宫,而皆可以生之,是为律本。至治之世,天地之气合以生风;天地之风气正,十二律定。"③汉代时这个传说在民间也广为人知,被应邵记录在《风俗通义》中:"昔皇帝使伶伦自大夏之西,昆仑之阴,取竹于嶰谷生,其窍厚均者,断两节而吹之,以为黄钟之管,制十二筒,以听凤之鸣;其雄鸣为六,雌鸣亦为六,天地之风气正而十二律定,五声于是乎生,八音于是乎出。"④魏晋时期,这个故事仍见载于正史,且出现了不同版本:"《传》云:'十二律,黄帝之所作也。使伶伦自大夏之西,乃之昆仑之阴,取竹之嶰谷生,其窍厚均者,断两节间长三寸九分而吹之,以为黄钟之宫,曰含少。次制十二竹筒,写凤之鸣,雄鸣为六,雌鸣亦六,以比黄钟之宫,皆可以生之以定律吕。则律之始造,以竹为管,取其自然圆虚也。'又云'黄帝作律,以玉为管,长尺,六孔,为十二月音。至舜时,西王母献昭华之琯,以玉为之'"。⑤

① 《史记》卷25《律书第三》,中华书局1959年标点本,第4册,第1253页。
② 许维遹:《吕氏春秋集释·古乐》,梁运华整理,中华书局,2009,第121~122页。
③ 《汉书》卷21上《律历志第一上》,中华书局1962年标点本,第4册,第959页。
④ (汉)应邵著《风俗通义校注》,王利器校注,中华书局,1981,第273页。
⑤ 《晋书》卷16《律历志上》,中华书局1974年标点本,第2册,第474~475页。

传统乐律也称为十二律吕，其中黄钟、太族、姑洗、蕤宾、夷则、亡射称为六阳律；林钟、南吕、应钟、大吕、夹钟、中吕称为六阴吕。它们之间上下相生，以黄钟之长九十分为基准，通过三分损一（2/3）或三分益一（4/3），可以求出其他十一个律吕，乃至更多音程。汉代对乐律确定方法作了详细整理，载于史书："故以成之数忖该之积，如法为一寸，则黄钟之长也。参分损一，下生林钟。参分林钟益一，上生太族。参分太族损一，下生南吕。参分南吕益一，上生姑洗。参分姑洗损一，下生应钟。参分应钟益一，上生蕤宾。参分蕤宾损一，下生大吕。参分大吕益一，上生夷则。参分夷则损一，下生夹钟。参分夹钟益一，上生亡射。参分亡射损一，下生中吕。阴阳相生，自黄钟始而左旋，八八为伍。其法皆用铜。职在大乐，太常掌之。"①

十二律吕是古代雅颂音乐的基本遵循。二十四史和《清史稿》等正史传承下来的正是雅乐，其他所谓辽的"国乐"，② 仅见于某一朝代，因乐律不符，其实可以归入风。雅、颂乐所用乐律相同，乐器可以通用，如金朝时，"雅乐。凡大祀、中祀、天子受册宝、御楼肆赦、受外国使贺则用之"。③

（二）关于"多为之法"

宋代欧阳修等人对"多为之法"进行了系统而凝练的总结："声无形而乐有器。古之作乐者，知夫器之必有弊，而声不可以言传，惧夫器失而声遂亡也，乃多为之法以著之。故始求声者以律，而造律者

---

① 《汉书》卷 21 上《律历志第一上》，中华书局 1962 年标点本，第 4 册，第 965 页。
② 《辽史》云："国乐。辽有国乐，犹先王之风；其诸国乐，犹诸侯之风。"同时还载有"雅乐"。见《辽史》卷 54《乐志》，中华书局 1974 年标点本，第 2 册，第 881 页。
③ 《金史》卷 39《乐志上》，中华书局 1975 年标点本，第 3 册，第 882～885 页。

以黍。自一黍之广，积而为分、寸；一黍之多，积而为龠、合；一黍之重，积而为铢、两。此造律之本也。故为之长短之法，而著之于度；为之多少之法，而著之于量；为之轻重之法，而著之于权衡。是三物者，亦必有时而弊，则又总其法而著之于数。使其分寸、龠合、铢两皆起于黄钟，然后律、度、量、衡相用为表里，使得律者可以制度、量、衡，因度、量、衡亦可以制律。不幸而皆亡，则推其法数而制之，用其长短、多少、轻重以相参考。四者既同，而声必至，声至而后乐可作矣。夫物用于有形而必弊，声藏于无形而不竭，以有数之法求无形之声，其法具存。无作则已，苟有作者，虽去圣人于千万岁后，无不得焉。此古之君子知物之终始，而忧世之虑深，其多为之法而丁宁纤悉，可谓至矣。"①

这段话包含有四层含义：第一，古人造律用黍。一粒黍，本身包含着长度、体积和重量，于是古人就参照黍的这些特征建立了度、量、衡三个标准。第二，黍是植物，在生长中会出现误差，于是古人将度量衡与黄钟律统一起来，确定出黄钟律即可造出度量衡器，用度量衡器也可以制出黄钟律管。第三，如果律度量衡实物都不幸失传了，就用"长短、多少、轻重以相参考"的方法进行相互推验，只要四者数据统一起来，就可以造出黄钟律管。据《汉书》等史书记载，黄钟律管长度为9寸，管内容黍1200粒，这些黍的重量为12铢，即半两。第四，"多为之法"还建立了一套文化的自我修复机制，即使千万年之后，也会保持其正统性，即"无作则已，苟有作者，虽去圣人于千万岁后，无不得焉"。这一方法使我们的礼乐文化可以通过修复不断回归正统。"多为之法"要求同时满足律、度、量、衡四个条件，故而"多为之法"可称为中国文化的"四足定律"。

我国传统社会中制作度量衡器都要依据黄钟律管，确定黄钟律管

---

① 《新唐书》卷21《礼乐志十一》，中华书局1975年标点本，第2册，第459～460页。

所用的工具多为山西羊头山（上党地区）黑黍，陕西黄陵一带黍也符合制律要求。黍与度量衡的关系，《汉书》有详细记载：

> 度者，分、寸、尺、丈、引也，所以度长短也。本起黄钟之长。以子谷秬黍中者，一黍之广，度之九十分，黄钟之长。一为一分，十分为寸，十寸为尺，十尺为丈，十丈为引，而五度审矣。

> 量者，龠、合、升、斗、斛也，所以量多少也。本起于黄钟之龠，用度数审其容，以子谷秬黍中者千有二百实其龠，以井水准其概。合龠为合，十合为升，十升为斗，十斗为斛，而五量嘉矣。

> 权者，铢、两、斤、钧、石也，所以称物平施，知轻重也。本起于黄钟之重。一龠容千二百黍，重十二铢，两之为两。二十四铢为两。十六两为斤。三十斤为钧。四钧为石。[①]

由此我们明白，原来"以乐治国"，就全国民众而言，其背后真正起作用的是度、量、衡，而不是音乐自身。从更高层面来说，黍作为一种植物，古今变化不大，在理论上保证了用"多为之法"求出的乐律数值亘古不变，今天求律数，如果中等黍与古代的一致，其数值也与周代是一致的。历史上，每隔三四百年，当国家稳定，国势强盛时，往往就要修复一次乐律，其实质是上溯文化原点，回归文化传统。传统乐律是中华文化的命脉，它有两大功能：一是主导社会公平，二是传承延续文化。二十四史及《清史稿》中反复出现的制礼作乐，本质上都是对传统文化的修正，使之对接到"一点两线"的

---

① 《汉书》卷21上《律历志第一上》，中华书局1962年标点本，第4册，第966~969页。

礼乐传统轨道。比如，隋朝起初由于乐管容黍不符合标准，不能造尺，后来隋文帝杨坚平陈得到古乐器后，正统乐文化才得以传承，史载："盖累黍为尺，始失之于《隋书》，当时议者以其容受不合，弃而不用。及隋平陈，得古乐器，高祖闻而叹曰：'华夏旧声也！'遂传用之。"① 隋朝找到了"华夏旧声"，才使文化回归了正统。

（三）雅乐如何主和

1. 上层中进行道德教化

社会分层中雅乐的功能有所不同。雅乐在钟敬文先生所谓的上层文化中有强大的教化功能，司马迁说："夫上古明王举乐者，非以娱心自乐，快意恣欲，将欲为治也。正教者皆始于音，音正而行正。……故乐所以内辅正心而外异贵贱也；上以事宗庙，下以变化黎庶也。……故闻宫音，使人温舒而广大；闻商音，使人方正而好义；闻角音，使人恻隐而爱人；闻徵音，使人乐善而好施；闻羽音，使人整齐而好礼。夫礼由外入，乐自内出。故君子不可须臾离礼，须臾离礼则暴慢之行穷外；不可须臾离乐，须臾离乐则奸邪之行穷内。故乐音者，君子之所养义也。"② 通过雅乐进行道德教化，提高官员修养，为社会治理，营造人与自然和谐、人与人的和谐奠定了思想基础。

2. 全社会建立公平机制

在日常生活中，人们天天离不开度量衡，日用而不知。"多为之法"在本质上是以律为总纲，通过统一和规范度量衡，建立了一套社会公平机制，在全社会形成了一种信用评价体系，即所谓："《虞书》曰'乃同律度量衡'，所以齐远近立民信也"。③ 国家通过统一

---

① 《宋史》卷71《律历志四》，中华书局1977年标点本，第5册，第1611~1612页。
② 《史记》卷24《乐书第二》，中华书局1959年标点本，第4册，第1236~1237页。
③ 《汉书》卷21上《律历志第一上》，中华书局1962年标点本，第4册，第955页。

度量衡，对传统社会实现了标准化的管理，这是实现社会治理"无为而无不为"的最有效途径。

度量衡自建立以来，与礼乐文化共生发展了数千年，属于实质性社会传统。由于在祭天礼中演化出了节气和度量衡，所以度量衡天然地被赋予了一种神圣性，并且形成了丰富的信仰和民俗禁忌。旧时官尺和官秤上的节点都用星表示，象征着天上的星星。在传统观念中，把尺子看作二十八星宿之一；旧时的秤一斤等于十六两，代表十六个星，即北斗七星、南斗六郎、福禄寿三星。

将秤与七星联系在一起的观念历史悠久。隋朝时，人们认为"衡者，平也；权者，重也。衡所以任权而钧物平轻重也。其道如底，以见准之正，绳之直。左旋见规，右折见矩。其在天也，佐助璇玑，斟酌建指，以齐七政，故曰玉衡"。① 这种度量衡器的信仰在全社会建立了一种民俗规范制度，普遍地约束着中国人的道德和生活，具备了广泛的社会规范作用和道德感召力，有助于维系社会的公平传统。

（四）乐律与国家认同

节气起源于祭天礼，又是建立律度量衡的前提和条件。传统上，确定乐律前必须要协定出春分、秋分等特殊节气日，这在古代社会中是一个庞大的系统工程，必须由最高统治者调动国家力量才有可能做得到，普通老百姓是无力解决的。因此，老百姓就把这种现实的需求和祈盼寄托于最高统治者，于是在老百姓与统治者之间建立了一种文化上的契约精神和依附关系，统治者运用"多为之法"为全社会建立公平机制，以此达成民众对国家统治合法性的文化认同，从而在上下层文化之间建立起文化上的依存关系。这种特殊关系纽带还形成了

---

① 《隋书》卷16《律历志上》，中华书局1973年标点本，第2册，第411页。

一个结果，便是"民好静"，他们天然地反对社会动荡，反对统治者更替，因为一旦社会动乱，乐律就会散佚，度量衡丢失将直接损害老百姓的切身利益。因此农业社会具有相当的稳定性，人们各安本分生活，各美其美，安居乐业，安分守己，统治者通过礼乐制度就可以达到无为而治的最高治理境界。自汉武帝《太初历》以降，节气与历法合二为一，国家发布的历法与度量衡一样，是联系上下层文化的桥梁，也可以形成全社会对统治合法性的认同。

一粒黍，包含着长度、体积和重量三项指标。古人以黍为工具，运用"多为之法"，将度量衡与律有机统一起来，所以黄钟律背后也隐含着度量衡这三项指标。有了"多为之法"，即使传统礼乐文化中断了，也可以通过自我修复机制重新建构乐律文化，从而使国家传统延续数千年而传承有序，没有中断。

但是，这样的社会治理模式也有个缺陷。因为社会内部缺乏竞争性，对统治者少有来自社会底层的压力，国家外部的压力又可以通过和亲、岁贡等换来安宁，当社会一片升平，外部压力消减后，极易造成统治者麻痹放松，不思进取，享乐思想滋长，礼乐甚至成为供其享乐安逸的工具。礼主秩序、乐主公平的本真性就会丧失，往往会出现失政，形成社会不公，礼乐刑政遭到破坏，或在"黑天鹅事件"或在"黑犀牛事件"中造成对社会的巨大破坏，导致社会动荡甚至国家分裂，唐玄宗便是一个典型案例。这样一来，历史又陷入"其兴也勃焉，其亡也忽焉"的政治怪圈。所以，适当的外部压力，反而会促进社会内部的安定、团结和发展。

（五）东西文化的差异

东西方文化的本质性差别在哪里？在乐律上。中国以黍制律，西方以大麦定英寸，二者的比值关系不同，造成了东西方文化的本质性差异。

中国乐律以由陕西黄陵或山西羊头山长子县（上党地区）黑黍作为标准。黑黍史称为秬黍，为橄榄形，从大、中、小三等黍中选中等黍为标准，以两尖间长度定为一分，腹最大宽度也定为一分，于是产生了两个长度，这个长度比值恒定不变。古人认识到"其法首明黄钟为十二律吕根源，以纵黍横黍定古今尺度，今尺八寸一分，当古尺十寸，横黍百粒，当纵黍八十一粒"。① 这说明古尺是以一粒纵黍（腹宽长度）为标准一分制造的，清朝今尺是以一粒横黍（两尖间长度）为标准一分制造的。据刘启尧②用陕西黄陵和山西长子县黍所做实验验证，《清史稿》记载正确。即将 100 粒黍纵、横相排列，纵排黍（黍腹相接）仅为 81 粒横排黍（黍尖相接）的长度，因而形成了 100：81 的比值关系，即一粒标准黍的长宽比为 1：0.81，③ 这是中国文化的根基所在。《西游记》唐僧师徒须经"八十一难"才得圆满，用的是隐语，即所谓隐微术，其文化内涵可以用黍尺来解读，因为 81 是将 100 粒黍纵排所得，改为横排，即为 100，因此 81 实际上也是个满数。

英制一英寸是以三粒圆而干的大麦取横排长度为基础确定的。刘启尧推测认为，英制 1 英寸等于 8 英分，可知一粒标准大麦的横纵（长宽）比为 1：0.8，标准大麦与标准黍的比值存在 0.01 的微小差距。刘启尧实验这种差异在音乐中的表现，发现自中吕、夷则以下与

---

① 《清史稿》卷 94《乐志一》，中华书局 1976 年标点本，第 11 册，第 2740 页。

② 刘启尧，汉族，男，1946 年生（已故），青海省海东市平安区（原为县）文化馆原馆长，参与搜集、编辑和出版《中国民间歌曲集成·青海卷》《中国民族民间器乐曲集成·青海卷》。

③ 2009 年，刘启尧对照史书记载，在青海平安县城（今海东市平安区）家中实验种植了从陕西黄陵市仓村、延安市宝塔区、宜川县壶口乡，以及山西代县雁门关南口、长子县丹朱镇、高平市神农镇羊头山、高平市城南玉井门等地带来的秬黍和杂黍种，在精心种植的 8 种黍（包括海东地区当地黍）中，除青海海东市平安区黍种外，其余 7 种黍均符合文献要求。

西方十二平均律比照，长短差不足一毫米，容黍不足四粒。在半律中，两者所发音几乎可以忽略不计，而在倍律时，这种差异非常明显，音高也会有明显的区别。[①]

西方乐理是西方主体性的文化根基。那些以西方乐律培养的现代歌手们在演唱"花儿"等民歌时，给人以异样的感觉，审美效果相去甚远，根源便在于此。

（六）清初乐律遭破坏

中国乐律传承到清朝时，发生了根本性的破坏。清康熙时有不少外国传教士，他们多才多艺，特别深谙西方乐理，得到康熙帝的赏识。

康熙朝历狱事件可能对康熙产生了深远影响，这也增强了他对外国传教士的信心，在几十年后编纂《律吕正义》时，其中的续篇（总名为"协均度曲"）便由葡萄牙人徐日升和意大利人德里格合编，史载："曰《协均度曲》，取波尔都哈儿国人徐日升及意大里亚国人德里格所讲声律节度，证以经史所载律吕宫调诸法，分配阴阳二均字谱，赐名曰《律吕正义》。"[②]《协均度曲》讨论的声律谱曲纯粹是西洋乐理，官书修成后西洋乐律便成为国家标准，西洋乐律逐渐成了国家的主旋律。这次破坏与历史上历次因战乱丢失乐律的性质根本不同，它完全从根子上抽掉了传统文化的基因，即将秬黍换成了大麦。从这时起，中国的传统乐律便偏离了轨道。

传统乐律被篡改不到 30 年，清乾隆时就发现了问题，"高宗即位，锐意制作，庄亲王允禄自圣祖时监修律算三书，至是仍典乐事。

---

① 这是刘启尧对各地黍进行多年实验测算的数据，他还测算比较了中西方尺寸的比值。请参见刘启尧《〈清史稿·乐志〉辨误与我国古代的数值度量衡——用实践验证解读辨析史籍记载的乐律度量衡》，《青海文化》（内部资料）2011 年第 2 期。

② 见《清史稿》卷 94《乐志一》，中华书局 1977 年标点本，第 11 册，第 2748 页。

乾隆六年（1741），殿陛奏《中和韶乐》，帝觉音律节奏与乐章不协，因命和亲王弘昼同允禄奏试"。① 这个允禄正是编纂《律吕正义》的监修，用西方乐律替换中国传统乐律正是他的责任。在查找原因时，允禄、大学士鄂尔泰等人都把节奏与乐章不协归咎于乐章字句多少上，没有找到问题根源，最后不了了之。② 实际上，真正的原因是中西方音律数值不同，才造成音律和乐章不协调。

（七）改变乐律的后果

乐律堪称国家治理的"密钥"。改变乐律首先会导致律、度、量、衡全面混乱，破坏社会公平机制，直接动摇礼乐文化根基，引起全社会的混乱迷茫，从根本上削弱民众对国家的认同感，并使老百姓对统治者的合法性产生怀疑，从而撕裂民众与统治者之间的文化依存关系。历史经验也表明，社会混乱首先是从破坏社会标准开始的，度量衡失准会造成社会不公，加剧社会矛盾，最终导致社会动荡、朝代更替。因此，一个新朝代建立后，往往首先要建立新的度量衡标准。

自康熙朝以西洋乐律替换传统乐律后，由于中西方乐律的根本性差异，这种影响首先将直接表现在社会上广泛使用的度量衡器上，这从清朝度量衡发展状况可以得到明证。据《中国度量衡史》记述：

　　乾隆六年，清帝以官民所用度量衡，尤未能完全划一，询问群臣，所以未能齐同之原因，会有刑部部臣张照奏称："康熙时代既以斗、尺、秤、法马、式样颁之天下，又凡省府州县皆有铁斛，收粮放饷一准诸平，违则有刑，并恐法久易湮，订定度量衡

① 《清史稿》卷94《乐志一》，中华书局1977年标点本，第11册，第2749页。
② 《清史稿》卷94《乐志一》，中华书局1977年标点本，第11册，第2749页。

表，载入会典，颁行天下，在今日度量权衡尤有未同，并非法度之不立，实在奉行之未能。"遂条陈二事：一、命有司照表制造尺、秤、法马、斗、斛、颁行天下，再为声明违式之禁，务使划一，并令直省将会典内权衡表，刊刻颁布，使人人共晓。二、立法固当深密，而用法自在得人。度量权衡之制度虽经订定，而官司用之，入则重，出则轻，以为家肥，更甚者转以为国利，行之在上，百姓至愚，必以为度量权衡，国家本无定准，浸假而民间各自为制，浸假而官司转从民制，此历代度量权衡不能齐同之本也，欲期民间之恪守，必先从官司之恪守云。①

后来情况越来越严重。再引《中国度量衡史》记述，看看清朝社会不公的形成过程。

清初考定度量衡制度颇为慎重，规定之法律亦甚严厉，设能重视检定检查办法，则官司出纳及社会交易所用之度量衡器，自可永久保持整齐划一状况。顾以行政上并无系统，各省官吏均是阳奉阴违，积时渐久，致蹈历代积弊覆辙。在清代中叶，官民用器又复紊乱如前；且政府制器，一经颁发，从不闻有较准之举，而有司保守不慎，屡经兵燹已无实物可凭。即以有清一代度量衡之祖器而言，中间亦经重制，据《漕运全书》建造斛支门内，载"康熙年间户部提准铸造铁斛，颁发仓场总漕及有漕各省，户部存祖斛一张，祖斗一个，至乾隆五十二年户部所存之铁斛铁斗铁升，竟遭回禄，五十三年经工部另铸，嘉庆十二年以户部所存之铁斛斗升，系经另铸之器，乃咨取仓场康熙年间所铸铁斛斗升与户部所存之器比较，结果铁斛相符，铁斗铁升校对相差，移

① 吴承洛：《中国度量衡史》，上海书店，1984，第258页。

咨工部查照仓场所存铁斗铁升，另行铸造"等语。又据户部则例收较斗斛事宜载"户部印库所储铁斛一张，铁斗一个，铁升一个，系嘉庆十二年由工部照仓场铁斗铁升铸造"等语。具见清代度量衡祖器之业已毁失，而保守官吏之不慎与当时政府对于度政之懈弛情形，亦可想见矣。①

几千年来，度量衡已经深深渗透到中国社会生活的各个层面和细节，具有了一种神圣特质（即克里斯玛特质），一旦度量衡出现混乱，整个社会的价值支柱和信用体系将会轰然倒塌。同样是政府制定的尺子、量升、秤，就与原来的发生了偏差，律度量衡混乱了，全社会就会处于失范状态，人们会失去共同的价值规范和道德理想。紧接着就会发生大面积的社会不公，广大民众怨气生、人心散，人心混乱又会削弱凝聚力和认同感。尽管这时的清政府还在进行祭天等活动，仪式中必然要用雅乐，在形式上仍然保持着礼乐文化传统，但在本质上，此时的雅乐已经不是数千年传承下来的雅乐了。这种音乐，人们听不懂，也无法产生共鸣。

没有乐律支撑和雅乐教导，民众即便衣食丰裕但在精神上找不到根，缺乏安全感和依存感，逐渐会离心离德。替换乐律传统还将进一步导致政府与百姓、百姓与百姓之间的不公，进而在全社会形成更大的不公。清中后期，社会上度量衡标准非常混乱，仅法定度量衡器，各地均有不同，无法有效建立全社会的公平机制。再引《中国度量衡史》记述，可窥一斑而知全貌。

清政府对于统一度量衡之计划，既未能始终努力，于是各省官吏均采用姑息放任政策，因之度量衡制度逐渐嬗变，愈趋愈

① 吴承洛：《中国度量衡史》，上海书店，1984，第279~281页。

乱，就法定之营造尺而论，其在北京实长九寸七分八厘，其在太原长九寸八分七厘，其在长沙一尺零七分五厘；同一斗也，在苏州实容九升六合一勺，在杭州容九升二合四勺，在汉口容一斗零一合一勺，在吉林容一斗零零六勺；同一库平两也，其在北京实重一两零零五厘，其在天津重一两零零一厘五毫；此特就合乎制度之器具而言。至于未经法定之器，名目纷歧，尤属莫可究诘，在度有高香尺、木厂尺、海尺、宁波尺、天津尺、货尺、桿尺、府尺、工尺、子司尺、文工尺、鲁班尺、广尺、布尺之分；量有市斛、灯市斛、芝麻斛、麦料斛、枫斛、墅斛、公斗、仙斛之分；权衡有京平、市平、公砝平、杭平、漕平、司马平之分；一一比较，均不相同，甚至有大进小出希图牟利之事实发生，所以当海禁开放以后，东西各国藉口官民用器，漫无准则，遂在条约上规定一种标准，即所谓海关权度。此清政府对于度政废弛之情形也。①

在此情形下，老百姓对皇帝迷茫、失望，他们丢失了对公平的信仰、对秤的信仰，变得茫然不知所从。这些怨气和情绪最后弥漫到全社会，潜移默化地腐蚀着民众对国家的认同感和文化凝聚力。正如《论传统》译序所说："一种传统如果失去了其克里斯玛特质，不再被人们感到是超凡的、神圣的或具有异乎寻常的价值意义的，那么人们便不会为其献身或坚决捍卫它了，同时它也逐渐失去了对人们行为的规范作用和道德感召力了。"② 更为严重的是，清朝后期逐渐西化后，加之社会动荡，外敌侵侮，到光绪时甚至仿欧罗巴等制军乐，在丢失乐律传统的邪路上越走越远。通过修复乐律实现自我纠错的传统

---

① 吴承洛：《中国度量衡史》，上海书店，1984，第 279 ~ 281 页。
② 〔美〕E. 希尔斯：《论传统》，傅铿、吕乐译，上海人民出版社，1991，第 6 页。

机制被封杀，长时间中无法找到传统方法以回归到正统社会之中，其影响从国家层面不断渗透到民众之中，渗透到社会生活的方方面面。

认同出现问题是国家真正的危机。唐太宗登基之初，国家连着三年发生灾荒，陕西关中严重到饥民吃人的地步，"贞观元年，是岁，关中饥，至有鬻男女者"。① 太宗贞观二年（628），"己巳，遣使巡关内，出金宝赎饥民鬻子者还之"。② 悲苦的饥民流离失所，到处乞讨，但老百姓对皇帝却没有怨言，史书说："（贞观）元年，关中饥，米斗直绢一匹；二年，天下蝗；三年大水。上勤而抚之，民虽东西就食，未尝嗟怨。"③ 因为有了国家认同，社会没有发生动荡，三年灾后，太宗贞观四年（630）大丰收，流离乞讨者都回到乡里，米斗价只有三四钱，人们外出不锁门，旅行不带粮，全年只有29人被判死刑，从而开启了辉煌治世的贞观之治。④

清政府丢失了传统乐律的"密钥"和内核，从而撕裂了上下层文化之间的依存关系，这才是本质原因。因而清代统治者在民众心目中失去了合法性和正统性。

① 《旧唐书》卷2《太宗本纪上》，中华书局1975年标点本，第1册，第33页。
② 《新唐书》卷2《太宗本纪第二》，中华书局1975年标点本，第1册，第29页。
③ （宋）司马光编著，（元）胡三省音注《资治通鉴》卷193《唐记九》，中华书局，1956，第6084～6085页。
④ 《资治通鉴》云："（太宗四年）是岁，天下大稔，流散者咸归乡里，米斗不过三、四钱，终岁断死刑才二十九人。东至于海，南极五岭，皆外户不闭，行旅不赍粮，取给于道路焉。"见（宋）司马光编著，（元）胡三省音注《资治通鉴》卷193《唐记九》，中华书局，1956，第6084～6085页。

终　章

讨论至此，有个问题一直没有解开。从文化逻辑上说，"协时月正日，同律度量衡（《尚书·舜典》)"的记载中，同律度量衡之前必须要"协时月正日"。为什么先要确定出春分日或秋分日之后才能同律度量衡呢？这其中的缘由正史中没有明载。

笔者推测，这可能与同律度量衡所用工具秬黍有关。我们根据《周礼·考工记·匠人》"昼参诸日中之景，夜考之极星，以正朝夕"的记载和宋代的"正朝夕"图为参考，作一个假设和推理。

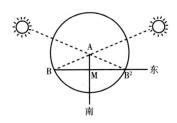

图终 -1　《考工记》"正朝夕"示意图

首先，同律度量衡所用工具为秬黍。黍作为植物，生长过程中会有颗粒大小和饱秕等差异，古人早就认识到"黍有大小之差，年有丰耗之异，前代量校，每有不同，又俗传讹替，渐致增损"。[1] 为了解决这个问题，先要确定出一组大小一致符合标准的黍。根据春分、秋分两天日夜等长的自然规律，立杆后会产生朝日、日中、夕日三个点，以日中为中心点，只要是春分正日，早晚的日影长度相等。再将黍摆放在日影线上，由于中心点两边的日影长度相等，只要这组黍大

<hr />

① 《隋书》卷16《律历志上》，中华书局1973年标点本，第402页。

小一致，摆放在早晚日影线上的数量也一致。反过来说，摆放在早晚日影线上的数量不变，说明这组黍大小一致。如此可以确定出大、中、小三类黍，再用中等黍进行同律度量衡，如果正好与律度量衡之间的那个恒定数据对应符合，就可以做出黄钟律管，然后用三分损益法求出其他律吕乐管，据此可以作乐。与此同时也可以建立一套度量衡标准，颁布全社会执行。中等黑黍史书称为"秬黍中者"，自《汉书》以降，《魏书》《隋书》《旧唐书》《宋史》《清史稿》皆有记载。在唐朝，以"秬黍中者"同度量衡是金部郎中的工作职责。①

实际上，由于黍有大小、圆长之别，选用不当，即便用上党秬黍累尺，结果也会出现差异，历史上出现过此类事情。北宋时，丁度等人上议说："保信（郑保信）所制尺，用上党秬黍圆者一黍之长，累而成尺。……其龠、合、升、斗深阔，推以算法，类皆差舛，不合周、汉量法。逸（阮逸）、瑗（胡瑗）所制，亦上党秬黍中者累广求尺，制黄钟之律。今用再累成尺，比逸、瑗所制，又复不同。至于律管、龠、合、升、斗、斛、豆、区、鬴亦率类是。盖黍有圆长、大小，而保信所用者圆黍，又首尾相衔，逸等止用大者，故再考之即不同。"② 不难看出，确定出符合标准的秬黍在古代是一项重大课题。

我国古代也曾用粟确定嘉量。如《淮南子》："律之数十二，故

---

① 《旧唐书》云："（金部）郎中、员外郎之职，掌判天下库藏钱帛出纳之事，颁其节制，而司其簿领。凡度，以北方秬黍中者一黍之广为分，十分为寸，十寸为尺，一尺二寸为大尺，十尺为丈。凡量，以秬黍中者容一千二百为龠，二龠为合，十合为升，十升为斗，三斗为大斗，十斗为斛。凡权衡，以秬黍中者百黍之重为铢，二十四铢为两，三两为大两，十六两为斤。"见《旧唐书》卷43《职官志二》，中华书局1975年标点本，第6册，第1827页。
② 《宋史》卷71《律历志四》，中华书局1977年标点本，第5册，第1607页。

十二纛而当一粟，十二粟而当一寸。故十寸而为尺，十尺而为丈。"①
《隋书》引《说苑》云："度量权衡以粟生，一粟为一分。"② 又引
《孙子算术》曰："六粟为圭，十圭为秒，十秒为撮，十撮为勺，十
勺为合。"③ 与这些方法相比，"多为之法"堪称精微深妙，积粟法最
终与布手为尺一样都被历史淘汰。

十二律吕在《汉书》及后世史书中记载翔实，不少学者也对此
进行了深入研究，如青海文化学者刘启尧，经过近 20 年研究，核算
十二律管标准，就是其中一例。刘启尧的计算结果如表终 – 1 所示。

二十四节气和礼乐文化包含时间管理（节气历法）、规范秩序
（礼）、主导社会公平（乐律）、维护高语境四个方面的内容，内涵博
大精深。礼和乐不仅是传统社会的两大基石，也是社会治理的根本方
法，具有时代性、创新性的特点。这就说明，继承传统不能脱离具体
的社会现实，发扬传统文化并不是要抱残守缺，回到过去，而是要将
传统文化与现实生活紧密结合起来。还应该看到，高语境是东方社会
的一大特色，在这个语境的建构中礼乐文化发挥着决定性作用。

总之，二十四节气是古人长期观察总结天地人各种知识和经验的
结晶，它纲领性地将国家祭祀、社会治理、民众生产生活等统一在一
起，并赋予节气以特殊内涵。在国家语境中，节气周期性地检验着礼
乐社会的文化传统，而礼乐为正统社会的两大指标。其中做乐求声所
制的律包含了传统文化的密钥，司马迁称之为"万事之根本"。古人
用"多为之法"将社会公平要素度量衡统一在一起，从而实现了传
统文化的自我修复能力，这是我们的文化传承数千年而没有中断的真
正原因；在民间语境中，节气主要是指导生产和生活的补充历法，但
这一历法是由国家发布的，从而成为上层文化影响下层文化的典型案

---

① 何宁：《淮南子集释·天文训》，中华书局，1998，第 258 页。
② 《隋书》卷 16《律历志上》，中华书局 1973 年标点本，第 2 册，第 402 页。
③ 《隋书》卷 16《律历志上》，中华书局 1973 年标点本，第 2 册，第 409 页。

例。民间语境中的节气也是构建地方小传统的主要指标之一，其作用更多地体现了大传统框架下的文化多样性。

传承传统文化，增强文化自信，以此夯实我们的文化根基，助推中华民族的全面复兴。最后以杜甫诗《忆昔》的部分内容作为本书的结尾：

> 忆昔开元全盛日，小邑犹藏万家室。
> 稻米流脂粟米白，公私仓廪俱丰实。
> 九州道路无豺虎，远行不劳吉日出。
> 齐纨鲁缟车班班，男耕女桑不相失。
> 宫中圣人奏云门，天下朋友皆胶漆。
> 百余年间未灾变，叔孙礼乐萧何律。

表终－1　黄帝数律度量衡一百零八音程五律演绎、运算、制作、测定

六阳律六阴吕	标准音高	荟黍粒（颗）	古尺长（分）	市尺长（分）	公尺长（厘米）	古尺积（立方分）	市尺积（立方分）	公尺积（立方厘米）	秦古重（铢）	秦今重（克）
黄钟	E	1200	90	72.9	24.3	810	430.467210	15.9428764845	12.00	10.55
大吕	F	1124	84.2798354	68.2666	22.7555555	758.518518	403.107840	14.9295889166	11.24	9.85
太簇	F#	1067	80	64.8	21.6	720	382.637520	14.171445764	10.67	9.25
夹钟	G	999	74.9154	60.6814	20.2271604	674.238683	358.318080	13.2707456745	9.99	8.70
姑洗	G#	948	71.1111	57.6	19.2	640	340.122240	12.5968406791	9.48	8.25
仲吕	A	888	66.591474	53.93909	17.9796982	599.323273	318.504960	11.796218421	8.88	7.80
蕤宾	A#	843	63.298765	51.2	17.0666666	568.888888	302.330880	11.197191671	8.43	7.40
林钟	B	800	60	48.6	16.2	540	286.978140	10.628584323	8.00	7.00
夷则	C	749	56.186556	45.511	15.1703703	505.679012	268.738560	9.9530592558	7.49	6.55
南吕	C#	711	53.333333	43.2	14.4	480	255.091680	9.4476305093	7.11	6.18
无射	D	666	49.943453	40.45043	13.4847325	449.492455	238.878720	8.8471368179	6.66	5.75
应钟	D#	632	47.407407	38.4	12.8	426.666666	226.748160	8.3978937861	6.32	5.50

注：管径，古尺为三分三厘八毫五丝一忽，市尺为三分七大厘四毫一丝九忽，公尺为 0.913977 厘米。
资料来源：青海省音乐家协会理事、青海省平安县文化馆馆员刘启客于 2005 年 7 月制作。

参考文献

一　著作类

（汉）郑玄注，（唐）孔颖达正义《礼记正义》，李学勤主编《十三经注疏》，北京大学出版社，2000。

（清）孙希旦：《礼记集解》，沈啸寰、王星贤点校，中华书局，1989。

（清）孙诒让：《周礼正义》，王文锦、陈玉霞点校，中华书局，1987。

（汉）孔安国传，（唐）孔颖达正义《尚书正义》，廖名春、陈明整理，北京大学出版社，1999。

（清）皮锡瑞：《今文尚书考证》，盛冬铃、陈抗点校，中华书局，1989。

许维遹：《吕氏春秋集释》，梁运华整理，中华书局，2009。

杨伯峻译注《论语译注》，上海古籍出版社，1980。

杨伯峻编著《春秋左传注》（修订本），中华书局版1990年第2版。

黎翔凤：《管子校注》，梁运华整理，中华书局，2004。

何宁：《淮南子集释》，中华书局，1998。

龙伯坚编著《黄帝内经集解》，龙式昭整理，天津科学技术出版社，2004。

（汉）崔寔注《四民月令校注》，石声汉校注，中华书局，1965。

（南宋）陈元靓：《岁时广记》，王云五主编《丛书集成初编》，（上海）商务印书馆，1939 年 12 月初版。

（元）吴澄：《月令七十二候集解》，中华书局，1985。

王云五主编《相雨书及其他五种》（《丛书集成初编》），（上海）商务印馆 1939 年 12 月出版，1959 年 10 月补印。

潘宗鼎遗著《金陵岁时记》，南京市秦淮区地方史志编纂委员会、南京市秦淮区图书馆 1993 年编印。

费孝通：《乡土中国·差序格局》，北京出版社，2005。

冯秀藻、欧阳海：《廿四节气》，农业出版社，1982。

韩湘玲、马思延：《二十四节气与农业生产》，金盾出版社，2007。

吴承洛：《中国度量衡史》，上海书店，1984。

徐杰舜主编《汉族民间风俗》，中央民族大学出版社，1998。

〔越南〕陈重金著《越南通史》，戴可来译，商务印书馆，1992。

郭振铎、张笑梅主编《越南通史》，中国人民大学出版社，2001。

〔美〕E. 希尔斯：《论传统》，傅铿、吕乐译，上海人民出版社，1991。

〔美〕史蒂文·瓦戈：《社会变迁》，王晓黎等译，北京大学出版社 2007 年第 5 版。

二 论文类

钟敬文：《民俗文化学发凡》，《北京师范大学学报》（社会科学版）1992 年第 5 期。

陈久金：《论〈夏小正〉是十月太阳历》，《自然科学史研究》1982 年第 4 期。

刘乃和：《中国历史上的纪年（下）》，《文献》1984 年第 1 期。

张闻玉：《古代历法的置闰》，《学术研究》1985 年第 6 期。

陈旸：《二十四节气》，《文史知识》1987 年第 11 期。

李零：《〈管子〉三十时节与二十四节气——再谈〈玄宫〉和〈玄宫图〉》，《管子学刊》1988 年第 2 期。

张培瑜、黄洪峰：《中历及二十四节气时刻计算》，《广西科学》1994 年第 3 期。

徐天中：《建议修改国际现行的公历历法》，《社会科学战线》1994 年第 5 期。

沈志忠：《二十四节气形成年代考》，《东南文化》2001 年第 1 期。

章潜五：《我国"改用阳历"临近百年的思考》，《西安电子科技大学学报》2006 年第 5 期。

刘锡诚：《清明节的天候和物候——清明节的文化意涵之一》，《海峡文化遗产》2009 年创刊号。

刘宗迪：《二十四节气制度的历史及其现代传承》，《文化遗产》2017 年第 2 期。

龙晓添：《多样的风土，共享的时序：广西二十四节气文化》，《民间文化论坛》2017 年第 1 期。

王琳：《地域·时间·农事——节气歌解读》，《黄钟》2018 年第 1 期。

刘迎秋：《说说二十四节气》，《文史知识》2019 年第 3 期。

陈华文：《论民俗文化圈》，《广西民族学院学报》（哲学社会科学版）2001 年第 6 期。

戚文闯：《论秋千之戏在寒食习俗中之流变》，《甘肃广播电视大学学报》2018 年第 2 期。

张勃：《危机·转机·生机：二十四节气保护及其需要解决的两

个重要问题》，《文化遗产》2017 年第 2 期。

杜贵晨：《黄帝形象对中国"大一统"历史的贡献》，《文史哲》2019 年第 3 期。

秦广忱：《中国古代一项特殊的农业季度问题——论〈素问〉的农业季节历》，《自然科学史研究》1985 年第 4 期。

张隽波：《二十四节气歌形成时间及流变路径初探》，《民间文化论坛》2018 年第 1 期。

刘宇钧：《中历、西历和节气》，《河北大学学报》（哲学社会科学版）1993 年第 1 期。

江玉祥、牛会娟：《立春迎春习俗考》，《巴蜀史志》2012 年第 2 期。

赵命育：《黔北的"说春"》，《民俗研究》2002 年第 1 期。

马向阳：《西和春官说春仪式及歌词特征分析》，《四川民族学院学报》2015 年第 3 期。

郭昭第：《春天的喜神：礼县西和春官说春唱词的价值取向》，《天水师范学院学报》2015 年第 6 期。

罗亚琴：《贵州石阡说春民俗调查与研究（上)》，《北方音乐》2019 年第 17 期。

韩琦：《中越历史上天文学与数学的交流》，《中国科技史料》1991 年第 3 期。

〔韩国〕李银姬、韩永浩：《郭守敬的〈授时历〉和朝鲜的〈七政算内篇〉》，《中国科技史杂志》2010 年第 4 期。

毕雪飞：《二十四节气在日本的传播与实践应用》，《文化遗产》2017 年第 2 期。

方兰：《从日本历学看日本的二十四节气文化流变》，《河南教育学院学报》（哲学社会科学版）2018 年第 6 期。

三　方志类

（梁）宗懔：《荆楚岁时记》，宋金龙校注，山西人民出版社，1987。

（宋）孟元老撰，邓之诚注《东京梦华录注》卷6，中华书局，1982。

（南宋）吴自牧：《梦粱录》卷1，见孟元老等《东京梦华录（外四种）》，古典文学出版社，1956。

（唐）段成式：《酉阳杂俎·忠志》，中华书局，1985。

（清）顾禄：《清嘉录》，来新夏校点，上海古籍出版社，1986。

胡朴安：《中华全国风俗志》，河北人民出版社，1986。

（民国）文廷美：《渭源县风土调查录》，中国西北文献丛书编辑委员会编《西北民俗文献》（《中国西北文献丛书》第四辑）第六卷，兰州古籍书店1990年影印本。

丁世良、赵放主编《中国地方志民俗资料汇编·西北卷》，书目文献出版社，1989。

丁世良、赵放主编《中国地方志民俗资料汇编·华东卷》，书目文献出版社，1995。

丁世良、赵放主编《中国地方志民俗资料汇编·西南卷》，书目文献出版社，1991。

丁世良、赵放主编《中国地方志民俗资料汇编·中南卷》，书目文献出版社，1991。

丁世良、赵放主编《中国地方志民俗资料汇编·东北卷》，书目文献出版社，1989。

胡朴安：《中华全国风俗志》，河北人民出版社，1986。

赵继贤：《迎春会琐谈》，政协化隆回族自治县委员会文史资料编委会《化隆文史资料》第二辑，内部资料，1996年12月印。

四　网络报纸

何中华：《马克思的思想建构：哲学与文化》，《光明日报》2016年4月27日，第14版。

《〈清华大学藏战国竹简〉第八辑整理报告发布》，上海电视台新闻综合频道，2018 - 11 - 18，https：//v. youku. com/v＿ show/id＿XMzkyNDQ0Mzk1Mg＝＝. html。

后　记

　　2020 年庚子新春，一场突如其来的新冠疫情肆虐全国。全国人民众志成城，坚决拥护政府号召，积极抗疫。全社会关注疫情发展，揪心疫情蔓延，纷纷捐款捐物，青海籍博士生赵生宇与王伟研究员共同发起构建大数据信息平台助力抗疫，[①] 中国及美国、德国、英国、印度、日本、加拿大、芬兰等国学习、工作的数千华人积极响应并义务工作。2020 年 1 月 24 日农历除夕早上，青海省图书馆（本人时任副馆长）劝走 9 位读者后闭馆，以减少疫情传播。至书稿完成之日，青海、西藏已无病人，人们纷纷走出家门，门店陆续开门，学校推迟开学，大街上开始车流拥堵。2 月 29 日，青海省图书馆在全国率先开放。但疫情仍未结束，衷心祈盼早日降伏疫魔，祝愿民众脱离艰难，祝福医护人员安全，愿全国人民尽快恢复安静祥和的生活。

　　至于本书的出现，完全拜偶然机遇所赐。笔者在二十五史中撷取上层节气资料，又从由恩师指导的地方志中摘录民俗节气资料而成，谨对各位资料编纂者和整理者表达无限敬仰。由衷感激赵宗福先生睿智而无私的指教，衷心感谢社会科学文献出版社王玉霞诚挚托付书

---

　　① 辛元戎：《青海籍博士赵生宇构建大数据信息平台助力抗"疫"》，《青海日报》2020 年 2 月 19 日第 5 版。

稿,对于家人的倾力支持更不待言,一并表示深深的谢意。

本书作为高原科学与可持续发展研究院青海民俗文化研究中心成果之一,获得其资助出版,谨对青海师范大学米海萍教授,高科院办公室主任曹昱源博士及其他老师的帮助致以衷心的感谢。

由于水平所限,时间紧促,书中的谬误在所难免,敬请读者批评指正。

霍 福

2022 年 3 月 1 日

图书在版编目（CIP）数据

二十四节气与礼乐文化／霍福著 . － －北京：社会
科学文献出版社，2022.5（2022.11 重印）
ISBN 978 - 7 - 5201 - 9856 - 1

Ⅰ.①二…　Ⅱ.①霍…　Ⅲ.①二十四节气 – 关系 – 礼
乐 – 文化研究 – 中国　Ⅳ.①P462 ②K892.9

中国版本图书馆 CIP 数据核字（2022）第 039339 号

二十四节气与礼乐文化

著　　者／霍　福

出 版 人／王利民
组稿编辑／任文武
责任编辑／王玉霞
责任印制／王京美

出　　版／社会科学文献出版社（010）59367143
　　　　　地址：北京市北三环中路甲 29 号院华龙大厦　邮编：100029
　　　　　网址：www. ssap. com. cn
发　　行／社会科学文献出版社（010）59367028
印　　装／三河市东方印刷有限公司

规　　格／开 本：787mm × 1092mm　1/16
　　　　　印 张：22　字 数：290 千字
版　　次／2022 年 5 月第 1 版　2022 年 11 月第 2 次印刷
书　　号／ISBN 978 - 7 - 5201 - 9856 - 1
定　　价／88.00 元

读者服务电话：4008918866